Mathematik Kompakt

Die Lehrbuchreihe *Mathematik Kompakt* ist eine Reaktion auf die Umstellung der Diplomstudiengänge in Mathematik zu Bachelor- und Masterabschlüssen.

Inhaltlich werden unter Berücksichtigung der neuen Studienstrukturen die aktuellen Entwicklungen des Faches aufgegriffen und kompakt dargestellt.

Die modular aufgebaute Reihe richtet sich an Dozenten und ihre Studierenden in Bachelor- und Masterstudiengängen und alle, die einen kompakten Einstieg in aktuelle Themenfelder der Mathematik suchen.

Zahlreiche Beispiele und Übungsaufgaben stehen zur Verfügung, um die Anwendung der Inhalte zu veranschaulichen.

- **Kompakt:** relevantes Wissen auf 150 Seiten
- **Lernen leicht gemacht:** Beispiele und Übungsaufgaben veranschaulichen die Anwendung der Inhalte
- **Praktisch für Dozenten:** jeder Band dient als Vorlage für eine 2-stündige Lehrveranstaltung

Hansjörg Geiges

Lineare Algebra und Geometrie I

Birkhäuser

Hansjörg Geiges
Mathematisches Institut
Universität zu Köln
Köln, Deutschland

ISSN 2504-3846 ISSN 2504-3854 (electronic)
Mathematik Kompakt
ISBN 978-3-032-21682-3 ISBN 978-3-032-21683-0 (eBook)
https://doi.org/10.1007/978-3-032-21683-0

Die Deutsche Nationalbibliothek verzeichnet diese Publikation in der Deutschen Nationalbibliografie; detaillierte bibliografische Daten sind im Internet über https://portal.dnb.de abrufbar.

Birkhäuser ist ein Imprint der eingetragenen Gesellschaft Springer Nature Switzerland AG und ist ein Teil von Springer Nature.
Die Anschrift der Gesellschaft ist: Gewerbestrasse 11, 6330 Cham, Switzerland

Vorwort

> Dadurch, daß man predigt, ohne Mathematik lasse sich gar nichts in der Naturlehre tun, [...] macht man drum nicht mehr Mathematiker, sondern bewürkt nur, daß junge Leute weder Mathematik, noch Naturlehre treiben, umgekehrt hat mancher, der an Versuchen Vergnügen gefunden, erst Mathematik getrieben, ohne es zu wissen (denn jeder gute Kopf geometrisiert) und ist hernach zu dem geleitet worden, was mehr eigentlich Mathematik heißt.
>
> Georg Christoph Lichtenberg[1]
>
> Brief an Ernst Gottfried Baldinger
>
> Göttingen, November 1784

In der mathematischen Grundausbildung an Universitäten haben sich die Lineare Algebra und die Analysis fest etabliert. An meiner *alma mater,* der Georgia Augusta in Göttingen, die mich (anfänglich als Physikstudent) bis zum Vordiplom gut genährt hat, hieß die Anfängervorlesung im ersten Bereich *Analytische Geometrie und Lineare Algebra,* und dieser Name hat sich dort bis heute gehalten.

Daß die Analytische Geometrie an erster Stelle genannt wird, war wohl schon zu meiner Studienzeit eher ungewöhnlich. Eine kleine Internetrecherche zeigt, daß an den meisten Universitäten im deutschsprachigen Raum die Analytische Geometrie inzwischen ganz aus dem Titel der Lehrveranstaltung verschwunden ist; einige bieten noch eine *Lineare Algebra und Analytische Geometrie* an.

Auch in Köln heißt die Vorlesung nur noch *Lineare Algebra,* und selbst die elementarsten Anwendungen in der Analytischen Geometrie sind über die Jahre immer weiter in den Hintergrund gerückt. Als ich mich entschied, diese Vorlesung von Grund auf neu zu denken, gerade auch im Hinblick auf die Entwicklungen in der Lehramtsausbildung,

[1] Zitiert nach [22], Brief Nr. 471.

haben mir meine Kollegen – auch die eher algebraisch geneigten – dankenswerterweise erlaubt, die offizielle Vorlesungsbeschreibung recht frei zu interpretieren.

Zur Konzeption dieses Lehrbuches

Ein geschätzter Kollege an der ETH Zürich, Edi Zehnder, schrieb einmal auf die Frage in einem von Akkreditierern erdachten Formular, wie lange er für die Vorbereitung der zu evaluierenden Vorlesung gebraucht habe, kurz und knapp: „30 Jahre“. Die Weisheit dieser Worte ist mir bei der eigenen Vorlesungskonzeption immer deutlicher geworden.

Das vorliegende, auf zwei Bände angelegte Lehrbuch folgt – von wenigen Änderungen und Ergänzungen abgesehen, auf die ich unten eingehen werde – der zweisemestrigen Vorlesung über *Lineare Algebra,* die ich im Studienjahr 2023/24 an der Universität zu Köln angeboten habe. Der davon abweichende Titel *Lineare Algebra und Geometrie* dieses Buches ist mit Bedacht gewählt, wie ich erläutern werde.

Ein in ähnlichem Geiste geschriebenes Buch ist *Linear Algebra and Geometry* [19] von Irving Kaplansky, was schon einmal eine erste Rechtfertigung des Titels ist. Kaplansky motiviert sein Lehrbuch aus dem Jahre 1969 mit den folgenden Worten, die dem heutigen Leser vielleicht politisch inkorrekt erscheinen mögen, was nichts an deren bleibender Gültigkeit ändert:

> „Linear algebra, like motherhood, has become a sacred cow. [...] Yet all is not well. The courses and books all too often stop short just as the going is beginning to get interesting. And classical geometry, linear algebra's twin sister, is a bridesmaid whose chance of getting near the altar becomes ever more remote. Generations of mathematicians are growing up who are on the whole splendidly trained, but suddenly find that, after all, they do need to know what a projective plane is.“

Die ausführliche Behandlung der reellen projektiven Ebene $\mathbb{R}P^2$ in Kap. 17 des zweiten Bandes ist sicher ein Aspekt, in dem sich das vorliegende Lehrbuch von anderen Einführungen in die Lineare Algebra abhebt. Dies könnte man zweifelsohne unter dem Begriff „Analytische Geometrie“ subsumieren. Die „Geometrie“ im Titel möchte ich dagegen umfassender verstanden wissen. So nimmt die klassische Geometrie der euklidischen Ebene einen breiten Raum in Kap. 8 ein. Kap. 17 behandelt neben der projektiven Geometrie auch geometrische Aspekte der Hamiltonschen Quaternionen, Geometrien im Sinne von Felix Kleins Erlanger Programm, sowie axiomatische Aspekte der euklidischen Geometrie und die daraus motivierte Entwicklung der hyperbolischen Geometrie. Auch die Diskussion von Quadriken (oder Kegelschnitten), d. h. ebenen Kurven, die durch quadratische Polynome definiert sind – ein typisches Studienobjekt der analytischen Geometrie –, ist eingebettet in elementargeometrische Betrachtungen zu sogenannten Polen und Polaren.

Darüber hinaus werden auch topologische Aspekte klassischer Matrixgruppen behandelt, wie etwa die Frage nach Wegzusammenhangskomponenten, oder die Identifikation der speziellen orthogonalen Gruppe SO(3) mit dem reellen projektiven Raum $\mathbb{RP}^3$.

Diese kleine Themenübersicht war nun natürlich eher an Leser gerichtet, welche die verwendeten Fachtermini schon einzuordnen vermögen. Ein viel grundsätzlicherer Aspekt von „Geometrie" ist aber der, daß mein Zugang auch zu algebraischen Themen, wo immer möglich, geometrisch motiviert ist – das Lichtenbergsche „geometrisieren" trifft es hier sehr schön.

So werden lineare Abbildungen ausführlich anhand der Geometrie der Ebene motiviert. Die Beschreibung von linearen Abbildungen mittels Matrizen, wie auch die linear algebraische Behandlung linearer Gleichungssysteme, betrachte ich hingegen als der koordinatenfreien[2] Beschreibung linearer Abbildungen nachgeordnet. Ich bin mir vollkommen bewußt, daß manchem Novizen der umgekehrte (und oft gewählte) Zugang leichter fallen mag, aber ich habe diese Vorlesung in der Überzeugung konzipiert, daß sich die Schwierigkeiten durch geometrische Motivation kompensieren lassen – und ich darf in aller Bescheidenheit sagen, daß mir die Rückmeldungen einer Mehrheit der Hörer meiner Vorlesung recht gegeben haben.

Zu den mathematischen Inhalten

Lassen Sie mich nun etwas detaillierter auf die Inhalte des vorliegenden ersten Bandes eingehen. Auch möchte ich erläutern, inwieweit dieser Text von der ursprünglichen Vorlesung abweicht, insbesondere als Information für diejenigen Leser, die diesen Text für die eigene Vorlesungsplanung einsetzen wollen.

Kap. 1, *Warum Lineare Algebra?,* motiviert die Lineare Algebra nicht aus ihren außermathematischen Anwendungen heraus, wie beispielsweise der Essay gleichen Titels von Günter Ziegler und Gerd Fischer in [11], sondern es behandelt einige schulgeometrische Aspekte vom höheren Standpunkt aus und gibt einen ersten Einblick in die Wirkmacht linear algebraischer Methoden, insbesondere im Hinblick auf elementargeometrische Anwendungen.

Kap. 2 behandelt grundlegende Aspekte von Mengen, Abbildungen, Äquivalenzrelationen und Aussagenlogik. In der Praxis kann hier gekürzt werden, falls das Material in der parallelen Vorlesung über Analysis behandelt wird.

In Kap. 3 wird der für die Lineare Algebra zentrale Begriff des Vektorraumes eingeführt. Wir beginnen ganz konkret mit dem reellen Vektorraum $\mathbb{R}^n$ und verbildlichen neue Konzepte, wo immer möglich, in der Ebene $\mathbb{R}^2$ oder dem Raum $\mathbb{R}^3$ unserer Anschauung. Im Rahmen einer geometrischen Einführung in die komplexen Zahlen werden auch geometrische Beweise der Additionstheoreme der Winkelfunktionen Sinus und Cosinus

[2] In Cambridge wurde mir beigebracht: „A gentleman should never use a basis unless he really has to."

präsentiert. Die gemeinsamen Eigenschaften der reellen und komplexen Zahlen motivieren die Körperaxiome und das Studium von Vektorräumen über allgemeinen Körpern. Auch weitere algebraische Strukturen wie Gruppen und Ringe werden hier vorgestellt.

In den Kap. 4 und 5 studieren wir die zentralen Aspekte von Vektorräumen und linearen Abbildungen zwischen diesen, wie lineare Unabhängigkeit, Basen, Dimensionsformeln und die Matrixdarstellung linearer Abbildungen. Ein Abschnitt über lineare Abbildungen des $\mathbb{R}^2$ in sich selbst liefert geometrische Beispiele für diese Begrifflichkeiten.

Nachdem Matrizen zur Beschreibung linearer Abbildungen eingeführt sind, steht in Kap. 6 das Rechnen mit Matrizen im Vordergrund. Bei der Diskussion des Transformationsverhaltens von Matrizen unter Basiswechseln habe ich großen Wert darauf gelegt, Sinn und Nutzen von kommutativen Diagrammen herauszuarbeiten. Außerdem können jetzt lineare Gleichungssysteme im Rahmen der Vektorraumtheorie behandelt werden, insbesondere was die Struktur der Lösungsmenge angeht.

An dieser Stelle darf ich einfügen, daß ich bei der Vorbereitung meiner Vorlesung am meisten von den Büchern von Sheldon Axler [3], Theodor Bröcker [4], Gerd Fischer [12] und Klaus Jänich [17] profitiert habe. Axler vertritt den radikalen Standpunkt, daß Determinanten aus einer Einführung in die Lineare Algebra verbannt werden sollten; s. [2]. Ganz mochte ich mich dem nicht anschließen, und Kap. 7 enthält alles Grundlegende zur Theorie von Determinanten; die geometrische Bedeutung der Determinante[3] wird in Abschn. 8.5 geklärt. In Kap. 9 und im zweiten Band bin ich allerdings dem Schlachtruf von Axler stellenweise gefolgt und präsentiere, wo es sinnvoll ist, determinantenfreie Beweise für einige Aussagen, die traditionell mittels Determinanten gezeigt werden. In Kap. 7 wird auch der Zusammenhang zwischen Determinanten und der für geometrische Betrachtungen wichtigen Orientierung von Vektorräumen besprochen. Dies ist ein optionaler Abschnitt, den ich in der Vorlesung ausgelassen habe.

In Kap. 8 wenden wir uns der Theorie der euklidischen Vektorräume zu. Da die Lehramtsstudenten an der Universität zu Köln nur noch die Lineare Algebra I verpflichtend hören – was nicht inhaltlichen Überlegungen, sondern der Bologna-Punktearithmetik geschuldet ist –, war es mir ein besonderes Anliegen, dieses Thema bereits im ersten Semester zu behandeln, da es ein schönes und instruktives Beispiel für „Schulmathematik vom höheren Standpunkt aus" ist. Bei Abschn. 8.6 wird man allein aus zeitlichen Gründen im ersten Semester eine Auswahl treffen müssen. Abschn. 8.6.2 habe ich in der Vorlesung gar nicht, Abschn. 8.6.3 erst am Ende des zweiten Semesters behandelt. Aber thematisch gehören sie ganz zur Theorie der euklidischen Vektorräume, weshalb ich beide Abschnitte in diesen ersten Band aufgenommen habe.

In Kap. 9 studieren wir die Eigenwerttheorie, die ich auch physikalisch-geometrisch zu motivieren versuche. Der Abschn. 9.2 über Polynome ist länger geraten als in der Vorlesung. Im ersten Semester habe ich allein das Teilen mit Rest und den Fundamentalsatz

---

[3] Die didaktische Relevanz der geometrischen Interpretation der Determinante wird auch in dem anregenden Essay [1] betont, den ich nachdrücklich zur Lektüre empfehle.

der Algebra (der nicht bewiesen wird) diskutiert. Der Systematik eines Lehrbuches schien es mir aber besser angepaßt, hier auch schon den Einsetzungshomomorphismus zu behandeln – ausführlicher, als mir das selbst im zweiten Semester gelungen ist. Mein Eindruck war, daß der „naive" Umgang mit dem Einsetzen von Matrizen oder Endomorphismen in Polynome bei den Studenten reichlich Anlaß zur Verwirrung gegeben hat, was sich durch die etwas formalere Behandlung hier hoffentlich vermeiden läßt. Im zweiten Band gehe ich dann im Rahmen des Beweises des Satzes von Cayley–Hamilton noch einmal ausführlich auf die diversen Fallstricke ein. Für die Vorlesungsplanung kann es sinnvoll sein, auch den Einsetzungshomomorphismus erst dann zu thematisieren. In Abschn. 9.4 können wir dann wieder einmal von den Früchten unserer Arbeit genießen. Auf weniger als zwei Seiten gelingt es uns, alle längentreuen Abbildungen des $\mathbb{R}^3$ (die nicht *a priori* als linear angenommen werden) zu klassifizieren.

Thema des abschließenden Kap. 10 ist die Hauptachsentransformation, die klassisch aus der geometrischen Beschreibung von Kegelschnitten hervorgegangen ist. Als Aussage über lineare Abbildungen eines Vektorraumes in sich selbst formuliert, geht es hier um die Frage, wann sich eine solche Abbildung durch eine Diagonalmatrix darstellen läßt – ein erster Schritt hin zur im zweiten Band entwickelten Normalformentheorie. Hier werden auch erste Anwendungen auf lineare Differentialgleichungssysteme diskutiert. Eine Vertiefung erfährt das Thema der Hauptachsentransformation im zweiten Band im Rahmen der Theorie quadratischer Formen und projektiver Quadriken. Auch die Anwendung auf Differentialgleichungen wird dort erweitert mittels des Matrixeponentials.

Danksagung

Ich danke den vielen Kollegen, die dieses Buchprojekt und die ursprüngliche Vorlesung mit Interesse und Anregungen begleitet haben, oder auch einfach nur meine Fragen zu scheinbaren algebraischen Selbstverständlichkeiten ertragen mußten, die sich dann oftmals als gar nicht so selbstverständlich erwiesen haben, oder doch knifflige didaktische Probleme aufwarfen. Meine Behandlung von Polynomen und des Satzes von Cayley–Hamilton im zweiten Band hat enorm von Gesprächen mit Gerhard Röhrle, Sibylle Schroll und Sander Zwegers profitiert. Dem Vorschlag von Gerhard Röhrle, weitere Originalquellen in den Text aufzunehmen, bin ich gerne gefolgt. Auch Felix Schlenk verdanke ich wertvolle Anregungen und einige kleine Korrekturen. Mit Urs Frauenfelder und Otto van Koert habe ich nicht nur darüber diskutiert, ob Mathematiker in der Praxis jemals Jordansche Normalformen berechnen – die Antwort wird in Kap. 16 gegeben. Stephan Wiesendorf und Roman Wienands haben dieses Projekt mit ihrem Wissen über mathematische Propädeutik und Studienplanung gefördert und bereichert. Mit Peter Albers und Kai Zehmisch rede ich so oft über Mathematik, daß sich ihr Einfluß auf diesen Text nicht mehr genau festmachen läßt.

Ich danke Dorothy Mazlum für die sympathische Betreuung seitens des Birkhäuser Verlages, und Moritz Kerz als Vertreter des Herausgebergremiums von *Mathematik Kompakt* für das Interesse, die vorliegende Einführung in die Lineare Algebra in diese attraktive Lehrbuchreihe aufzunehmen.

Mein Assistent Tilman Becker hat die Vorlesung mit großem Engagement begleitet, das weit über das übliche Maß hinausging. Die vielfältigen Diskussionen mit Tilman, auch betreffend Übungsaufgaben oder Fragen, die von Studenten in dem von ihm geleiteten Tutorium aufgeworfen wurden, haben diesen Text bereichert und geschärft.

Ein ganz besonderer Dank gilt den Kölner Studenten, die sich von meiner Sicht auf die Lineare Algebra haben begeistern lassen. Letztlich waren es die langen Gespräche nach jeder Vorlesung, wie auch die erfreulich positiven Rückmeldungen und ermutigenden Worte von studentischer Seite, die mich bewogen haben, das Manuskript der Vorlesung zu einem Lehrbuch auszuarbeiten.

Vom Reden und Hören (oder Lesen)

In [29] zitiert Sergei Tabachnikov den russischen Mathematiker Vladimir Arnold (in seiner eigenen Übersetzung aus dem Russischen) mit den Worten:

> „A student is not a sack to be filled, but a torch to be lit.“

Dieses Diktum habe ich, schon bevor ich auf dieses Zitat gestoßen bin, stets als Anspruch an mich selbst als akademischer Lehrer verstanden, und ich hoffe, daß dieses Lehrbuch etwas von der Freude an der Vermittlung von Mathematik erkennen läßt, die nur in einer Vorlesung so richtig ihre Strahlkraft entwickeln kann.

Bei genauerem Quellenstudium stellt sich heraus, daß Arnold hier den griechischen Schriftsteller und Philosophen Plutarch (ca. 45–125) zitiert. Zudem wird im Zusammenhang deutlich, daß Plutarch sich in seiner *Abhandlung vom Hören*[4] gar nicht an den Vortragenden, sondern an die Hörer der Vorlesung richtet, was den Auftrag an ersteren nicht mindern soll:

> „Denn der Verstand verlangt nicht, wie ein Gefäß, eine Anfüllung, sondern nur, wie Brennholz, einen gewissen Zunder, der die Erfindungskraft und die Liebe zur Wahrheit entzünde. Es giebt wohl manche, die, wenn sie bey ihrem Nachbar Feuer holen wollen, und daselbst ein

[4] Hier in der Übersetzung [24] von Johann Friedrich Salomon Kaltwasser (1752–1813). Ich habe Kaltwassers Orthographie beibehalten, mit einer Ausnahme: Bei der Übertragung aus der Frakturschrift geht die Unterscheidung zwischen dem kurzen und dem langen „s“ verloren; das doppelte lange „s“ gebe ich je nach moderner Konvention als „ss“ oder „ß“ wieder. Das „ß“ (als Ligatur von langem „s“ und „z“) wurde zur Zeit von Kaltwasser schon als eigenständiger Buchstabe verwendet; „Finsterniß“, beispielsweise, entspricht dem Gebrauch der Zeit. Eine englische Übersetzung [25], zusammen mit dem griechischen Original, ist als Druckausgabe erhältlich.

> großes und helles Feuer antreffen, dabey sitzen bleiben und sich wärmen. Eben so macht es derjenige, der sich einfindet, um eines andern Rede mit anzuhören, und es nicht für nöthig hält, seinen Verstand, wie ein eignes Licht, anzuzünden, sondern nur dasitzt, um sich an dem Zuhören zu ergötzen. Denn er nimmt bloß einen Schein der Gelehrsamkeit an, so wie jener von dem Feuer eine glänzende Röthe; vermag aber nicht, den innern Rost der Seele auszuglühen, noch die Finsterniß vermittelst der Philosophie zu vertreiben.“

Und so darf dies auch als Anleitung zum Lesen dieses Textes verstanden werden. Insbesondere die vielfach eingestreuten *Notizen* sind mathematische Bemerkungen, die manchmal nur skizzenhaft oder gar nicht gerechtfertigt werden. Sie beruhen meist auf Bemerkungen in der Vorlesung, die bewußt nicht im Detail oder allenfalls mündlich begründet wurden, sondern vielmehr dem Hörer – oder jetzt dem geneigten Leser – Anregung sein sollten bzw. sollen, „seinen Verstand, wie ein eignes Licht, anzuzünden“. Aus dem gleichen Grund sind die zahlreichen Übungsaufgaben nicht am Ende des jeweiligen Kapitels versammelt, sondern in den Text eingefügt. Dies erleichtert in gewissem Sinne deren Bearbeitung, da die Aufgaben genau dort stehen, wo das relevante Material gerade behandelt wurde; als gewichtiger betrachte ich hingegen den Aspekt, daß dadurch das Lesen regelmäßig durch eigene mathematische Aktivität unterbrochen wird.

Zur Vorbereitung der Vorlesung habe ich immer wieder einen Blick in Originalarbeiten geworfen, um den Quellen mathematischer Terminologie nachzugehen, oder um die Argumentation der Alten Meister nachzuvollziehen. Einige dieser Texte, die mir besonders instruktiv erschienen, habe ich als Anregung für den Leser in das Literaturverzeichnis aufgenommen. Manche Texte wirken erstaunlich modern, der Duktus anderer scheint heutigen Maßstäben mathematischer Präzision nicht zu genügen. Besonders lehrreich ist das oft erkennbare Ringen um die passende mathematische Sprache – ein Aspekt mathematischen Denkens, der in der geschliffenen Präsentation eines Lehrbuches leider fast völlig verborgen bleibt.

Köln
Dezember 2025

Hansjörg Geiges

Competing Interests Der/die Autor*in hat keine relevanten Interessenskonflikte im Zusammenhang mit dieser Publikation.

Inhaltsverzeichnis

Warum Lineare Algebra? 1

In diesem einleitenden Kapitel möchte ich einige Ideen der Linearen Algebra anschaulich-geometrisch vorstellen, um die spätere formale Behandlung dieser Themen zu motivieren. Wir wollen uns dem Gegenstand hier eher heuristisch nähern, bevor wir ab Kap. 2 die Theorie mit angemessener mathematischer Strenge entwickeln werden.

1.1 Kartesische Koordinaten

Die **kartesischen Koordinaten** sind nach René Descartes benannt. Tatsächlich hat Descartes Grundlegendes zur algebraischen Behandlung geometrischer Probleme beigetragen; ein kartesisches Koordinatensystem im heutigen Sinne findet sich in seinen Werken hingegen nicht. Die relevante Arbeit von Descartes ist *La Géométrie,* ein Anhang zu seinem *Discours de la méthode pour bien conduire sa raison et chercher la vérité dans les sciences* (1637). Mehr zur historischen Entwicklung von Koordinatensystemen finden Sie in [23, Chap. 7].

Wir beschreiben Punkte in der Ebene bezüglich zweier orthogonaler (d. h. zueinander senkrechter) Koordinatenachsen als Paare reeller Zahlen (x, y); s. Abb. 1.1.

Zum Beispiel ist eine **Gerade** (s. Abb. 1.2) dann eine Menge der Form

$$\{(x, y) \in \mathbb{R}^2 \colon y = mx + c\}$$

oder

$$\{(x, y) \in \mathbb{R}^2 \colon x = c\}.$$

Hier haben wir unterschieden zwischen Geraden, die sich als Graph einer Funktion $y = y(x)$ schreiben lassen, und den vertikalen Geraden senkrecht zur x-Achse, bei denen dies

H. Geiges, *Lineare Algebra und Geometrie I*, Mathematik Kompakt,
https://doi.org/10.1007/978-3-032-21683-0_1

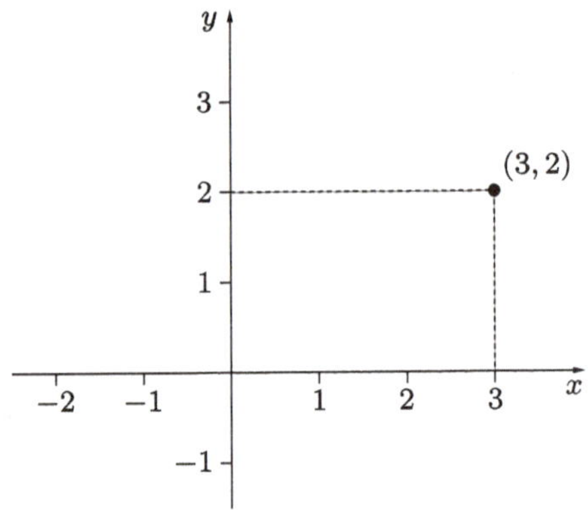

Abb. 1.1 Kartesische Koordinaten

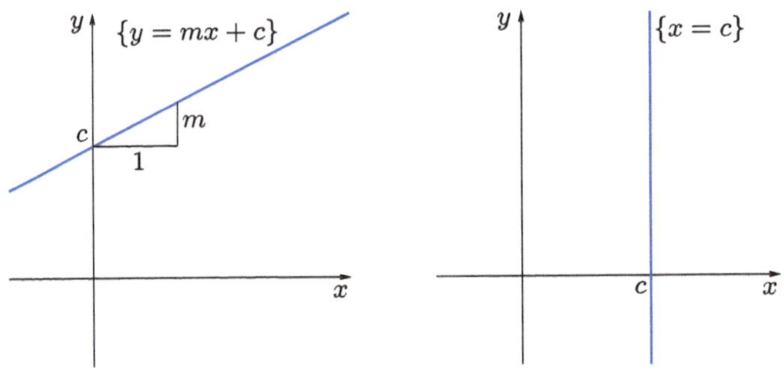

Abb. 1.2 Geraden in kartesischen Koordinaten

nicht möglich ist. Eleganter ist eine einheitliche Beschreibung in der Form

$$\{(x, y) \in \mathbb{R}^2 : ax + by = c\},$$

mit reellen Zahlen a, b, c, wobei a, b nicht beide gleich 0 sein dürfen.

1.2 Vektoraddition und Skalarmultiplikation

Wir können Punkte im $\mathbb{R}^2$ „addieren" durch Addition der Koordinaten:

$$(x_1, y_1) + (x_2, y_2) := (x_1 + x_2, y_1 + y_2).$$

Das Symbol := steht hier für „per definitionem gleich", denn auch wenn auf beiden Seiten jeweils + steht, haben wir es auf der rechten Seite mit der gewöhnlichen (und als bekannt vorausgesetzten) Addition reeller Zahlen zu tun, wohingegen die Addition von Zahlenpaaren durch die definierende Gleichung als neue Operation eingeführt wird.

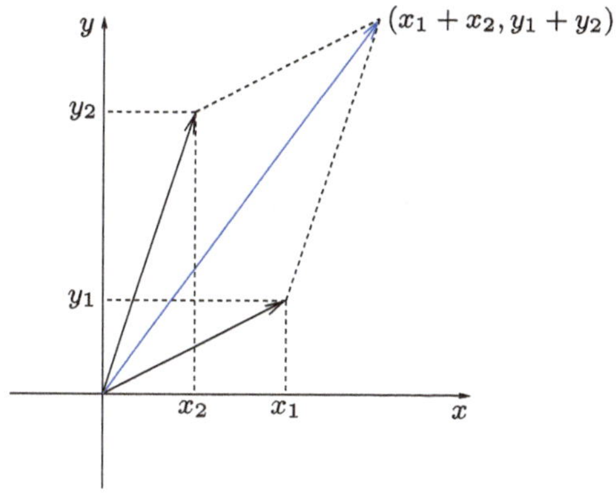

Abb. 1.3 Parallelogrammgesetz für die Vektoraddition

In einer einführenden Vorlesung in die Analysis werden Sie womöglich lernen, daß auch der Begriff „reelle Zahl“ und die Operationen mit diesen (Addition, Multiplikation, Ausmultiplizieren von Klammern, die spezielle Rolle der Elemente 0 und 1 etc.) durchaus einer soliden mathematischen Grundlegung[1] bedürfen. Ich stelle mich hier durchweg auf den „naiven“ Standpunkt, daß wir diese Dinge nicht weiter hinterfragen müssen. Allerdings werden wir später die grundlegenden Eigenschaften der reellen Zahlen in den „Körperaxiomen“ sammeln. Dies wird es uns erlauben, andere algebraische Objekte („Körper“) zu konstruieren, die alle wesentlichen Eigenschaften mit den reellen Zahlen teilen.

Die beschriebene Addition von Zahlenpaaren entspricht geometrisch der Interpretation von Zahlenpaaren als gerichtete Strecken, die wir **Vektoren** nennen wollen, und deren Verknüpfung mittels des Parallelogrammgesetzes; s. Abb. 1.3.

Ebenso kann man Vektoren mit einem **skalaren** Faktor $\lambda \in \mathbb{R}$ multiplizieren (s. Abb. 1.4); die etymologische Verwandtschaft mit dem Begriff „skalieren“, d. h. strecken oder stauchen, sollte klar sein:

$$\lambda(x, y) := (\lambda x, \lambda y).$$

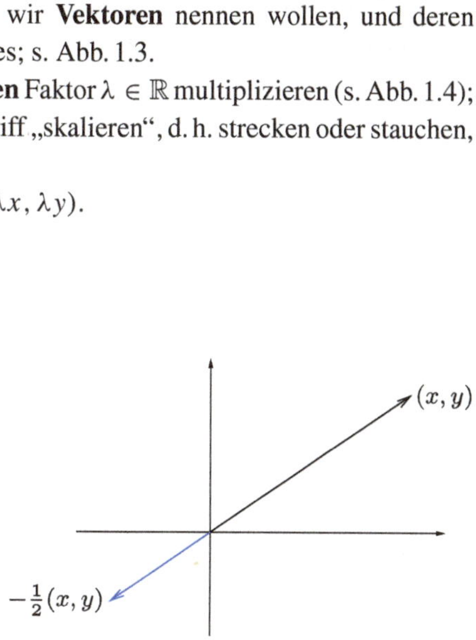

Abb. 1.4 Skalarmultiplikation

[1] Zur formalen Konstruktion der reellen Zahlen s. [9, Kap. 2].

1.3 Das Skalarprodukt

Wann stehen zwei Vektoren $(x_1, y_1), (x_2, y_2) \in \mathbb{R}^2$ orthogonal zueinander? Nehmen wir zunächst einmal an, daß $x_1 \neq 0$, so daß wir (x_1, y_1) in der Form $\lambda(1, m)$ schreiben können. Dies bedeutet, daß die skalaren Vielfachen des Vektors (x_1, y_1) eine Ursprungsgerade der Steigung $m = y_1/x_1$ beschreiben; s. Abb. 1.5. Anhand der entsprechenden Steigungsdreiecke sehen wir, daß für $y_1 \neq 0$ (also $m \neq 0$) die dazu orthogonale Ursprungsgerade die Steigung $-1/m$ besitzt. Die Steigungen der beiden Geraden stehen also in der Beziehung

$$m \cdot \left(-\frac{1}{m}\right) = -1.$$

In den Koordinaten der beiden Vektoren ausgedrückt (und mit $\perp$ als Zeichen für „stehen orthogonal zueinander"):

$$(x_1, y_1) \perp (x_2, y_2) \quad \text{genau dann, wenn} \quad \frac{y_1}{x_1} \cdot \frac{y_2}{x_2} = -1, \; \text{d.h.}\; x_1x_2 + y_1y_2 = 0.$$

Diese Beziehung haben wir hier zunächst nur für $x_1, y_1 \neq 0$ begründet, aber in der Form $x_1x_2 + y_1y_2 = 0$ gilt die Orthogonalitätsbedingung auch dann, wenn der Vektor (x_1, y_1) horizontal oder vertikal steht; s. Abb. 1.6. Ein Vektor $(x_1, y_1) \neq (0, 0)$ ist horizontal für $y_1 = 0$ (Steigung 0), vertikal für $x_1 = 0$ (Steigung „unendlich"). Ein dazu orthogonaler Vektor (x_2, y_2) muß dann der Bedingung $x_2 = 0$ bzw. $y_2 = 0$ genügen, was in beiden Fällen der Gleichung $x_1x_2 + y_1y_2 = 0$ entspricht.

Den **Nullvektor** $(0, 0)$ sehen wir als orthogonal zu jedem Vektor (x_2, y_2) an, was konsistent damit ist, daß die Gleichung $0 \cdot x_2 + 0 \cdot y_2 = 0$ immer erfüllt ist.

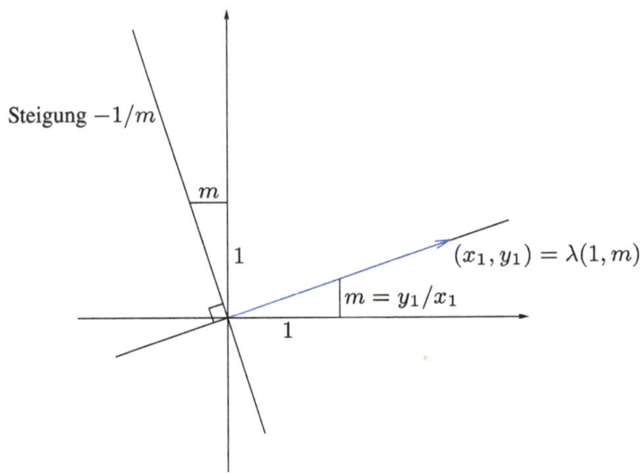

Abb. 1.5 Orthogonale Ursprungsgeraden

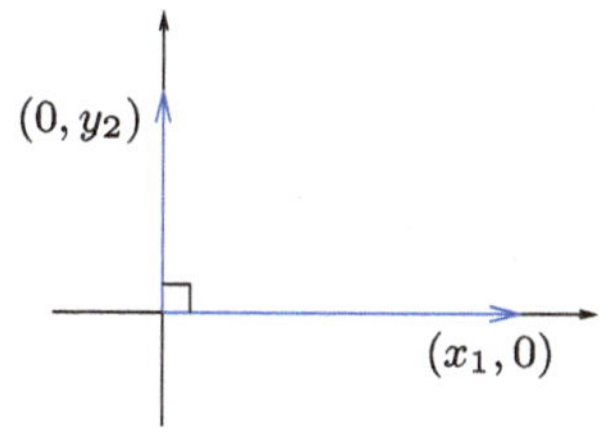

Abb. 1.6 Orthogonale Ursprungsgeraden mit Steigung 0 bzw. unendlich

Dies motiviert die Definition des **Skalarproduktes:**

$$\langle (x_1, y_1), (x_2, y_2) \rangle := x_1 x_2 + y_1 y_2.$$

Allgemein gelten dann für $\mathbf{v}_1 = (x_1, y_1)$ und $\mathbf{v}_2 = (x_2, y_2)$ die Beziehung

$$\mathbf{v}_1 \perp \mathbf{v}_2 \text{ genau dann, wenn } \langle \mathbf{v}_1, \mathbf{v}_2 \rangle = 0,$$

und die Identität

$$\langle \mathbf{v}_1, \mathbf{v}_2 \rangle = |\mathbf{v}_1| \cdot |\mathbf{v}_2| \cdot \cos \angle(\mathbf{v}_1, \mathbf{v}_2), \tag{1.1}$$

wobei $|\mathbf{v}|$ für die Länge des Vektors $\mathbf{v}$ steht, und $\angle(\mathbf{v}_1, \mathbf{v}_2) \in [0, \pi]$ für den von $\mathbf{v}_1$ und $\mathbf{v}_2$ eingeschlossenen Winkel. In der Tat, dazu schreiben wir $\mathbf{v}_1$, $\mathbf{v}_2$ in Polarkoordinaten (s. Abb. 1.7) und rechnen mittels des Additionstheorems für den Cosinus, das wir in Abschn. 3.2.2 geometrisch beweisen werden:

$$\begin{aligned}
\langle \mathbf{v}_1, \mathbf{v}_2 \rangle &= \langle (r_1 \cos \theta_1, r_1 \sin \theta_1), (r_2 \cos \theta_2, r_2 \sin \theta_2) \rangle \\
&= r_1 r_2 (\cos \theta_1 \cos \theta_2 + \sin \theta_1 \sin \theta_2) \\
&= r_1 r_2 \cos(\theta_2 - \theta_1).
\end{aligned}$$

Insbesondere gilt $\langle \mathbf{v}, \mathbf{v} \rangle = r^2 = |\mathbf{v}|^2$, andererseits aber auch

$$\langle \mathbf{v}, \mathbf{v} \rangle = \langle (x, y), (x, y) \rangle = x^2 + y^2.$$

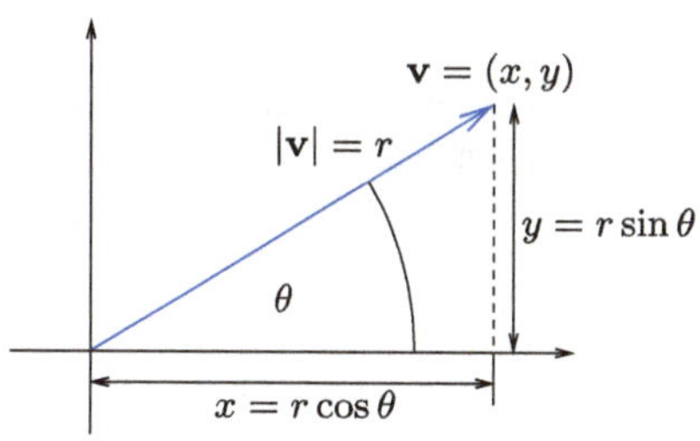

Abb. 1.7 Darstellung von $\mathbf{v}$ in Polarkoordinaten r, θ

In der Gleichung $r^2 = x^2 + y^2$ drückt sich der Satz des Pythagoras[2] aus; s. dazu auch die folgende Aufgabe.

Aufgabe 1.3.1
Das Skalarprodukt ist offensichtlich **symmetrisch,** d. h. $\langle \mathbf{v}, \mathbf{w}\rangle = \langle \mathbf{w}, \mathbf{v}\rangle$ für alle $\mathbf{v}, \mathbf{w} \in \mathbb{R}^2$.

(a) Zeigen Sie, daß das Skalarprodukt **bilinear** ist. Rechnen Sie dazu die Linearität im ersten Eintrag nach:
$$\langle \lambda\mathbf{v} + \lambda'\mathbf{v}', \mathbf{w}\rangle = \lambda\langle \mathbf{v}, \mathbf{w}\rangle + \lambda'\langle \mathbf{v}', \mathbf{w}\rangle \quad \text{für } \lambda, \lambda' \in \mathbb{R} \text{ und } \mathbf{v}, \mathbf{v}', \mathbf{w} \in \mathbb{R}^2;$$
die Linearität im zweiten Eintrag folgt dann aus der Symmetrie.

(b) Nutzen Sie die Bilinearität des Skalarproduktes, um zu zeigen, daß die Identität $\langle \mathbf{v}, \mathbf{w}\rangle = 0$ äquivalent ist zu der Bedingung $|\mathbf{v} - \mathbf{w}| = |\mathbf{v} + \mathbf{w}|$. Hier ist $\mathbf{v} - \mathbf{w}$ formal definiert als $\mathbf{v} + (-1) \cdot \mathbf{w}$. Was bedeutet die Bedingung $|\mathbf{v} - \mathbf{w}| = |\mathbf{v} + \mathbf{w}|$ geometrisch? Dies liefert eine Motivation dafür, Orthogonalität tatsächlich über die Bedingung $\langle \mathbf{v}, \mathbf{w}\rangle = 0$ zu *definieren* – auch in höherdimensionalen oder abstrakten Vektorräumen mit einem Begriff von „Skalarprodukt". Dies werden wir in Kap. 8 diskutieren.

(c) Beweisen Sie den Satz des Pythagoras: Zwei Vektoren $\mathbf{v}, \mathbf{w} \in \mathbb{R}^2$ sind orthogonal genau dann, wenn die Identität
$$|\mathbf{v} + \mathbf{w}|^2 = |\mathbf{v}|^2 + |\mathbf{w}|^2$$
gilt. ◇

Aufgabe 1.3.2

(a) Gegeben seien $\mathbf{v}, \mathbf{w} \in \mathbb{R}^2$ mit $\mathbf{v} \neq (0, 0)$. Zeigen Sie, daß es genau eine Möglichkeit gibt, den Vektor $\mathbf{w}$ in der Form
$$\mathbf{w} = \lambda\mathbf{v} + \mathbf{u}$$
mit $\mathbf{u} \perp \mathbf{v}$ zu schreiben, und zwar mit $\lambda = \langle \mathbf{v}, \mathbf{w}\rangle / |\mathbf{v}|^2$ (Skizze!). Der Vektor $\lambda\mathbf{v}$ in dieser Zerlegung von $\mathbf{w}$ heißt **Orthogonalprojektion** von $\mathbf{w}$ auf $\mathbf{v}$.

(b) Verwenden Sie (a) und den Satz des Pythagoras aus der vorigen Aufgabe, um zu zeigen, daß für alle $\mathbf{v}, \mathbf{w} \in \mathbb{R}^2$ gilt:
$$|\langle \mathbf{v}, \mathbf{w}\rangle| \leq |\mathbf{v}| \cdot |\mathbf{w}|.$$
Bemerkung: Dies folgt schon aus unserer Beobachtung, daß
$$\langle \mathbf{v}, \mathbf{w}\rangle = |\mathbf{v}| \cdot |\mathbf{w}| \cdot \cos\angle(\mathbf{v}, \mathbf{w}).$$
Der hier vorgeschlagene Beweis funktioniert allerdings auch ganz allgemein in höherdimensionalen Vektorräumen und erlaubt damit die Definition des Winkels zwischen zwei Vektoren, unabhängig von der anschaulich-geometrischen Definition des Cosinus.

(c) Folgern Sie mittels (b), daß für alle $\mathbf{v}, \mathbf{w} \in \mathbb{R}^2$ die **Dreiecksungleichung**
$$|\mathbf{v} + \mathbf{w}| \leq |\mathbf{v}| + |\mathbf{w}|$$
gilt. Was bedeutet dies geometrisch? ◇

---

[2] Den klassischen Beweis finden Sie im ersten Buch der *Elemente* von Euklid [10, § 47].

1.4 Der Satz des Thales

Der Satz des Thales[3] (inklusive seiner Umkehrung) besagt, daß ein Dreieck ABC genau dann einen rechten Winkel bei C hat, wenn C auf dem Halbkreis über dem Durchmesser AB liegt; s. Abb. 1.8.

Wir wollen diesen Satz hier beweisen mittels der Beobachtung aus dem vorangegangenen Abschnitt, daß zwei Geraden genau dann senkrecht zueinander stehen, wenn das Produkt ihrer Steigungen gleich -1 ist.

Da es beim Satz des Thales nicht auf die Lage oder Skalierung des Dreiecks ankommt, dürfen wir ohne Einschränkung annehmen, daß $A = (-1, 0)$ und $B = (1, 0)$. Wir betrachten einen Punkt $C = (x, y)$ in der oberen Halbebene, also mit $y > 0$. Der Halbkreis über der Strecke AB ist beschrieben durch die Gleichung $x^2 + y^2 = 1$ (und $y \geq 0$).

Der Vektor $AC = C - A$ ist in Koordinaten gegeben durch $(x - (-1), y - 0) = (x + 1, y)$ und besitzt die Steigung $y/(x + 1)$. Analog hat BC die Steigung $y/(x - 1)$. Das Produkt dieser Steigungen ist

$$\frac{y}{x+1} \cdot \frac{y}{x-1} = \frac{y^2}{x^2-1},$$

und dies ist gleich -1 genau dann, wenn $x^2 + y^2 = 1$, also wenn C auf dem Halbkreis liegt.

Aufgabe 1.4.1
In dieser Aufgabe sollen zwei elementare Aussagen der ebenen Geometrie mittels der Verwendung von Vektoren gezeigt werden.

(a) In einem ebenen Viereck verbinde man die Mittelpunkte aufeinanderfolgender Seiten. Zeigen Sie: Das neu entstandene Viereck ist ein Parallelogramm.
(b) In einem Parallelogramm verbinde man eine Ecke mit den Mittelpunkten der gegenüberliegenden Seiten; s. Abb. 1.9. In welchem Verhältnis wird die Diagonale geteilt? ◇

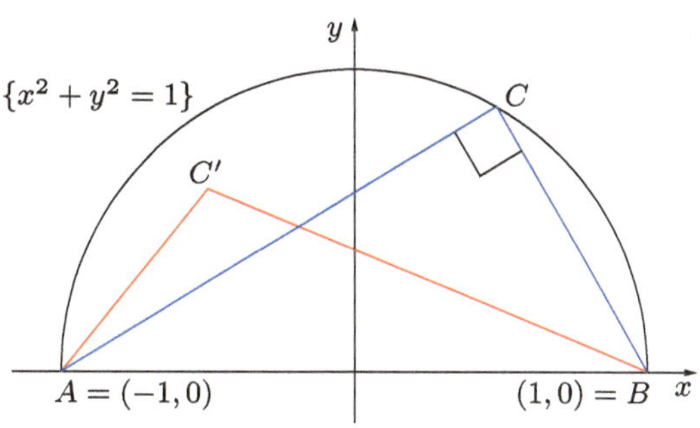

Abb. 1.8 Der Satz des Thales

[3] S. das dritte Buch der *Elemente* von Euklid [10, § 31].

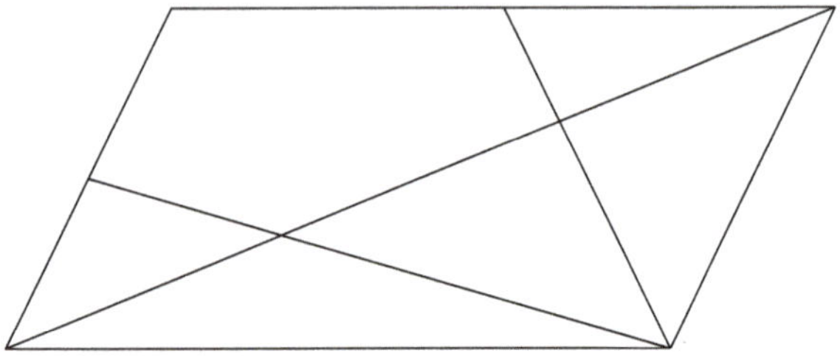

Abb. 1.9 Zu Aufgabe 3 (b)

1.5 Die Geometrie linearer Gleichungssysteme

Betrachten wir zunächst eine lineare Gleichung in zwei Variablen x, y, also eine Gleichung der Form

$$ax + by = e$$

mit $a, b, e \in \mathbb{R}$ gegeben. Die Lösungsmenge, also die Menge aller Punkte $(x, y) \in \mathbb{R}^2$, die dieser Gleichung genügen, sieht wie folgt aus:

Für $a = b = e = 0$: ganz $\mathbb{R}^2$. Für $a = b = 0$ und $e \neq 0$: die leere Menge $\emptyset$.

Für $(a, b) \neq (0, 0)$ sieht man, daß eine Lösung gegeben ist durch

$$(x_0, y_0) = \left(\frac{ea}{a^2 + b^2}, \frac{eb}{a^2 + b^2} \right).$$

Sind (x, y) und (x', y') zwei Lösungen, so gilt

$$a(x - x') + b(y - y') = 0,$$

d. h. die Differenz zweier Lösungen ist Lösung der zugehörigen **homogenen** Gleichung. Da a, b nicht beide 0 sind, kann man die homogene Gleichung $ax + by = 0$ nach einer Variablen auflösen, z. B. $y = -ax/b$ für $b \neq 0$. Dann ist $x \in \mathbb{R}$ frei wählbar und y durch x bestimmt. Ohne Fallunterscheidung $a \neq 0$ oder $b \neq 0$ kommt man dadurch aus, daß man die Lösungen der homogenen Gleichung in parametrischer Form schreibt: $(x, y) = \lambda(-b, a)$ mit $\lambda \in \mathbb{R}$ beliebig.

Zusammenfassend lassen sich die Lösungen der ursprünglichen **inhomogenen** Gleichung schreiben als

$$\begin{cases} x = -\lambda b + x_0 \\ y = \quad \lambda a + y_0 \end{cases}, \ \lambda \in \mathbb{R}.$$

Dies ist die parametrische Form einer Geraden durch den Punkt (x_0, y_0) und in Richtung von $(-b, a)$, also orthogonal zu (a, b).

Als nächstes betrachten wir ein System aus zwei linearen Gleichungen in zwei Variablen x, y:

$$\begin{cases} ax + by = e, \\ cx + dy = f. \end{cases} \tag{1.2}$$

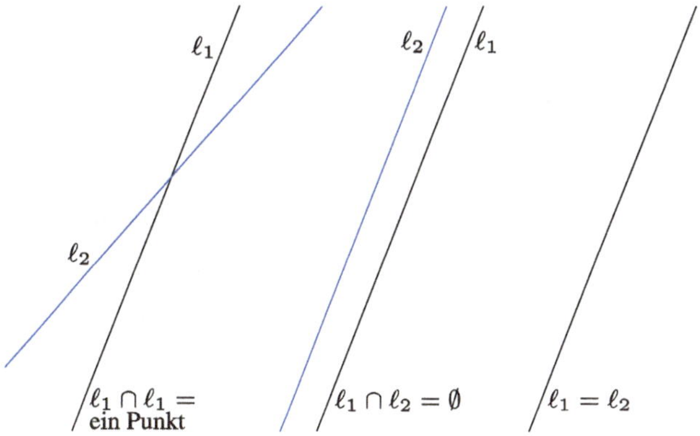

Abb. 1.10 Lösungsmenge von (1.2)

Die Lösungen in den Fällen $(a, b) = (0, 0)$ oder $(c, d) = (0, 0)$ ergeben sich leicht aus den obigen Überlegungen. Für $(a, b) \neq (0, 0)$ und $(c, d) \neq (0, 0)$ beschreibt jede der beiden Gleichungen für sich genommen eine Gerade, und aus geometrischer Sicht müssen wir drei Fälle unterscheiden: zwei sich in einem Punkt schneidende Geraden (genau eine Lösung), zwei parallele aber nicht identische Geraden (keine Lösung), oder die beiden Geraden fallen zusammen (eine ganze Gerade von Lösungen); s. Abb. 1.10.

Der erste Fall entspricht der Situation, daß die Vektoren (a, b) und (c, d), die senkrecht zu der jeweiligen Geraden sind, keine Vielfachen voneinander sind, d. h. es gibt *kein* $\lambda \in \mathbb{R}$, so daß $(c, d) = \lambda(a, b)$. Dies wiederum ist äquivalent zu der Bedingung $ad - bc \neq 0$.

Der zweite Fall tritt ein, wenn $(c, d) = \lambda(a, b)$ für ein geeignetes $\lambda \in \mathbb{R}$, aber $f \neq \lambda e$. Es ist dann unmöglich, beide Gleichungen zu erfüllen.

Der dritte Fall schließlich bedeutet, daß $(c, d) = \lambda(a, b)$ für ein geeignetes $\lambda \in \mathbb{R}$, und ebenso $f = \lambda e$. Dann ist die zweite Gleichung in (1.2) automatisch erfüllt, wenn die erste Gleichung gilt.

Wir sehen also, daß für $ad - bc \neq 0$ genau eine Lösung von (1.2) existiert; andernfalls existieren keine oder unendlich viele Lösungen (dies schließt die Fälle ein, daß (a, b) oder (c, d) der Nullvektor ist).

Heuristisch gesprochen: Das Variablenpaar (x, y) kann Werte in $\mathbb{R}^2$ annehmen; wir haben zwei „Freiheitsgrade". Jede lineare Gleichung in diesen Variablen reduziert die Anzahl der Freiheitsgrade um 1, es sei denn, man stellt eine unerfüllbare Bedingung (z. B. $0 \cdot x = 1$), man stellt eine trivialerweise immer erfüllte Bedingung (z. B. $0 \cdot x = 0$), oder man stellt eine Bedingung, die den vorherigen Bedingungen widerspricht (wie im zweiten Fall oben) oder schon in diesen enthalten ist (wie im dritten Fall oben).

1.6 Die Determinante

Wir haben eben gesehen, daß die **Determinante** $ad - bc$ des Gleichungssystems (1.2) darüber entscheidet, ob wir die im allgemeinen erwartete eindeutige Lösung haben (falls $ad - bc \neq 0$), oder ob einer der Ausnahmefälle eintritt (falls $ad - bc = 0$). Tatsächlich besitzt die Determinante aber auch eine eigene geometrische Bedeutung; s. Abb. 1.11.

Wir schreiben A für den Flächeninhalt des von $\mathbf{v} = (a, b)$ und $\mathbf{w} = (c, d)$ aufgespannten Parallelogramms. Elementargeometrisch sehen wir, daß dieser Flächeninhalt gleich dem des Rechtecks mit den Seitenlängen $|\mathbf{v}|$ und $|\mathbf{w}| \cdot \sin\theta$ ist, wobei $\theta := \angle(\mathbf{v}, \mathbf{w})$. Damit folgt

$$\begin{aligned} A^2 &= |\mathbf{v}|^2\, |\mathbf{w}|^2 \sin^2\theta \\ &= |\mathbf{v}|^2\, |\mathbf{w}|^2\, (1 - \cos^2\theta) \\ &= |\mathbf{v}|^2\, |\mathbf{w}|^2 - \langle \mathbf{v}, \mathbf{w}\rangle^2 \\ &= (a^2 + b^2)(c^2 + d^2) - (ac + bd)^2 \\ &= a^2d^2 + b^2c^2 - 2abcd \\ &= (ad - bc)^2. \end{aligned}$$

Der Flächeninhalt A ist also gleich dem Betrag der Determinante.

Aufgabe 1.6.1
Überlegen Sie sich, daß die Determinante genau dann positiv ist, wenn man den Vektor (a, b) im Gegenuhrzeigersinn um $\theta \in (0, \pi)$ drehen muß, um die Richtung des Vektors (c, d) zu erhalten, hingegen negativ, wenn man im Uhrzeigersinn drehen muß; s. Abb. 1.12. Die Determinante kann daher als *orientierter* Flächeninhalt interpretiert werden. ◇

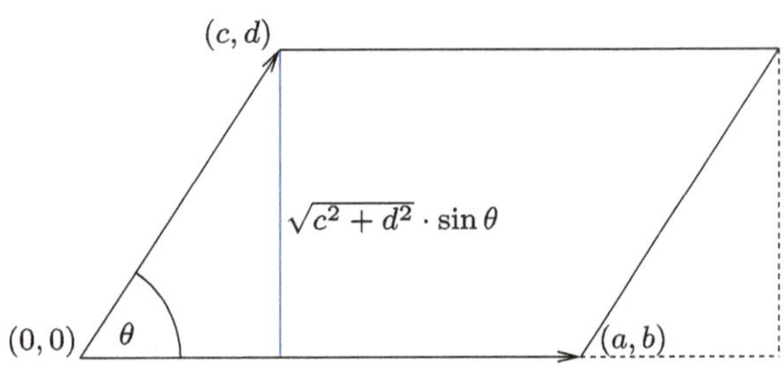

Abb. 1.11 Flächeninhalt eines Parallelogramms

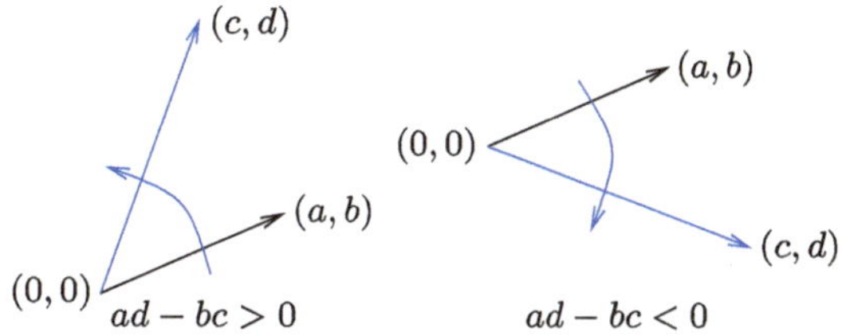

Abb. 1.12 Vorzeichen der Determinante

1.7 Linearisierung

Die meisten natürlichen Phänomene, die mathematisch durch Funktionen, Differentialgleichungen o. ä. beschrieben werden können, sind *nichtlinear.* In der Analysis behandelt man *differenzierbare* Funktionen oder Abbildungen. Diese zeichnen sich dadurch aus, daß sie eine „beste" lineare Approximation in jedem Punkt erlauben. Für eine reellwertige Funktion f auf einem Intervall $I \subset \mathbb{R}$ ist diese lineare Approximation in $x \in I$ anschaulich gegeben durch die Tangente an den Graphen der Funktion im Punkt $(x, f(x))$.

Insbesondere in der Analysis in mehreren Variablen kommen Konzepte und Methoden der Linearen Algebra wie Eigenwerte oder die Diagonalisierung symmetrischer Matrizen entscheidend zum Tragen.

Darüber hinaus sind viele Operationen der Analysis (Limesbildung bei konvergenten Folgen, Ableitung, Integration etc.) lineare Abbildungen. Sobald die entsprechenden linear algebraischen Konzepte eingeführt sind, werde ich oft solche Beispiele aus der Analysis anführen. Falls Sie dieses Lehrbuch parallel zu einer Erstsemestervorlesung in Analysis lesen, sind die entsprechenden analytischen Begrifflichkeiten zu jenem Zeitpunkt vielleicht noch nicht eingeführt worden; in diesem Fall dürfen Sie die Beispiele aus der Analysis in einem ersten Durchgang getrost ignorieren, oder Sie konsultieren eine Standardreferenz wie [13].

Grundlagen 2

Bevor wir so richtig in die Behandlung der Linearen Algebra einsteigen können, müssen wir uns über einige grundlegende mathematische Sachverhalte und Begriffsbildungen verständigen. Dabei verharren wir für den Moment stellenweise weiter auf dem „naiven“ Standpunkt, etwa beim Umgang mit dem Mengenbegriff oder den Ihnen schon bekannten Zahlsystemen. Neben Mengen und Abbildungen diskutieren wir in diesem Kapitel auch den Einsatz von Quantoren und elementare Aussagenlogik.

2.1 Mengen

Bei Georg Cantor, in der Schrift [5] aus dem Jahre 1895, findet sich die folgende Definition:

> „Unter einer **Menge** M verstehen wir jede Zusammenfassung von bestimmten wohlunterscheidbaren Objecten unserer Anschauung oder unseres Denkens (welche die **Elemente** von M genannt werden) zu einem Ganzen.“

Das Wörtchen „bestimmt“ könnte darauf hindeuten, daß man eine gewisse Vorsicht dabei walten lassen muß, welche Objekte man sinnvoll zu einer Menge zusammenfassen kann. Andernfalls läuft man sofort in logische Grundlagenprobleme wie die *Russellsche Antinomie,* wenn man von der „Menge M aller Mengen, die sich nicht selbst enthalten“ spricht und feststellt, daß sowohl die Aussage „M ist Element von M“ wie auch „M ist nicht Element von M“ zu einem unauflöslichen Widerspruch führt.

Eher bedeutet „bestimmt“ aber wohl, daß bei der Definition einer Menge klar sein muß, welche Objekte zu ihr gehören und welche nicht, auch wenn dies nicht unmittelbar explizit gemacht werden kann: denken Sie z. B. an die Lösungsmenge einer komplizierten Gleichung.

H. Geiges, *Lineare Algebra und Geometrie I*, Mathematik Kompakt,
https://doi.org/10.1007/978-3-032-21683-0_2

Erste Beispiele für Mengen und die Notation, die wir für diese verwenden wollen sind

$$\text{die } \textbf{natürlichen Zahlen } \mathbb{N} := \{1, 2, 3, \ldots\}$$

und

$$\text{die } \textbf{ganzen Zahlen } \mathbb{Z} := \{0, \pm 1, \pm 2, \ldots\}.$$

Beachten Sie, daß für mich die 0 keine natürliche Zahl ist; manche Autoren sehen das anders.

Mit „wohlunterscheidbar“ dürfte Cantor gemeint haben, daß bei der Aufzählung der Elemente einer Menge allfällige Verdopplungen keine Rolle spielen, ebensowenig wie die Reihenfolge der Elemente in der Aufzählung:

$$\{1, 2, 3\} = \{2, 1, 3\} = \{1, 2, 1, 3\}.$$

Diese Konvention ist sinnvoll, wenn man die Elemente nicht explizit, sondern etwa durch eine Formel auflistet, bei der man Verdopplungen erst einmal gar nicht ausschließen kann. Ein Beispiel sind

$$\text{die } \textbf{rationalen Zahlen } \mathbb{Q} := \{p/q \colon p, q \in \mathbb{Z},\ q \neq 0\}.$$

Den Doppelpunkt in der Mengenklammer lesen wir hier als „für die gilt“. Die Brüche $1/2, 2/4, -3/(-6), \ldots$, die allesamt in dieser Form p/q auftreten, sind dabei als ein einziges Element von $\mathbb{Q}$ zu verstehen.

Schließlich haben wir noch die bereits verwendete Notation $\mathbb{R}$ für die reellen Zahlen. Für uns werden allein die algebraischen Eigenschaften von $\mathbb{R}$ relevant sein, die wir in den Körperaxiomen kodifizieren werden. In der Analysis charakterisiert man $\mathbb{R}$ in eindeutiger Weise als vollständigen, archimedisch angeordneten Körper, aber diese Begrifflichkeiten spielen für uns hier keine Rolle.

Notation 2.1.1 Wir schreiben $x \in M$ für die Aussage „x ist Element von M“ und $x \notin M$ für die Aussage „x ist *nicht* Element von M“. Die leere Menge, die kein einziges Element enthält, bezeichnen wir mit $\emptyset$.

2.1.1 Teilmengen

Gegeben seien Mengen M, N. Mit der Notation $M \subset N$ drücken wir aus: jedes Element von M ist auch Element von N, und wir nennen dann M **Teilmenge** von N. Dabei ist die Möglichkeit $M = N$ durchaus zugelassen. Falls $M \subset N$, aber *nicht* $M = N$, so heißt M **echte** Teilmenge von N. Wenn es nötig ist, kann man das auch in der Notation ausdrücken durch $M \subsetneqq N$.

Beispiele 2.1.2

(1) Für jede Menge M gilt $\emptyset \subset M$, da die Aussage „Jedes Element von $\emptyset$..." schlichtweg leer ist.
(2) Es gilt $\mathbb{N} \subset \mathbb{Z} \subset \mathbb{Q} \subset \mathbb{R}$.

2.1.2 Operationen mit Mengen

(1) Die **Vereinigung** zweier Mengen M, N ist

$$M \cup N := \{x\colon x \in M \text{ oder } x \in N\}.$$

Das mathematische „oder" ist *nicht* ausschließend gemeint, d. h. die Aussage „$x \in M$ oder $x \in N$" ist auch dann wahr, wenn x Element sowohl von M als auch von N ist. Die Vereinigung ist in Abb. 2.1 schematisch veranschaulicht.

(2) Der **Durchschnitt** der Mengen M, N ist

$$M \cap N := \{x\colon x \in M \text{ und } x \in N\};$$

s. Abb. 2.2. Zwei Mengen M, N heißen **disjunkt,** falls $M \cap N = \emptyset$. Bei mehreren Mengen, evtl. auch unendlich vielen, bedeutet „disjunkt", daß der gemeinsame Durchschnitt *aller* Mengen leer ist. Möchte man ausdrücken, daß der Durchschnitt von je zwei dieser Mengen leer ist, so spricht man von **paarweise disjunkten** Mengen.

Beispiel 2.1.3

Die drei Mengen $\{1, 2\}, \{2, 3\}, \{4, 5\}$ sind disjunkt, da

$$\{1, 2\} \cap \{2, 3\} \cap \{4, 5\} = \emptyset,$$

aber nicht paarweise disjunkt, da $\{1, 2\}$ und $\{2, 3\}$ nichtleeren Durchschnitt haben.

(3) Die **Differenz** zweier Mengen M, N ist

$$M \setminus N := \{x\colon x \in M \text{ und } x \notin N\};$$

s. Abb. 2.3.

(4) Das **kartesische Produkt** zweier Mengen M, N ist die Menge

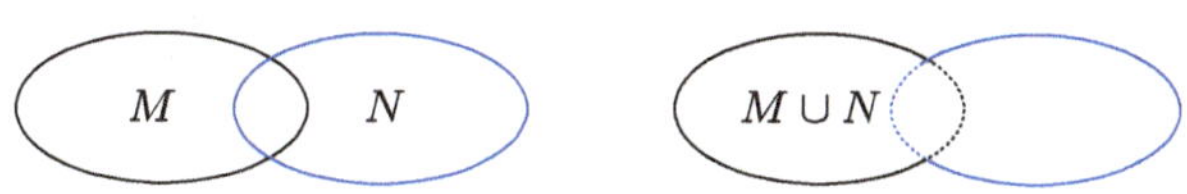

Abb. 2.1 Die Vereinigung zweier Mengen

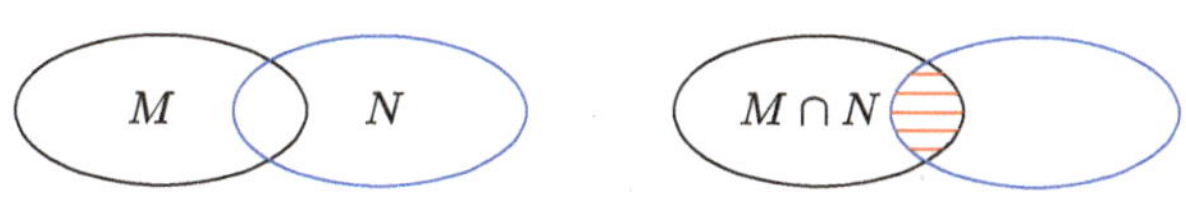

Abb. 2.2 Der Durchschnitt zweier Mengen

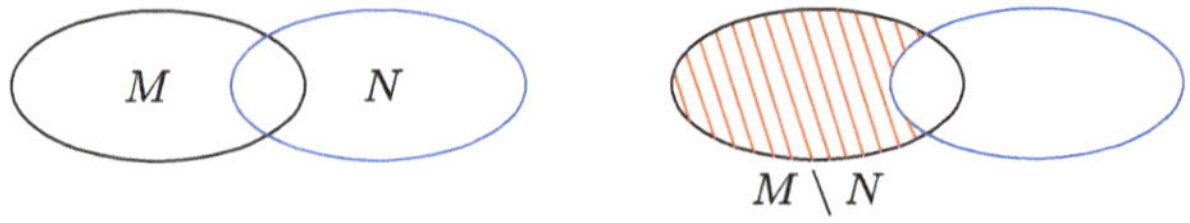

Abb. 2.3 Die Differenz zweier Mengen

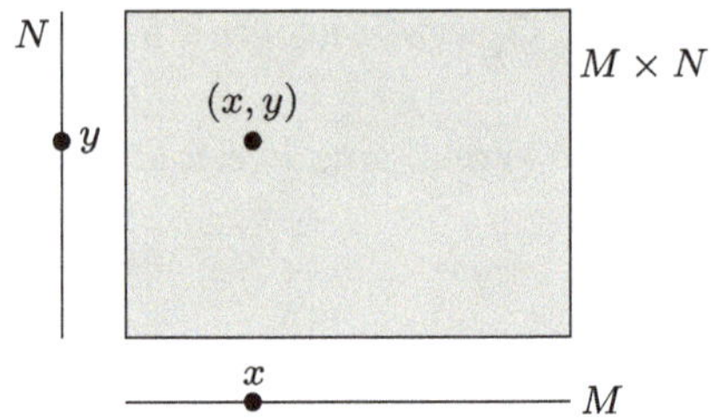

Abb. 2.4 Das kartesische Produkt

$$M \times N := \big\{(x, y) \colon x \in M, \ \ y \in N\big\}.$$

In Abb. 2.4 ist dies für zwei reelle Intervalle illustriert; das Bild kann aber auch schematisch für die allgemeine Situation verstanden werden. Analog definiert man das kartesische Produkt einer beliebigen endlichen Anzahl von Mengen.

Notation 2.1.4 Mit $\mathbb{R}^n$, $n \in \mathbb{N}$, bezeichnen wir das kartesische Produkt von n Kopien der reellen Zahlen:

$$\mathbb{R}^n := \underbrace{\mathbb{R} \times \cdots \times \mathbb{R}}_{n} = \big\{(x_1, \ldots, x_n) \colon x_1, \ldots, x_n \in \mathbb{R}\big\}.$$

Aufgabe 2.1.5
Es seien M, N, M', N' Mengen. Zeigen Sie durch ein Beispiel, daß die Menge

$$(M \times N) \setminus (M' \times N')$$

im allgemeinen verschieden ist von der Menge

$$(M \setminus M') \times (N \setminus N').$$

Zeigen Sie, andererseits, daß $(M \times N) \setminus (M' \times N')$ stets als Vereinigung zweier Mengen der Form $A \times B$ geschrieben werden kann.
Hinweis: Fertigen Sie eine Skizze an (z. B. mit Teilmengen von $\mathbb{R}$), die die Fragestellungen veranschaulicht. ◇

2.2 Abbildungen

Definition 2.2.1
Für nichtleere Mengen M, N ist eine **Abbildung**

$$f\colon M \longrightarrow N$$

eine Vorschrift, die jedem $x \in M$ genau ein Element $f(x) \in N$ zuordnet; s. Abb. 2.5. Man schreibt

$$x \longmapsto f(x);$$

gelesen: „x bildet ab auf $f(x)$“. Die Menge M heißt der **Definitionsbereich** von f, die Menge N der **Wertebereich.** ◂

Manche Autoren verwenden den Begriff **Funktion** synonym mit dem der Abbildung. Persönlich neige ich dazu, den Funktionsbegriff zu beschränken auf Abbildungen mit Wertebereich $\mathbb{R}$, den komplexen Zahlen $\mathbb{C}$ (die wir bald kennenlernen werden), oder allenfalls noch endlich-dimensionalen Vektorräumen über diesen Körpern. Auch verwendet man den Ausdruck „Funktion“ eher dann, wenn die Abbildung durch eine explizite Formel gegeben ist oder wegen ihres häufigen Vorkommens einen eigenen Namen hat, wie die Betragsfunktion oder trigonometrische Funktionen.

Beispiele 2.2.2

(1) Die Addition reeller Zahlen ist eine Abbildung

$$\begin{aligned} \mathbb{R}\times\mathbb{R} &\longrightarrow \mathbb{R} \\ (x,y) &\longmapsto x+y. \end{aligned}$$

(2) In einem kartesischen Produkt hat man Projektionsabbildungen auf die Faktoren, hier beispielhaft die Projektion auf den ersten Faktor:

$$\begin{aligned} \pi_1\colon M\times N &\longrightarrow M \\ (x,y) &\longmapsto x. \end{aligned}$$

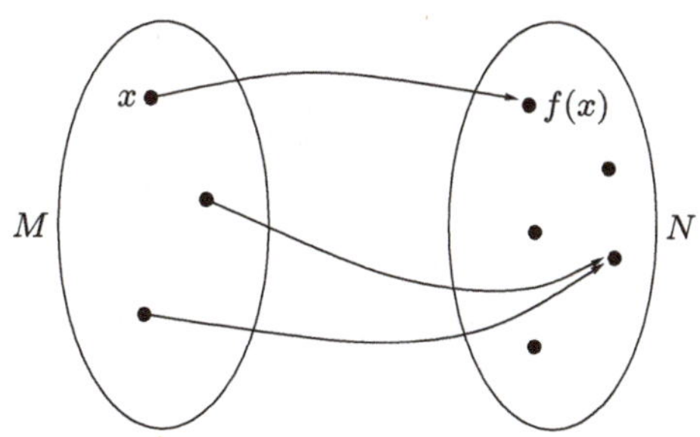

Abb. 2.5 Eine Abbildung $f\colon M \to N$

Definition 2.2.3

Sei $f\colon M \to N$ eine Abbildung, und seien $A \subset M$ und $B \subset N$ nichtleere Teilmengen. Das **Bild** von A unter f ist die Menge aller Werte, die f auf A annimmt:

$$f(A) := \{f(x)\colon x \in A\} \subset N.$$

Das **Urbild** von B ist die Menge aller Elemente von M, die nach B abgebildet werden:

$$f^{-1}(B) := \{x \in M\colon f(x) \in B\}.$$

Unter der **Einschränkung** von f auf A versteht man die Abbildung, die man aus f durch Verkleinern des Definitionsbereiches auf A erhält:

$$\begin{aligned} f|_A\colon A &\longrightarrow N \\ x &\longmapsto f(x). \end{aligned}$$ ◀

Beispiel 2.2.4
Sei f die Betragsfunktion auf den ganzen Zahlen $\mathbb{Z}$:

$$\begin{aligned} f\colon \mathbb{Z} &\longrightarrow \mathbb{Z} \\ x &\longmapsto |x| := \begin{cases} x, & \text{falls } x \geq 0, \\ -x, & \text{falls } x < 0. \end{cases} \end{aligned}$$

Hier gilt

$$f(\mathbb{Z}) = \mathbb{N}_0 := \mathbb{N} \cup \{0\}$$

und

$$f^{-1}(2) := f^{-1}(\{2\}) = \{-2, 2\}.$$

Aufgabe 2.2.5
Sei $f\colon M \to N$ eine Abbildung. Weiter seien A und B Teilmengen von M, sowie C und D Teilmengen von N. Beweisen oder widerlegen Sie (durch ein Gegenbeispiel) die folgenden Aussagen:

(i) $f(A \cup B) = f(A) \cup f(B)$,
(ii) $f(A \cap B) = f(A) \cap f(B)$,
(iii) $f^{-1}(C \cup D) = f^{-1}(C) \cup f^{-1}(D)$,
(iv) $f^{-1}(C \cap D) = f^{-1}(C) \cap f^{-1}(D)$.

Kann man die falsche(n) Aussage(n) zu (einer) richtigen Aussage(n) machen, indem man die Mengengleichheit zu einer Mengeninklusion $\subset$ oder $\supset$ abschwächt? ◇

In der folgenden Definition verwende ich die sogenannten Quantoren $\forall$ (Allquantor) und $\exists$ (Existenzquantor). Eine Aussage der Form

$$\forall x \in M \; \exists y \in N \colon \; \ldots$$

ist zu lesen als: „Für jedes $x \in M$ existiert ein $y \in N$, so daß ... gilt.“ Mathematisch korrekt wäre es auch, „für alle x“ zu sagen, aber was wirklich gemeint ist, wird mit „für jedes x“ deutlicher: Egal, wie $x \in M$ gewählt wird, man findet stets ein $y \in N$, *das von x abhängen darf* (und i. a. wird), so daß ... gilt. Um dies zu betonen, schreibt man manchmal auch $y = y(x)$, aber eigentlich ist das redundant.

Insbesondere ist die Reihenfolge der Quantoren essentiell. Die Aussage

$$\forall x \in \mathbb{N} \; \exists y \in \mathbb{N} \colon \; y > x$$

ist korrekt: zu jeder natürlichen Zahl gibt es eine, die noch größer ist. Die Aussage

$$\exists y \in \mathbb{N} \; \forall x \in \mathbb{N} \colon \; y > x$$

ist hingegen falsch: es gibt keine natürliche Zahl, die größer als alle natürlichen Zahlen ist.

Wenn klar ist, auf die Objekte welcher Menge sich ein Quantor bezieht, läßt man die Menge in der Notation gerne fort. Mit $\forall \varepsilon > 0$ ist (z. B. im Kontext der Stetigkeitsdefinition reeller Funktionen) offensichtlich gemeint „für alle reellen Zahlen ε, die größer als 0 sind, gilt ...“. Grundsätzlich gilt aber: die Quantoren beziehen sich stets auf die Elemente einer klar definierten Menge.

Quantoren sind vor allem dann nützlich, wenn man Aussagen formal negieren möchte. Sei z. B. $\mathcal{A}$ eine Aussage über die Elemente einer Menge M oder einer ihrer Teilmengen (etwa: $M = \mathbb{Z}$, $\mathcal{A}(x) =$ „x ist positiv“) und $\neg\mathcal{A}$ deren Negation ($\neg\mathcal{A}(x) =$ „x ist nicht positiv“). Dann ist die Negation der Aussage

$$\forall x \colon \mathcal{A}(x)$$

gegeben durch

$$\exists x \colon \neg\mathcal{A}(x).$$

Analog ist die Negation der Aussage

$$\exists x \colon \mathcal{A}(x)$$

gegeben durch

$$\forall x \colon \neg\mathcal{A}(x).$$

Bei formalen Aussagen, die mehrere Quantoren involvieren, ist dieses formale Negieren eine große Hilfe.

Aufgabe 2.2.6
Formulieren Sie die folgenden Aussagen mittels Quantoren. Negieren Sie dann die Aussagen formal. Übersetzen Sie diese negierten Aussagen zurück in „Umgangssprache“. Hier ist $I \subset \mathbb{R}$ ein Intervall und $f \colon I \to \mathbb{R}$ eine Funktion.

(a) Zu jedem $x_0 \in I$ und jedem $\varepsilon > 0$ gibt es ein $\delta > 0$ derart, daß für alle $x \in I$ mit $|x - x_0| < \delta$ gilt, daß $|f(x) - f(x_0)| < \varepsilon$.
(b) Zu jedem $\varepsilon > 0$ gibt es ein $\delta > 0$ derart, daß für jedes $x_0 \in I$ und jedes $x \in I$ mit $|x - x_0| < \delta$ gilt, daß $|f(x) - f(x_0)| < \varepsilon$.

Hier handelt es sich um die Definition von **Stetigkeit** bzw. **gleichmäßiger Stetigkeit,** die man in der Analysis behandelt. ◇

Ich werde Quantoren in diesem Buch eher spärlich einsetzen. An der Tafel sind sie nützlich und zeitsparend, aber ein ausgeschriebener Text liest sich meist besser als ein Wald aus Quantoren, falls nicht ein komplizierteres formal-logisches Argument den Einsatz von Quantoren sinnvoll erscheinen läßt.

In der nächsten Definition verwende ich erstmals das Symbol $\Rightarrow$, das für „impliziert“ steht. Die Aussage $\mathcal{A} \Rightarrow \mathcal{B}$ bedeutet also: Die Aussage $\mathcal{A}$ impliziert die Aussage $\mathcal{B}$. Alternative und äquivalente Formulierungen sind:

- Falls $\mathcal{A}$, dann $\mathcal{B}$;
- Aus $\mathcal{A}$ folgt $\mathcal{B}$.

Auch dieses Symbol werde ich selten einsetzen, ebenso wie das Symbol $\Leftrightarrow$ für „genau dann, wenn“ oder „ist äquivalent zu“.

Die obigen Aussagen über Negationen können wir damit so zusammenfassen:

$$\neg\big(\forall x\colon \mathcal{A}(x)\big) \Longleftrightarrow \big(\exists x\colon \neg\mathcal{A}(x)\big)$$

und

$$\neg\big(\exists x\colon \mathcal{A}(x)\big) \Longleftrightarrow \big(\forall x\colon \neg\mathcal{A}(x)\big).$$

Definition 2.2.7

Eine Abbildung $f\colon M \to N$ heißt

- **injektiv,** falls gilt:

$$\forall x, x' \in M\colon f(x) = f(x') \Rightarrow x = x'.$$

  Ausgesprochen: Für alle x, x' in M gilt: falls x, x' das gleiche Bild $f(x) = f(x')$ haben, so muß $x = x'$ gelten. In etwas weniger formaler Sprache würde man wohl sagen: f heißt injektiv, falls keine zwei verschiedenen Elemente das gleiche Bild haben.
- **surjektiv,** falls gilt:

$$\forall y \in N\ \exists x \in M\colon f(x) = y,$$

d. h. jedes Element im Wertebereich hat *mindestens* ein Urbild im Definitionsbereich. Dies ist gleichbedeutend mit der Aussage $f(M) = N$.

- **bijektiv,** falls f injektiv und surjektiv ist, d. h.

$$\forall\, y \in N \;\exists!\, x \in M\colon\; f(x) = y,$$

wobei der Quantor $\exists!$ für „es existiert *genau* ein" steht. ◀

In Abb. 2.6 sind die Eigenschaften injektiv, surjektiv und bijektiv beispielhaft illustriert.

Aufgabe 2.2.8

(a) Wie viele Abbildungen $\{1, 2, 3\} \to \{1, 2, 3, 4\}$ gibt es?
(b) Wie viele injektive Abbildungen $\{1, 2, 3\} \to \{1, 2, 3, 4\}$ gibt es?
(c) Wie viele surjektive Abbildungen $\{1, 2, 3, 4\} \to \{1, 2, 3\}$ gibt es?
(d) Wie viele bijektive Abbildungen $\{1, 2, 3, 4\} \to \{1, 2, 3, 4\}$ gibt es? ◇

Eine **Komposition** oder **Verkettung** von Abbildungen bezeichnet deren Hintereinanderschaltung, was immer dann möglich ist, wenn der Wertebereich der ersten Abbildung mit dem Definitionsbereich der nachfolgenden Abbildung übereinstimmt. Dabei liest man die Komposition $g \circ f$ der Abbildungen f und g von rechts nach links:

$$g \circ f\colon M \xrightarrow{f} N \xrightarrow{g} P,$$

$$(g \circ f)(x) := g(f(x)), \quad x \in M.$$

Wir sprechen $g \circ f$ als „g nach f".

Beispiel 2.2.9

Für $f\colon \mathbb{R} \to \mathbb{R}, x \mapsto x^2 + 2x$, und $g\colon \mathbb{R} \to \mathbb{R}, x \mapsto x^3$ gilt $(g \circ f)(x) = (x^2 + 2x)^3$. Hier macht man sich das Leben etwas einfacher, wenn man die Abbildung g mit einer neuen Variablen $y \mapsto y^3$ bezeichnet, und dann schlichtweg das Bild $x^2 + 2x$ der ersten Abbildung für y substituiert.

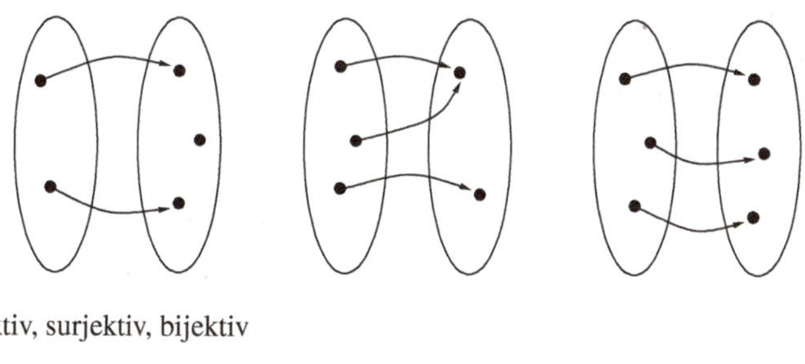

Abb. 2.6 Injektiv, surjektiv, bijektiv

Ist die Abbildung $f : M \to N$ bijektiv, so gibt es eine eindeutig bestimmte **Umkehrabbildung** $g : N \to M$, die jedem $y \in N$ das eindeutige Urbild $x \in f^{-1}(y)$ zuordnet. Dann gilt

$$g \circ f = \mathrm{id}_M \quad \text{und} \quad f \circ g = \mathrm{id}_N. \tag{2.1}$$

Hier bezeichnet id die **identische Abbildung**

$$\begin{aligned} \mathrm{id}_M : M &\longrightarrow M \\ x &\longmapsto x. \end{aligned}$$

Umgekehrt folgt aus der Existenz einer Umkehrabbildung g zu f (d. h. einer Abbildung, so daß (2.1) gilt), daß f und g bijektiv sind.

Aufgabe 2.2.10
Gegeben seien Mengen A, B, C und Abbildungen $f : A \to B$ und $g : B \to C$. Zeigen Sie:

(a) Sind f und g injektiv, so auch die Komposition $g \circ f : A \to C$.
(b) Ist $g \circ f$ injektiv, so auch f.
(c) Ist $g \circ f$ injektiv und f surjektiv, so ist g injektiv.
(d) Ist $g \circ f$ surjektiv, so auch g.

Zeigen Sie durch ein Beispiel, daß die Bedingung „f ist surjektiv" in (c) nicht weggelassen werden kann. ◇

Falls $f : M \to N$ eine Umkehrabbildung besitzt, so schreibt man diese auch als $f^{-1} : N \to M$. Man beachte in diesem Fall die Doppeldeutigkeit des Ausdrucks $f^{-1}(B)$ für $B \subset N$, einerseits als Urbild von B unter f, andererseits als Bild von B unter f^{-1}. Wegen der Bijektivität von f läßt sich aber jedes $y \in N$ als $y = f(x)$ mit einem eindeutig bestimmten $x \in M$ schreiben. Das Urbild $f^{-1}(\{y\})$ von $\{y\} \subset N$ unter f und das Bild $f^{-1}(\{y\})$ unter der Umkehrabbildung f^{-1} sind daher beide gleich $\{x\} \subset M$. Die beiden Bedeutungen von $f^{-1}(B)$ sind daher in diesem Fall identisch.

Wir haben uns in diesem Abschnitt im Zusammenhang mit Quantoren auch ein wenig mit Aussagenlogik beschäftigt. Daher möchte ich die Gelegenheit nutzen, noch etwas zu *Widerspruchsbeweisen* zu sagen. Um eine mathematische Aussage $\mathcal{A}$ zu beweisen, kann es sinnvoll sein, ihre Negation $\neg\mathcal{A}$ anzunehmen und daraus einen Widerspruch herzuleiten, was die Wahrheit der Aussage $\mathcal{A}$ bestätigt.

Ein klassisches Beispiel eines Widerspruchsbeweises ist die Irrationalität von $\sqrt{2}$. Angenommen, $\sqrt{2}$ wäre rational. Schreibe $\sqrt{2} = p/q$ mit $p, q \in \mathbb{N}$ teilerfremd. Es folgt $p^2 = 2q^2$. Da das Quadrat einer ungeraden Zahl ungerade ist, muß p notwendigerweise gerade sein, $p = 2p_0$. Es folgt $2p_0^2 = q^2$, so daß auch q gerade sein müßte, im Widerspruch zur Teilerfremdheit von p und q.

Logisch gesehen ist ein Widerspruchsbeweis eine nicht ganz einfache Schlußweise. Ich plädiere nicht dafür, sich dieses starken argumentativen Schwertes gänzlich zu entledigen, aber man sollte nicht irrigerweise von einem Widerspruchsbeweis reden, wo gar keine Argumentation per Widerspruch vorliegt, nämlich beim Beweis der *kontrapositiven Aussage.*

Angenommen, wir wollen eine Aussage der Form $\mathcal{A} \Rightarrow \mathcal{B}$ (z. B. „Differenzierbarkeit impliziert Stetigkeit“) beweisen. Diese Aussage ist äquivalent zu der kontrapositiven Aussage $\neg\mathcal{B} \Rightarrow \neg\mathcal{A}$ („Ein Funktion, die nicht stetig ist, kann auch nicht differenzierbar sein.“) Wenn man nun letztere Aussage beweist, nimmt man $\neg\mathcal{B}$ an und leitet daraus $\neg\mathcal{A}$ ab. Oft hört man dann: „im Widerspruch zur Annahme $\mathcal{A}$“. Sofern man aber im Beweis der kontrapositiven Aussage die Aussage $\mathcal{A}$ gar nicht einsetzt, tritt hier logisch nirgends ein Widerspruch auf; man hat lediglich eine zur ursprünglichen Aussage äquivalente Aussage direkt bewiesen.

2.3 Äquivalenzrelationen und Partitionen

Eine **Relation** auf einer Menge M ist formal eine Teilmenge $\mathcal{R} \subset M \times M$, man schreibt aber meist

$$x \sim y :\Longleftrightarrow (x, y) \in \mathcal{R}$$

und nennt $\sim$ (oder ein anderes gewähltes Symbol) die Relation.

Beispiel 2.3.1
$M = \mathbb{R}$ mit der durch $\leq$ gegebenen Relation. Hier ist

$$\mathcal{R} = \{(x, y) \in \mathbb{R}^2 : x \leq y\}.$$

Der folgende Begriff ist von grundlegender Bedeutung, insbesondere im Zusammenhang mit der Klassifikation von Objekten innerhalb einer gegebenen Klasse, da man typischerweise „äquivalente“ Objekte innerhalb einer Klasse im Sinne der Klassifikation als „gleich“ ansehen wird.

Definition 2.3.2

Eine Relation $\sim$ auf einer Menge M heißt **Äquivalenzrelation,** falls sie die folgenden Eigenschaften besitzt:

(i) **Reflexivität:**

$$\forall x \in M: x \sim x;$$

(ii) **Symmetrie:**

$$\forall x, y \in M: x \sim y \Longleftrightarrow y \sim x;$$

(iii) **Transitivität:**

$$\forall x, y, z \in M: (x \sim y \text{ und } y \sim z) \Longrightarrow x \sim z. \blacktriangleleft$$

Beispiele 2.3.3

(1) Die Relation $\leq$ auf $\mathbb{R}$ ist reflexiv und transitiv, aber nicht symmetrisch. Die Relation $<$ ist nur transitiv.

(2) Sei $n \in \mathbb{N}$ gegeben. Die Relation auf $\mathbb{Z}$, die durch

$$x \sim y :\Longleftrightarrow \exists k \in \mathbb{Z}: y = x + kn$$

definiert ist, ist eine Äquivalenzrelation.

(2') Das gleiche gilt für die durch

$$x \sim y :\Longleftrightarrow \exists k \in \mathbb{Z}: y = x + k \cdot 2\pi$$

auf $\mathbb{R}$ gegebene Äquivalenzrelation.

Bei einer gegebenen Äquivalenzrelation $\sim$ auf einer Menge M heißt

$$[x] := \{y \in M: x \sim y\}$$

die **Äquivalenzklasse** von $x \in M$. Man schreibt die Menge der Äquivalenzklassen als $M/\sim$, und man kann jedes Element von M auf seine Äquivalenzklasse „projizieren“:

$$\begin{aligned} M &\longrightarrow M/\sim \\ x &\longmapsto [x]. \end{aligned}$$

Aufgabe 2.3.4

Unter einer **Partition** einer Menge M versteht man eine Zerlegung $M = \bigsqcup_{\alpha\in A} U_\alpha$ in paarweise disjunkte Teilmengen $U_\alpha \subset M$. Hier ist A eine beliebige Indexmenge, und $\bigsqcup$ bezeichnet die disjunkte Vereinigung, d. h. $U_\alpha \cap U_\beta = \emptyset$ für $\alpha \neq \beta$, und $\bigcup_{\alpha\in A} U_\alpha = M$.

In dieser Aufgabe wollen wir uns überlegen, daß eine Äquivalenzrelation auf einer Menge und eine Partition dieser Menge im wesentlichen identische Begriffe sind.

(a) Es sei $\sim$ eine Äquivalenzrelation auf M. Zeigen Sie, daß die Äquivalenzklassen eine Partition von M definieren, d. h. jedes Element von M liegt in einer Äquivalenzklasse, und je zwei Äquivalenzklassen sind entweder disjunkt oder identisch.
(b) Umgekehrt sei eine Partition $M = \bigsqcup_{\alpha \in A} U_\alpha$ von M gegeben. Zeigen Sie, daß durch

$$x \sim y :\Longleftrightarrow x, y \in U_\alpha \text{ für ein } \alpha \in A$$

eine Äquivalenzrelation auf M definiert wird, deren Äquivalenzklassen die U_α sind. ◇

Im Beispiel (2) oben bezeichnet man die Menge der Äquivalenzklassen mit $\mathbb{Z}/n\mathbb{Z}$ und spricht von den ganzen Zahlen „modulo n". Elemente von $\mathbb{Z}/n\mathbb{Z}$ kann man addieren, indem man

$$[x] + [y] := [x + y]$$

setzt. Hier steht das $+$ auf der rechten Seite für die gewöhnliche Addition ganzer Zahlen; die Addition $+$ von Äquivalenzklassen auf der linken Seite wird neu definiert. Bei einer derartigen Definition auf Äquivalenzklassen muß man sich überlegen, ob die Operation **wohldefiniert** ist – dies bedeutet, daß das Ergebnis auf der rechten Seite nicht von der Wahl der **Repräsentanten** x, y der Äquivalenzklassen $[x]$, $[y]$ auf der linken Seite abhängen darf. Dies ist hier der Fall: Aus $[x] = [x']$ folgt $x' = x + kn$ für ein $k \in \mathbb{Z}$; analog bedeutet $[y] = [y']$, daß $y' = y + \ell n$ für ein $\ell \in \mathbb{Z}$. Damit folgt

$$x' + y' = x + y + (k + \ell)n,$$

also $[x' + y'] = [x + y]$.

Ähnlich argumentiert man im Beispiel (2') und schreibt $\mathbb{R}/2\pi\mathbb{Z}$ für die Menge der Äquivalenzklassen. Diese Menge ist nützlich bei der Beschreibung von Winkeln in der Ebene, da zwei Winkel, die sich um einen Vollwinkel 2π unterscheiden, geometrisch keinen Unterschied bedeuten. Typischerweise schreibt man hier (und analog im Beispiel (2)) einfach wieder $\alpha \in \mathbb{R}/2\pi\mathbb{Z}$ statt $[\alpha]$, und rechnet dann „modulo 2π"; es gilt dann z. B. $\pi + \pi = 0$.

Vektorräume 3

Ein zentraler Begriff der Linearen Algebra ist der des Vektorraumes. Dieser Begriff formalisiert die algebraischen Eigenschaften, die wir uns zunächst noch einmal am Beispiel des $\mathbb{R}^n$ klarmachen wollen. Vektorräume sind in der Mathematik omnipräsent, zum Beispiel als Funktionenräume, als Lösungsmengen (homogener) linearer Gleichungssysteme, als Lösungsmengen von linearen Differentialgleichungssystemen etc. Mit den Methoden der Linearen Algebra, die wir in diesem Buch entwickeln, lassen sich solche Räume und Abbildungen zwischen diesen dann genauer analysieren.

3.1 Reelle Vektorräume

3.1.1 Der $\mathbb{R}^n$ als Vektorraum

Auf dem $\mathbb{R}^n$ erklären wir zwei Operationen:

Vektoraddition

$$\begin{aligned} \mathbb{R}^n \times \mathbb{R}^n &\longrightarrow \mathbb{R}^n \\ \big((x_1, \ldots, x_n)\ ,\ (y_1, \ldots, y_n)\big) &\longmapsto (x_1, \ldots, x_n) + (y_1, \ldots, y_n) := \\ &\ (x_1 + y_1, \ldots, x_n + y_n) \end{aligned}$$

Skalarmultiplikation

$$\begin{aligned} \mathbb{R} \times \mathbb{R}^n &\longrightarrow \mathbb{R}^n \\ \big(\lambda\ ,\ (x_1, \ldots, x_n)\big) &\longmapsto \lambda(x_1, \ldots, x_n) := (\lambda x_1, \ldots, \lambda x_n) \end{aligned}$$

H. Geiges, *Lineare Algebra und Geometrie I*, Mathematik Kompakt,
https://doi.org/10.1007/978-3-032-21683-0_3

Die Vektoraddition hat die folgenden Eigenschaften:

(A1) **Assoziativität:**

$$\forall\, \mathbf{u}, \mathbf{v}, \mathbf{w} \in \mathbb{R}^n : (\mathbf{u} + \mathbf{v}) + \mathbf{w} = \mathbf{u} + (\mathbf{v} + \mathbf{w}).$$

(A2) **Kommutativität:**

$$\forall\, \mathbf{v}, \mathbf{w} \in \mathbb{R}^n : \mathbf{v} + \mathbf{w} = \mathbf{w} + \mathbf{v}.$$

(A3) **Existenz des Nullvektors:** Mit

$$0 := (0, \dots, 0) \in \mathbb{R}^n$$

gilt

$$\forall\, \mathbf{v} \in \mathbb{R}^n : \mathbf{v} + 0 = \mathbf{v}.$$

(A4) **Existenz des negativen Elementes:** Mit

$$-(x_1, \dots, x_n) := (-x_1, \dots, -x_n)$$

gilt

$$\forall\, \mathbf{v} \in \mathbb{R}^n : \mathbf{v} + (-\mathbf{v}) = 0.$$

Hier sind die wesentlichen Eigenschaften der Skalarmultiplikation:

(S1) $\forall\, \lambda, \mu \in \mathbb{R}\ \forall\, \mathbf{v} \in \mathbb{R}^n : \lambda(\mu\mathbf{v}) = (\lambda\mu)\mathbf{v}$.
Beachte: $\lambda\mu$ ist das Produkt in $\mathbb{R}$, wohingegen etwa $\mu\mathbf{v}$ die Skalarmultiplikation bezeichnet. Wir vermeiden es aber, hier verschiedene Multiplikationssymbole zu verwenden.

(S2) $\forall\, \mathbf{v} \in \mathbb{R}^n : 1\mathbf{v} = \mathbf{v}$.

Schließlich haben wir noch die **Distributivgesetze,** die beide Operationen betreffen:

$$\text{(D)} \qquad \begin{cases} \forall\, \lambda \in \mathbb{R}\ \forall\, \mathbf{v}, \mathbf{w} \in \mathbb{R}^n : \lambda(\mathbf{v} + \mathbf{w}) = \lambda\mathbf{v} + \lambda\mathbf{w}, \\ \forall\, \lambda, \mu \in \mathbb{R}\ \forall\, \mathbf{v} \in \mathbb{R}^n : (\lambda + \mu)\mathbf{v} = \lambda\mathbf{v} + \mu\mathbf{v}. \end{cases}$$

3.1.2 Die Vektorraumaxiome

Es gibt in der Mathematik eine Vielzahl von Räumen, auf denen man in natürlicher Weise eine Addition und Skalarmultiplikation erklären kann, die die gleichen formalen Eigenschaften wie jene auf dem $\mathbb{R}^n$ haben. Wir beginnen mit einem Beispiel, und abstrahieren dann aus unseren Beobachtungen die Axiome, d. h. die grundlegenden und definierenden Eigenschaften einer algebraischen Struktur, die wir „reellen Vektorraum“ nennen werden.

Beispiel 3.1.1
Es sei V die Menge aller reellwertigen Funktionen $f\colon [a,b] \to \mathbb{R}$ auf einem Intervall $[a,b] \in \mathbb{R}$. Auf dieser Menge können wir eine Addition und eine Skalarmultiplikation wie folgt definieren.

Addition
Für $f, g \in V$ erklären wir deren Summe $f + g \in V$ durch

$$\begin{aligned} f+g\colon [a,b] &\longrightarrow \mathbb{R} \\ x &\longmapsto (f+g)(x) := f(x) + g(x). \end{aligned}$$

Skalarmultiplikation
Für $f \in V$ und $\lambda \in \mathbb{R}$ erklären wir das skalare Vielfache $\lambda f \in V$ durch

$$\begin{aligned} \lambda f\colon [a,b] &\longrightarrow \mathbb{R} \\ x &\longmapsto (\lambda f)(x) := \lambda f(x). \end{aligned}$$

Man nennt dies die „punktweise“ Addition bzw. Skalarmultiplikation von Funktionen.
Außerdem benötigen wir einen Nullvektor, den wir als die Nullfunktion erklären:

$$\begin{aligned} 0\colon [a,b] &\longrightarrow \mathbb{R} \\ x &\longmapsto 0, \end{aligned}$$

sowie zu jedem $f \in V$ ein negatives Element $-f$, definiert durch

$$\begin{aligned} -f\colon [a,b] &\longrightarrow \mathbb{R} \\ x &\longmapsto (-f)(x) := -f(x). \end{aligned}$$

Dann gelten wieder die Rechenregeln (A), (S) und (D).

Definition 3.1.2

Eine Menge V mit einer Addition

$$\begin{aligned} V \times V &\longrightarrow V \\ (\mathbf{v}, \mathbf{w}) &\longmapsto \mathbf{v} + \mathbf{w} \end{aligned}$$

und einer Skalarmultiplikation

$$\begin{aligned} \mathbb{R} \times V &\longrightarrow V \\ (\lambda, \mathbf{v}) &\longmapsto \lambda \mathbf{v} \end{aligned}$$

heißt **reeller Vektorraum,** falls die Axiome (A), (S) und (D) gelten (wobei in den Formulierungen $\mathbb{R}^n$ durch V ersetzt wird). ◄

Lediglich eine kleine Feinheit ist zu beachten. Im $\mathbb{R}^n$ waren der Nullvektor und das negative Element in natürlicher Weise gegeben. In der axiomatischen Definition eines Vektorraum müssen wir die Existenz dieser Elemente *fordern.* Wir formulieren die Axiome (A3) und (A4) deshalb neu wie folgt:

(A3) $\exists 0 \in V$, genannt **Nullvektor,** so daß gilt:

$$\forall \mathbf{v} \in V : \mathbf{v} + 0 = \mathbf{v}.$$

(A4) $\forall \mathbf{v} \in V \; \exists -\mathbf{v} \in V$, genannt das zu **v negative Element,** so daß gilt:

$$\mathbf{v} + (-\mathbf{v}) = 0.$$

Beispiel 3.1.3
Viele spezielle Klassen von reellwertigen Funktionen bilden reelle Vektorräume, sofern die speziellen Eigenschaften unter punktweiser Addition und Skalarmultiplikation erhalten bleiben. In der Analysis beweist man dazu Aussagen der Form „Die Summe zweier stetiger Funktionen ist wieder stetig“. Solche Klassen von Funktionen sind

- stetige Funktionen,
- differenzierbare Funktionen,
- Polynome vom Grad $\leq n$: $x \mapsto a_0 + a_1 x + \cdots + a_n x^n$ mit $a_0, \ldots, a_n \in \mathbb{R}$,
- die Menge aller reellen Polynome von endlichem, aber beliebig großem Grad.

Wir waren vom $\mathbb{R}^n$ und insbesondere vom $\mathbb{R}^2$ ausgegangen, wo wir Vektoren als gerichtete Strecken anschaulich interpretiert haben. Für einen abstrakten Vektorraum wie die gerade genannten Funktionenräume fehlt uns zunächst solch ein anschauliches Modell. Dennoch kann es sinnvoll sein, Elemente eines solchen Vektorraumes als „Pfeile“ darzustellen, um gewisse Sachverhalte (wie z. B. die Dreiecksungleichung in Vektorräumen mit einem Skalarprodukt) zu illustrieren. Man muß nur darauf achten, keine Schlüsse aus solchen Bilder ziehen zu wollen, die sich nicht aus den Axiomen heraus begründen lassen.

Aufgabe 3.1.4
Im reellen Vektorraum V aller Funktionen $f : [-1, 1] \to \mathbb{R}$ betrachten wir folgende Teilmengen.

$$\begin{aligned}
U_1 &:= \{f \in V : f(0) = 0\},\\
U_2 &:= \{f \in V : f(-x) = -f(x) \text{ für alle } x \in [-1, 1]\},\\
U_3 &:= \{f \in V : f(-1) = -f(1)\},\\
U_4 &:= \{f \in V : f(x) \geq 0 \text{ für alle } x \in [-1, 1]\}.
\end{aligned}$$

Welche dieser Teilmengen (mit der punktweisen Addition und Skalarmultiplikation von Funktionen) sind selbst wieder reelle Vektorräume? ◇

3.1.3 Folgerungen aus den Axiomen

Wir wollen uns nun einige unmittelbare Konsequenzen aus den Axiomen anschauen, ebenso wie weitere Rechenregeln. Wir wissen dann also: jede algebraische Struktur, die den Axiomen genügt, wird auch alle hier aufgeführten Eigenschaften mit dem $\mathbb{R}^n$ und anderen schon bekannten reellen Vektorräumen teilen.

Zunächst können wir unter Ausnutzung der Assoziativität und Kommutativität der Addition die Axiome (A3) und (A4) um eine Eindeutigkeitsaussage erweitern.

(i) In einem Vektorraum gibt es stets nur einen Nullvektor:
Sind 0 und $0'$ Nullvektoren, so gilt

$$0 = 0 + 0' = 0' + 0 = 0'.$$

(ii) In einem Vektorraum gibt es zu jedem Vektor genau ein negatives Element:
Angenommen $\mathbf{v} + \mathbf{a} = 0 = \mathbf{v} + \mathbf{b}$. Dann folgt

$$\begin{aligned}\mathbf{a} = \mathbf{a} + 0 &= \mathbf{a} + (\mathbf{v} + \mathbf{b}) = (\mathbf{a} + \mathbf{v}) + \mathbf{b}\\ &= (\mathbf{v} + \mathbf{a}) + \mathbf{b} = 0 + \mathbf{b} = \mathbf{b} + 0\\ &= \mathbf{b}.\end{aligned}$$

Außerdem haben wir folgende weitere Rechenregeln. Ich schreibe für den Moment $\mathbf{0} \in V$ für den Nullvektor von V, um dieses Element von der $0 \in \mathbb{R}$ zu unterscheiden. Später werde ich mir wieder erlauben, die reelle Null und den Nullvektor eines Vektorraumes beide mit 0 zu bezeichnen, sofern nicht wie hier eine Verwechslungsgefahr besteht.

(i) Für alle $\mathbf{v} \in V$ gilt $0\mathbf{v} = \mathbf{0}$:
Es gilt

$$0\mathbf{v} = (0 + 0)\mathbf{v} = 0\mathbf{v} + 0\mathbf{v}.$$

Wenn wir auf beiden Seiten dieser Gleichung das negative Element $-(0\mathbf{v})$ addieren, ergibt sich

$$\begin{aligned}\mathbf{0} &= (0\mathbf{v} + 0\mathbf{v}) + (-(0\mathbf{v}))\\ &= 0\mathbf{v} + (0\mathbf{v} + (-0\mathbf{v}))\\ &= 0\mathbf{v} + \mathbf{0}\\ &= 0\mathbf{v}.\end{aligned}$$

(ii) Für alle $\lambda \in \mathbb{R}$ gilt $\lambda\mathbf{0} = \mathbf{0}$:
Es gilt

$$\lambda\mathbf{0} = \lambda(\mathbf{0} + \mathbf{0}) = \lambda\mathbf{0} + \lambda\mathbf{0}.$$

Durch Addition von $-(\lambda\mathbf{0})$ auf beiden Seiten folgt, ganz analog zu (i), daß $\mathbf{0} = \lambda\mathbf{0}$.

(iii) Für alle $\mathbf{v} \in V$ gilt $(-1)\mathbf{v} = -\mathbf{v}$:
Wir rechnen

$$\begin{aligned}\mathbf{v} + (-1)\mathbf{v} &= 1\mathbf{v} + (-1)\mathbf{v}\\ &= (1 + (-1))\mathbf{v}\\ &= 0\mathbf{v}\\ &= \mathbf{0}.\end{aligned}$$

Die Behauptung folgt dann aus der Eindeutigkeit des negativen Elementes.

(iv) Die Gleichheit $\lambda\mathbf{v} = \mathbf{0}$ gilt genau dann, wenn $\lambda = 0$ oder $\mathbf{v} = \mathbf{0}$:
Die Richtung ($\Leftarrow$) wurde schon in (i) und (ii) gezeigt. Für ($\Rightarrow$) argumentieren wir wie folgt. Es gelte $\lambda\mathbf{v} = \mathbf{0}$, aber $\lambda \neq 0$. Es ist zu zeigen, daß $\mathbf{v} = \mathbf{0}$. Wegen $\lambda \neq 0$ existiert ein multiplikatives Inverses $\lambda^{-1} \in \mathbb{R}$. Dann rechnen wir

$$\mathbf{0} = \lambda^{-1}\mathbf{0} = \lambda^{-1}(\lambda\mathbf{v}) = (\lambda^{-1}\lambda)\mathbf{v} = 1\mathbf{v} = \mathbf{v}.$$

Abschließend zu den Rechenregeln führen wir noch folgende Notation für die Differenz zweier Vektoren $\mathbf{v}, \mathbf{w} \in V$ ein:

$$\mathbf{v} - \mathbf{w} := \mathbf{v} + (-1)\mathbf{w}.$$

Damit gelten nach (iii) die üblichen Beziehungen wie bei der Differenzbildung reeller Zahlen, z. B. $\mathbf{v} - \mathbf{v} = \mathbf{0}$.

Beachten Sie, daß wir in Rechenregel (iv) ausgenutzt haben, daß in $\mathbb{R}$ jedes von 0 verschiedene Element ein multiplikatives Inverses besitzt. Diese Eigenschaft besitzen auch sogenannte Körper, die wir in Abschn. 3.3 als Skalarmengen zulassen werden.

Es gibt eine etwas allgemeinere algebraische Struktur als Körper, die sogenannten Ringe. Auch diese werden wir in Abschn. 3.3 kurz vorstellen. In Ringen ist die Existenz des multiplikativen Inversen im allgemeinen nicht gegeben, wenngleich die Vektorraumaxiome auch mit einem Ring als Skalarmenge gleichlautend formuliert werden können. Man nennt diese „Vektorräume über Ringen“ **Moduln,** und aufgrund des Fehlens der Eigenschaft (iv) haben diese Moduln erheblich abweichende Eigenschaften im Vergleich mit Vektorräumen über Körpern. In diesem Buch werden wir uns ausschließlich mit letzteren beschäftigen.

Aufgabe 3.1.5
Die reellen Zahlen bilden selbst einen reellen Vektorraum $\mathbb{R} = \mathbb{R}^1$; die Vektoraddition und die Skalarmultiplikation sind hier die gewöhnliche Addition und Multiplikation reeller Zahlen.
Wir wollen nun eine andere Vektoraddition und andere Skalarmultiplikationen auf der Menge $V = \mathbb{R}$ definieren und klären, ob V dadurch ebenfalls die Struktur eines reellen Vektorraumes erhält. Dazu schreiben wir eine reelle Zahl in gewöhnlichen Buchstaben, wenn wir die Zahl als Skalar

auffassen, und mit Unterstrich, wenn wir die Zahl als Element von V auffassen. Wir schreiben die neue Vektoraddition als $\oplus$, und die neuen Skalarmultiplikationen als $\odot$.

Zunächst definieren wir für $\underline{a}, \underline{b} \in V = \mathbb{R}$ die Vektoraddition durch

$$\underline{a} \oplus \underline{b} := \underline{\sqrt[3]{a^3 + b^3}}.$$

Hier ist für $a \in \mathbb{R}$ die dritte Wurzel $x = \sqrt[3]{a}$ die eindeutig bestimmte reelle Zahl mit $x^3 = a$.

(a) Wie muß man den Nullvektor und das negative Element zu einem Vektor definieren, damit mit dieser Vektoraddition die Axiome (A1) bis (A4) eines Vektorraumes erfüllt sind?

Weiter betrachten wir die beiden folgenden Kandidaten für eine Skalarmultiplikation:

(i) $a \odot \underline{b} := \underline{ab}$,
(ii) $a \odot \underline{b} := \underline{\sqrt[3]{a} \cdot b}$.

Damit zu den weiteren Aufgabenstellungen:

(b) Zeigen Sie, daß beide Definitionen den Axiomen (S1) und (S2) genügen.
(c) Klären Sie, ob die jeweilige Skalarmultiplikation auch die Distributivgesetze (D) erfüllt. ◇

3.2 Die komplexen Zahlen

Für $a, b \in \mathbb{R}$ gilt: Falls $ab = 0$, dann $a = 0$ oder $b = 0$. Man nennt diese Eigenschaft **Nullteilerfreiheit.** Sie ist die Voraussetzung dafür, daß man überhaupt ein multiplikatives Inverses von Zahlen $\neq 0$ finden kann, und in $\mathbb{R}$ ist dies tatsächlich der Fall: zu $a \in \mathbb{R} \setminus \{0\}$ gibt es stets ein $a^{-1} \in \mathbb{R}$, so daß $aa^{-1} = 1$.

Wir wollen nun fragen: Kann man eine nullteilerfreie Multiplikation auf dem $\mathbb{R}^n$, $n \geq 2$, definieren? Mit Multiplikation ist hier gemeint, daß das Produkt von zwei Vektoren wieder ein Vektor im $\mathbb{R}^n$ sein soll. Die komponentenweise Multiplikation, analog zur komponentenweisen Addition, genügt der Anforderung der Nullteilerfreiheit nicht, denn mit

$$(x_1, \ldots, x_n) \cdot (y_1, \ldots, y_n) := (x_1 y_1, \ldots, x_n y_n)$$

würde schon auf dem $\mathbb{R}^2$ gelten: $(1, 0) \cdot (0, 1) = (0, 0)$.

Vielleicht kennen Sie bereits das Vektor- oder Kreuzprodukt auf dem $\mathbb{R}^3$; wir werden dies später ausführlicher diskutieren (Aufgabe 7.4.5 und Kap. 8). Für $\mathbf{v}, \mathbf{w} \in \mathbb{R}^3$ definiert man das Produkt $\mathbf{v} \times \mathbf{w} \in \mathbb{R}^3$ durch die folgenden Bedingungen:

(i) Die Länge $|\mathbf{v} \times \mathbf{w}|$ ist gleich dem Flächeninhalt des von $\mathbf{v}$ und $\mathbf{w}$ aufgespannten Parallelogramms. Insbesondere ist $\mathbf{v} \times \mathbf{w} = 0$, falls einer der Vektoren ein skalares Vielfaches des anderen ist.
(ii) Der Vektor $\mathbf{v} \times \mathbf{w}$ steht senkrecht auf $\mathbf{v}$ und $\mathbf{w}$.

(iii) Die Regeln (i) und (ii) legen $\mathbf{v} \times \mathbf{w}$ bis auf das Vorzeichen fest. Als drittes fordert man, daß die Vektoren $\mathbf{v}$, $\mathbf{w}$, $\mathbf{v} \times \mathbf{w}$ ein **rechtshändiges Dreibein** bilden. Dies bedeutet: Zeigt der Daumen der rechten Hand in Richtung von $\mathbf{v}$ und der Zeigefinger in Richtung von $\mathbf{w}$, so zeigt der Mittelfinger in die Richtung von $\mathbf{v} \times \mathbf{w}$.

Auch dieses Vektorprodukt ist nicht nullteilerfrei. So gilt wegen (i), daß $\mathbf{v} \times \mathbf{v} = 0$ für alle $\mathbf{v} \in \mathbb{R}^3$.

3.2.1 Die Definition der komplexen Zahlen

Wir definieren nun eine Multiplikation auf dem $\mathbb{R}^2$, die wie das Kaninchen aus dem Zylinder hervorgezaubert erscheint. Dieser Zugang hat den Vorteil, daß hier alles mathematisch formal exakt ist. Im Anschluß geben wir eine alternative Darstellung mittels der „imaginären Einheit" i, die das Rechnen wesentlich erleichtert. Außerdem werden wir sehen, daß diese Multiplikation eine sehr schöne geometrische Interpretation erlaubt.

Wir definieren also:

$$\begin{aligned} \mathbb{R}^2 \times \mathbb{R}^2 &\longrightarrow \mathbb{R}^2 \\ \big((x, y)\ ,\ (x', y')\big) &\longmapsto (x, y)(x', y') := (xx' - yy', xy' + yx'). \end{aligned}$$

Aufgabe 3.2.1
Rechnen Sie nach, daß diese Multiplikation assoziativ und kommutativ ist:

(M1) $\forall \mathbf{z}_1, \mathbf{z}_2, \mathbf{z}_3 \in \mathbb{R}^2\colon (\mathbf{z}_1\mathbf{z}_2)\mathbf{z}_3 = \mathbf{z}_1(\mathbf{z}_2\mathbf{z}_3)$.
(M2) $\forall \mathbf{z}_1, \mathbf{z}_2 \in \mathbb{R}^2\colon \mathbf{z}_1\mathbf{z}_2 = \mathbf{z}_2\mathbf{z}_1$. ◇

Weiter setzen wir

$$0_{\mathbb{R}^2} := (0, 0) \quad \text{und} \quad 1_{\mathbb{R}^2} := (1, 0).$$

Wir rechnen nach:

(M3) $1_{\mathbb{R}^2}(x, y) = (1, 0)(x, y) = (x, y)$,
(M4) Für $(x, y) \neq 0_{\mathbb{R}^2}$ setzen wir

$$(x, y)^{-1} := \left(\frac{x}{x^2 + y^2}, \frac{-y}{x^2 + y^2}\right);$$

dann gilt

$$(x, y)(x, y)^{-1} = \left(\frac{x^2 + y^2}{x^2 + y^2}, \frac{-xy + yx}{x^2 + y^2}\right) = (1, 0) = 1_{\mathbb{R}^2}.$$

Definition 3.2.2

Wir nennen $\mathbb{R}^2$ mit der Vektoraddition und der so definierten (Vektor-)Multiplikation den **Körper $\mathbb{C}$ der komplexen Zahlen**. – Den Begriff „Körper" werden wir noch formal definieren. ◀

Notiz 3.2.3 Es gilt

$$(x, 0) + (x', 0) = (x + x', 0) \quad \text{und} \quad (x, 0)(x', 0) = (xx', 0).$$

Wenn wir also $\mathbb{R}$ mit $\mathbb{R} \times \{0\} \subset \mathbb{R}^2 = \mathbb{C}$ identifizieren, so schränken die auf $\mathbb{C}$ definierte Addition und Multiplikation auf die gewöhnliche reelle Addition und Multiplikation ein. Wir symbolisieren diese Identifikation durch $\mathbb{R} \equiv \mathbb{R} \times \{0\}$.

Wie versprochen wollen wir uns eine Notation überlegen, die das Rechnen mit komplexen Zahlen erheblich transparenter macht. Dazu schreiben wir im Sinne der obigen Notiz x statt $(x, 0)$, und wir definieren die **imaginäre Einheit**

$$\mathrm{i} := (0, 1),$$

so daß sich jede komplexe Zahl schreiben läßt als

$$(x, y) = x + \mathrm{i}y \quad \text{mit} \quad \mathrm{i}y := y\mathrm{i} = (0, y).$$

Dann gilt

$$\mathrm{i}^2 = (0, 1)(0, 1) = (-1, 0) = -1 \in \mathbb{R},$$

und allgemeiner:

$$\begin{aligned}(x + \mathrm{i}y)(x' + \mathrm{i}y') &= (x, y)(x', y') \\ &= (xx' - yy', xy' + yx') \\ &= (xx' - yy') + \mathrm{i}(xy' + yx').\end{aligned}$$

Dies bedeutet, daß wir mit Ausdrücken der Form $x + \mathrm{i}y$ rechnen dürfen, als wäre i ein algebraisches Element, das mit reellen Skalaren bei der Multiplikation kommutiert, und das die Eigenschaft $\mathrm{i}^2 = -1$ besitzt.

3.2.2 Die Additionstheoreme für Sinus und Cosinus

Zur geometrischen Beschreibung der Multiplikation komplexer Zahlen benötigen wir die trigonometrischen Funktionen Sinus und Cosinus. In der Analysis führt man diese Funktionen üblicherweise noch einmal „streng" ein mittels der komplexen Exponentialfunktion; uns genügt hier völlig die anschaulich-geometrische Definition von

$$\text{Sinus} = \text{Gegenkathete durch Hypotenuse}$$

und

$$\text{Cosinus} = \text{Ankathete durch Hypotenuse}$$

im rechtwinkligen Dreieck; s. Abb. 3.1.

Dies erklärt $\sin\beta$ und $\cos\beta$ zunächst nur für $\beta \in [0, \pi/2)$; die stetige Fortsetzung auf $[0, \pi/2]$ ist durch $\sin(\pi/2) := 1$ und $\cos(\pi/2) := 0$ gegeben. Um die Winkelfunktionen für beliebige $\beta \in \mathbb{R}$ zu erklären, kann man einen der beiden folgenden Wege gehen:

(i) Betrachte den Positionsvektor eines Punktes auf dem Einheitskreis. Der Winkel β mißt, bis auf ganzzahlige Vielfache von 2π, den Winkel, den der Positionsvektor mit der positiven x-Achse bildet. Man definiert dann $\sin\beta$ als die y-Koordinate des Positionsvektors und $\cos\beta$ als dessen x-Koordinate.

(ii) Man setzt die Definition zunächst auf $[-\pi/2, \pi/2]$ fort durch

$$\sin(-\beta) := -\sin\beta \quad \text{und} \quad \cos(-\beta) = \cos\beta.$$

Durch die Forderung

$$\sin(\beta + \pi) := -\sin\beta \quad \text{und} \quad \cos(\beta + \pi) := -\cos\beta$$

erweitert die Definition auf ganz $\mathbb{R}$.

Schon die nicht ganz so alten Griechen hatten umfassende Kenntnisse über die trigonometrischen Funktionen, die zur mathematischen Beschreibung des Laufes der Gestirne unerläßlich sind. Ein Höhepunkt der Beschäftigung mit Trigonometrie wurde im späten Mittelalter

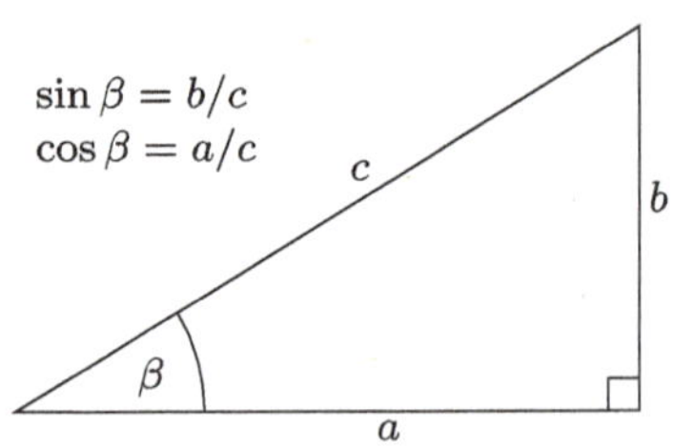

Abb. 3.1 Die Definition von Sinus und Cosinus

erreicht. Der folgende geometrische Beweis der Additionstheoreme läßt sich zurückverfolgen bis zum *Almagest*[1] (um 150 n. Chr.) von Claudius Ptolemäus, s. [26], und dem Werk *De triangulis omnimodis* (1464) von Regiomontanus, s. [27].

Aufgabe 3.2.4
Aus welcher fränkischen Gemeinde stammt der Mathematiker, der nach seinem Heimatort latinisiert Regiomontanus genannt wurde? ◇

Wir betrachten die Abb. 3.2. Sie zeigt zwei rechtwinklige Dreiecke mit einem Innenwinkel α bzw. β. Im Bild ist angenommen, daß $0 < \alpha, \beta < \pi/2$ so klein sind, daß auch $\alpha + \beta < \pi/2$. Wir lesen dann sofort die folgenden Identitäten ab:

$$\sin(\alpha + \beta) = \sin\alpha\ \cos\beta + \cos\alpha\ \sin\beta,$$
$$\cos(\alpha + \beta) = \cos\alpha\ \cos\beta - \sin\alpha\,\sin\beta.$$

Leichter zu merken sind die daraus folgenden Verdopplungsformeln

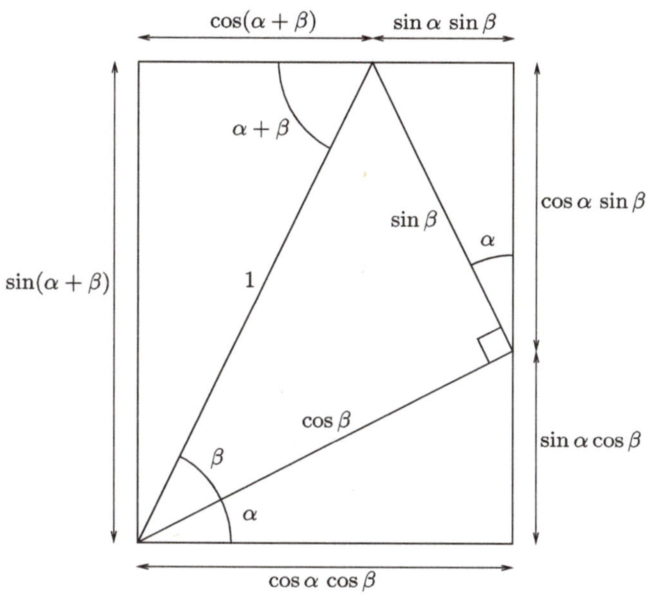

Abb. 3.2 Beweis der Additionstheoreme

[1] Die Additionstheoreme folgen aus dem Satz von Ptolemäus über Sehnenvierecke in Kap. 10 von Buch 1 des *Almagest*.

$$\sin 2\alpha = 2\sin\alpha\,\cos\alpha,$$
$$\cos 2\alpha = \cos^2\alpha - \sin^2\alpha,$$

aus denen sich dann die richtige Form der Additionstheoreme wieder erschließen läßt.

Aufgabe 3.2.5
Überlegen Sie sich Beweise der Additionstheoreme, die auch die anderen relevanten Fälle abdecken, etwa $0 < \alpha, \beta < \pi/2$ und $\pi/2 < \alpha + \beta < \pi$. ◇

Aufgabe 3.2.6
Zeigen Sie die Identität $1 - \cos 2\alpha = 2\sin^2\alpha$. ◇

Die folgende Aufgabe wird sich in Kap. 8 als nützlich erweisen.

Aufgabe 3.2.7
Gegeben seien $\alpha, \beta, \gamma \in (0, \pi)$ mit $\alpha + \beta + \gamma = \pi$. Zeigen Sie, daß

$$\sin 2\alpha + \sin 2\beta + \sin 2\gamma = 4\sin\alpha\sin\beta\sin\gamma.$$

Schreiben Sie dazu $\gamma = \pi - \alpha - \beta$, und rechnen Sie mit den Additionstheoremen. Sie werden sehen, daß die Aussage ganz allgemein für $\alpha, \beta, \gamma \in \mathbb{R}$ mit $\alpha + \beta + \gamma = \pi \mod 2\pi$ gilt, d. h. für $\alpha + \beta + \gamma = \pi + k \cdot 2\pi$ mit $k \in \mathbb{Z}$. ◇

3.2.3 Geometrische Interpretation der Multiplikation

Wir können nun, wie versprochen, der Multiplikation komplexer Zahlen eine geometrische Interpretation geben. Dies ist in der Rechenpraxis recht nützlich, etwa beim komplexen Wurzelziehen. Insbesondere erlaubt diese Interpretation aber auch die Behandlung elementargeometrischer Probleme mittels komplexer Zahlen, da sich beispielsweise Drehungen der Ebene auf diese Weise sehr leicht darstellen lassen.

Wir schreiben $z \in \mathbb{C}$ in **Polarkoordinaten;** s. Abb. 3.3:

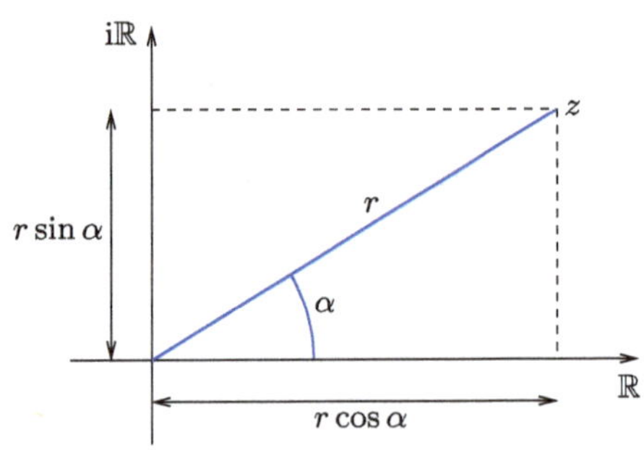

Abb. 3.3 Komplexe Zahl in Polarkoordinaten

$$z = r(\cos\alpha + \mathrm{i}\sin\alpha).$$

Sei $w = R(\cos\beta + \mathrm{i}\sin\beta)$ eine weitere komplexe Zahl. Dann rechnen wir

$$\begin{aligned} zw &= rR(\cos\alpha + \mathrm{i}\sin\alpha)(\cos\beta + \mathrm{i}\sin\beta) \\ &= rR\big((\cos\alpha\ \cos\beta - \sin\alpha\ \sin\beta) + \mathrm{i}(\sin\alpha\ \cos\beta + \cos\alpha\ \sin\beta)\big) \\ &= rR\big(\cos(\alpha+\beta) + \mathrm{i}\sin(\alpha+\beta)\big). \end{aligned}$$

Dies bedeutet:

Beim Multiplizieren zweier komplexer Zahlen multiplizieren sich die Längen und addieren sich die Winkel.

Beispiel 3.2.8
Da Winkel im Gegenuhrzeigersinn als positiv, und im Uhrzeigersinn als negativ angesehen werden, beschreibt die Abbildung $\mathbb{C} \to \mathbb{C}$, $z \mapsto \mathrm{i}z$, eine Drehung im Gegenuhrzeigersinn um $\pi/2$ (d. h. einen rechten Winkel).

Aufgabe 3.2.9
(a) Sei a eine komplexe Zahl. Wie viele Lösungen der Gleichung $z^2 = a$ gibt es in $\mathbb{C}$? Wie kann man diese in Polarkoordinaten beschreiben? Jede solche Lösung heißt (Quadrat-)Wurzel von a und wird mit $\sqrt{a}$ bezeichnet (im Gegensatz zu den reellen Zahlen, wo z. B. $\sqrt{3}$ nur die *positive* Lösung der Gleichung $x^2 = 3$ bezeichnet).
(b) Stellen Sie die komplexen Zahlen

$$\text{(i)}\ \frac{1}{1+\mathrm{i}} \qquad \text{(ii)}\ \frac{2-3\mathrm{i}}{4+\mathrm{i}} \qquad \text{(iii)}\ \left(\frac{1+\mathrm{i}}{1-\mathrm{i}}\right)^k,\ k \in \mathbb{Z} \qquad \text{(iv)}\ \sqrt{\frac{1}{2} - \frac{\sqrt{3}}{2}\mathrm{i}}$$

in der Form $x + \mathrm{i}y$ mit $x, y \in \mathbb{R}$ dar. ◇

Auch die Formel

$$(x, y)^{-1} := \left(\frac{x}{x^2+y^2}, \frac{-y}{x^2+y^2}\right)$$

für das multiplikative Inverse läßt sich jetzt geometrisch erklären. Schreibe dazu $(x, y) = r(\cos\alpha, \sin\alpha)$. Nach der Regel für die Multiplikation muß die Länge von $(x, y)^{-1}$ gleich $1/r$ sein und der Winkel gleich $-\alpha$, damit sich im Produkt $(x, y)(x, y)^{-1}$ die Länge 1 und der Winkel 0, also die komplexe Zahl $1_{\mathbb{R}^2} = (1, 0)$ (in kartesischen Koordinaten) ergibt.

Der Übergang von α zu $-\alpha$ entspricht der Spiegelung an der x-Achse, also $(x, y) \mapsto (x, -y)$. Um die Länge $1/r$ zu erhalten, müssen wir den Vektor $(x, -y)$ (der Länge r) durch $r^2 = x^2 + y^2$ teilen.

3.3 Gruppen und Körper

Wir wollen nun die Rechenregeln in $\mathbb{R}$ und $\mathbb{C}$ noch einmal gesammelt in den Blick nehmen und daraus die algebraische Struktur eines Körpers extrahieren. Die Betrachtung nur einer der beiden Verknüpfungen Addition oder Multiplikation führt uns zum Gruppenbegriff.

3.3.1 Die Körperaxiome

Definition 3.3.1

Ein **Körper** ist ein Tripel $(\mathbb{K}, +, \cdot)$ bestehend aus einer Menge $\mathbb{K}$ und zwei Verknüpfungen, einer Addition

$$\begin{aligned} \mathbb{K} \times \mathbb{K} &\longrightarrow \mathbb{K} \\ (\lambda, \mu) &\longmapsto \lambda + \mu \end{aligned}$$

und einer Multiplikation

$$\begin{aligned} \mathbb{K} \times \mathbb{K} &\longrightarrow \mathbb{K} \\ (\lambda, \mu) &\longmapsto \lambda \cdot \mu \end{aligned}$$

– wobei wir statt $\lambda \cdot \mu$ meist einfach $\lambda\mu$ schreiben werden –, so daß die folgenden Axiome erfüllt sind:

(A1) **Assoziativität der Addition:**

$$\forall \lambda, \mu, \nu \in \mathbb{K}\colon (\lambda + \mu) + \nu = \lambda + (\mu + \nu).$$

(A2) **Kommutativität der Addition:**

$$\forall \lambda, \mu \in \mathbb{K}\colon \lambda + \mu = \mu + \lambda.$$

(A3) Es existiert ein **Nullelement** $0 \in \mathbb{K}$, so daß

$$\forall \lambda \in \mathbb{K}\colon \lambda + 0 = \lambda.$$

(A4) Zu jedem $\lambda \in \mathbb{K}$ existiert ein **negatives Element** $-\lambda \in \mathbb{K}$, so daß

$$\lambda + (-\lambda) = 0.$$

(M1) **Assoziativität der Multiplikation:**

$$\forall \lambda, \mu, \nu \in \mathbb{K}\colon (\lambda\mu)\nu = \lambda(\mu\nu).$$

(M2) **Kommutativität der Multiplikation:**

$$\forall \lambda, \mu \in \mathbb{K}\colon \lambda\mu = \mu\lambda.$$

(M3) Es existiert ein **Einselement** $1 \neq 0$ in $\mathbb{K}$, so daß

$$\forall \lambda \in \mathbb{K}\colon 1 \cdot \lambda = \lambda.$$

(M4) Zu jedem $\lambda \in \mathbb{K}^* := \mathbb{K} \setminus \{0\}$ existiert ein **inverses Element** $\lambda^{-1} \in \mathbb{K}$, so daß

$$\lambda\lambda^{-1} = 1.$$

(D) **Distributivität:**

$$\forall \lambda, \mu, \nu \in \mathbb{K}\colon \lambda(\mu + \nu) = \lambda\mu + \lambda\nu. \blacktriangleleft$$

Die Axiome (A1) bis (A4) für die Addition in einem Körper sind formal identisch mit denen für die Vektoraddition in einem Vektorraum. Das gleiche gilt für die Axiome (M1) bis (M4) für die Multiplikation, sofern man sich auf $\mathbb{K}^*$ einschränkt.

Notation 3.3.2 Wie bei der Subtraktion von Vektoren schreiben wir für $\lambda, \mu \in \mathbb{K}$ statt $\lambda + (-\mu)$ auch $\lambda - \mu$. Außerdem schreiben wir für $\mu \neq 0$ statt $\lambda\mu^{-1}$ auch λ/μ oder $\frac{\lambda}{\mu}$, insbesondere also $\lambda^{-1} = 1/\lambda$.

Definition 3.3.3

Eine **Gruppe** ist ein Paar $(G, \cdot)$ bestehend aus einer Menge G und einer Verknüpfung

$$\begin{aligned} G \times G &\longrightarrow G \\ (g, h) &\longmapsto g \cdot h =: gh, \end{aligned}$$

so daß die folgenden Axiome erfüllt sind:

(G1) **Assoziativität:**

$$\forall g, h, k \in G\colon (gh)k = g(hk).$$

(G2) Es existiert ein **neutrales Element** $e \in G$, so daß

$$\forall g \in G\colon ge = eg = g.$$

(G3) Zu jedem $g \in G$ existiert ein **inverses Element** g^{-1}, so daß

$$gg^{-1} = g^{-1}g = e.$$

Ist die Multiplikation auch kommutativ, so spricht man von einer **abelschen** Gruppe. ◀

▶ **Bemerkung 3.3.4** Bei abelschen Gruppen schreibt man die Verknüpfung statt als Multiplikation gerne auch als Addition.

Beispiele 3.3.5

(1) Beispiele für abelsche Gruppen sind $(V, +)$ (reeller Vektorraum mit Vektoraddition), $(\mathbb{K}, +)$ und $(\mathbb{K}^*, \cdot)$; s. Körperaxiom (M4). Letztere nennt man die **multiplikative Gruppe** des Körpers $\mathbb{K}$.
(2) $(\mathbb{Z}, +)$ ist eine abelsche Gruppe, aber $(\mathbb{Z}, +, \cdot)$ ist *kein* Körper, da (M4) nicht erfüllt ist.
(3) $\mathbb{Q}$, $\mathbb{R}$ und $\mathbb{C}$ sind Körper.
(4) Die Teilmengen $\mathbb{Q} \subset \mathbb{R}$ und $\mathbb{R} \equiv \mathbb{R} \times \{0\} \subset \mathbb{C}$ sind **Unterkörper,** d. h. die Teilmenge enthält die Elemente 0 und 1, mit jedem Element λ auch $-\lambda$ und (für $\lambda \neq 0$) sein Inverses λ^{-1}, und die Verknüpfungen $+$ und $\cdot$ auf der größeren Menge (wo sie eine Körperstruktur definieren) schränken auf die Teilmenge ein, wo sie dann automatisch den Körperaxiomen genügen.
(5) $\mathbb{F}_2$ ist der Körper (engl. *field*) mit genau den zwei in den Axiomen geforderten Elementen 0 und 1 und den folgenden zwangsläufigen Verknüpfungen:

+	0	1
0	0	1
1	1	0

·	0	1
0	0	0
1	0	1

Aufgabe 3.3.6

Überzeugen Sie sich, daß die Verknüpfungstafeln für $\mathbb{F}_2$ tatsächlich wie in (5) behauptet aussehen müssen. ◇

Aufgabe 3.3.7

Zeigen Sie:

(a) Die bijektiven Abbildungen einer Menge M bilden unter der Komposition von Abbildungen eine Gruppe.
(b) Für $M = \{1, 2, 3\}$ ist diese Gruppe nicht abelsch. ◇

Aufgabe 3.3.8

Machen Sie sich analog zu Abschn. 3.1.3 klar, daß in einem Körper die folgenden Aussagen gelten:

(i) Das Nullelement 0 und das Einselement 1 sind eindeutig bestimmt.
(ii) Zu gegebenem $\lambda \in \mathbb{K}$ (bzw. $\mathbb{K}^*$) sind das negative Element $-\lambda$ und das inverse Element λ^{-1} eindeutig bestimmt.
(iii) $(-1) \cdot \lambda = -\lambda$.

(iv) $\lambda\mu = 0 \Leftrightarrow \lambda = 0$ oder $\mu = 0$ (Nullteilerfreiheit).
(v) $(-1) \cdot (-1) = -(-1) = 1$, das im Volksmund berüchtigte „minus mal minus gibt plus“. ◇

Abschließend möchte ich der Vollständigkeit halber noch kurz den Begriff des Ringes diskutieren.

Definition 3.3.9

Ein **Ring** ist ein Tripel $(R, +, \cdot)$ bestehend aus einer Menge R, einer Addition und einer Multiplikation, so daß die Axiome (A1) bis (A4) erfüllt sind, außerdem (M1) und (D). ◀

Es ist also $(R, +)$ eine abelsche Gruppe, aber die Multiplikation ist im allgemeinen nicht kommutativ, und es muß auch kein Einselement existieren. Der entscheidende Unterschied zu Körpern ist aber das Fehlen des multiplikativen Inversen. Gilt zusätzlich (M2), so heißt der Ring **kommutativ;** gilt (M3), so spricht man von einem **Ring mit Einselement.**

Beispiele 3.3.10

(1) Die ganzen Zahlen mit der üblichen Addition und Multiplikation bilden einen kommutativen Ring mit Einselement; die Multiplikation ist nullteilerfrei, aber nur ± 1 besitzen ein multiplikatives Inverses.
(2) Ebenso ist der sogenannte **Restklassenring** $(\mathbb{Z}/n\mathbb{Z}, +, \cdot)$ ein kommutativer Ring mit Einselement, wobei die Multiplikation von Restklassen $[x]$ analog zu deren Addition (s. S. 25) definiert ist durch $[x] \cdot [y] := [x \cdot y]$. Wenn n eine Primzahl ist, ist dies sogar ein Körper; für n nicht prim ist die Multiplikation nicht nullteilerfrei.

Aufgabe 3.3.11

Machen Sie sich die Körpereigenschaft explizit am Beispiel $\mathbb{Z}/5\mathbb{Z}$ klar. Stellen Sie dazu die vollständige Additions- und Multiplikationstabelle wie für $\mathbb{F}_2$ in Beispiel 3.3.5 (5) auf. ◇

In der Algebra werden Sie lernen, daß die Ordnung (d. h. die Anzahl der Elemente) eines endlichen Körpers eine Primzahlpotenz sein muß, und daß jede Primzahlpotenz als Ordnung eines bis auf Isomorphie eindeutigen Körpers realisiert werden kann. Wie wir gerade bemerkt haben, ist der Restklassenring $\mathbb{Z}/4\mathbb{Z}$ kein Körper, da wegen $2 \cdot 2 = 0$ die Multiplikation nicht nullteilerfrei ist.

Aufgabe 3.3.12

Zeigen Sie die Existenz eines Körpers der Ordnung 4, indem Sie die Verknüpfungstafeln aufstellen. Dazu nennen wir die Elemente des Körpers $0, 1, x, y$.

(a) Beginnen Sie mit der Tafel für die Multiplikation. Es ist nur die Frage zu beantworten, was die Elemente x^2, xy und y^2 sind. Machen Sie sich dazu klar, daß in jeder Zeile bzw. Spalte, die

nicht der Multiplikation mit 0 entspricht, jedes Körperelement höchstens einmal auftreten darf (und daher jedes Element genau einmal auftreten muß).
Hinweis zur Kontrolle: Es sollte sich ergeben, daß $x^2 = y$ und $x^3 = 1$.

(b) Stellen Sie anschließend die Additionstafel auf. Hierbei müssen Sie auch das Distributivgesetz verwenden. Für die Verteilung der Körperelemente in einer Zeile bzw. Spalte gilt die Beobachtung analog zu (a). Insbesondere sehen wir, daß es genau einen Körper der Ordnung 4 gibt.
Hinweis zur Kontrolle: Es sollte sich $1 + x = x^2$ ergeben.

(c) Verifizieren Sie (auf möglichst ökonomische Weise), daß mit den gefundenen Verknüpfungstafeln tatsächlich auch die Assoziativ- und Distributivgesetze erfüllt sind. ◇

Der etwas lästige Punkt (c) läßt sich vermeiden, wenn man den Körper explizit als Teilmenge in einem gegebenen Ring konstruiert, die unter der Addition und Multiplikation abgeschlossen ist. Zur formalen Bedeutung des Begriffes „abgeschlossen" in diesem Kontext s. Definition 3.4.1. Für den Körper der Ordnung 4 werden wir zwei derartige Realisierungen beschreiben: als Teilmenge eines Matrizenringes in Aufgabe 6.1.5, als Restklassenring in einem Polynomring in Aufgabe 9.2.4.

▶ **Bemerkung 3.3.13** Für jede der in diesem Abschnitt eingeführten algebraischen Strukturen kann man die Abbildungen zwischen zwei Objekten aus der entsprechenden Klasse betrachten, die die algebraische Struktur erhalten. Man nennt solche Abbildungen **Homomorphismen;** falls die Abbildung zusätzlich auch bijektiv ist, spricht man von einem **Isomorphismus.**

Für einen Gruppenhomomorphismus $\varphi\colon G \to G'$ bedeutet dies beispielsweise, daß φ mit der Multiplikation (in G bzw. G') verträglich ist: $\varphi(g_1g_2) = \varphi(g_1)\varphi(g_2)$.

Aufgabe 3.3.14
Zeigen Sie, daß aus dieser Forderung an einen Gruppenhomomorphismus φ folgt, daß φ das neutrale Element $e \in G$ auf das neutrale Element $e' \in G'$ abbildet, und daß φ auch mit der Inversenbildung verträglich ist: $\varphi(g^{-1}) = \big(\varphi(g)\big)^{-1}$. ◇

Beispiel 3.3.15
Aufgabe 3.3.12 liefert auch die Eindeutigkeit des Körpers der Ordnung 4 bis auf Isomorphie.

Wir werden den Homomorphismusbegriff ausführlich für Abbildungen zwischen Vektorräumen diskutieren; s. Definition 5.1.1.

3.3.2 Vektorräume über Körpern

Wenn Sie sich noch einmal die Definition eines reellen Vektorraumes ansehen, werden Sie feststellen, daß wir von $\mathbb{R}$ nichts weiter angenommen haben als die Rechenregeln, die wir oben in den Körperaxiomen kodifiziert haben. Die Anordnungsaxiome oder die Vollständigkeit von $\mathbb{R}$, die man in der Analysis diskutiert, waren hier nicht von Belang. Dies erlaubt es uns, Vektorräume über beliebigen Körpern zu betrachten.

Definition 3.3.16

Ein **Vektorraum über einem Körper** $\mathbb{K}$ (oder $\mathbb{K}$**-Vektorraum**) ist eine Menge V, deren Elemente wir **Vektoren** nennen, mit einer Addition

$$V \times V \longrightarrow V$$

und einer Skalarmultiplikation

$$\mathbb{K} \times V \longrightarrow V,$$

die den Axiomen (A), (S) und (D) eines reellen Vektorraumes genügen, wobei in der Formulierung der Axiome überall $\mathbb{R}$ durch $\mathbb{K}$ ersetzt wird. ◀

Beispiele 3.3.17

(1) Das n-fache kartesische Produkt $\mathbb{K}^n$, mit komponentenweiser Addition und Skalarmultiplikation, ist ein $\mathbb{K}$-Vektorraum.

(2) Die Menge $\{0_{\mathbb{K}}\}$ bestehend nur aus dem Nullelement von $\mathbb{K}$ ist ein $\mathbb{K}$-Vektorraum, ebenso die einelementige Menge

$$\big\{0_{\mathbb{K}^n} = (0, \dots, 0)\big\}.$$

▶ **Bemerkung 3.3.18** Beachten Sie, daß die leere Menge *kein* Vektorraum ist, da in Axiom (A3) die Existenz eines Nullvektors gefordert wird.

Hier ist eine Reihe weiterer Beispiele von $\mathbb{K}$-Vektorräumen, die man in der Analysis behandelt, dort typischerweise mit $\mathbb{K}$ gleich $\mathbb{R}$ oder $\mathbb{C}$.

Beispiele 3.3.19

(1) Sei D eine Menge und V ein $\mathbb{K}$-Vektorraum. Dann ist die Menge der Abbildungen $f\colon D \to V$ mit der punktweisen Addition

$$(f+g)(x) := f(x) + g(x)$$

und Skalarmultiplikation

$$(\lambda f)(x) := \lambda f(x)$$

ein $\mathbb{K}$-Vektorraum.

(2) Die Menge $C^k([a, b], \mathbb{R})$ der k-fach stetig differenzierbaren reellwertigen Funktionen auf einem Intervall $[a, b]$, mit der punktweisen Addition und Skalarmultiplikation, ist ein reeller Vektor-

raum für jedes $k \in \mathbb{N}_0$. Im wesentlichen bedeutet dies: Die Summer zweier k-fach stetig differenzierbarer Funktionen ist wieder k-fach stetig differenzierbar, ebenso das skalare Vielfache einer solchen Funktion.

(3) Die Folgen $(a_\nu)_{\nu\in\mathbb{N}} = (a_1, a_2, \ldots)$ mit $a_\nu \in \mathbb{K}$ bilden einen $\mathbb{K}$-Vektorraum unter der komponentenweisen Addition und Skalarmultiplikation.

3.3.3 Polynome über Körpern

Ganz analog zu den Ihnen schon vertrauten reellen Polynomen kann man auch Polynome über einem beliebigen Körper $\mathbb{K}$ betrachten. Diese Polynome werden in der Eigenwert- und Normalformentheorie von linearen Abbildungen $V \to V$ eines $\mathbb{K}$-Vektorraumes eine wichtige Rolle spielen. Dort werden wir uns dann auch eingehender mit solchen Polynomen beschäftigen.

Da sich aber viele Konzepte der Linearen Algebra, die wir auf dem Weg dorthin einführen werden, schön an Polynomen illustrieren lassen, möchte ich bereits hier einige Grundlagen diskutieren.

Ein **Polynom** über einem Körper $\mathbb{K}$ ist ein formaler Ausdruck der Form

$$p(x) = a_0 + a_1 x + \cdots + a_n x^n$$

für ein $n \in \mathbb{N}_0$ und mit **Koeffizienten** $a_i \in \mathbb{K}$. Abgesehen vom Nullpolynom wählen wir n stets so, daß $a_n \neq 0$, und dieses n ist dann der **Grad** des Polynoms. Zwei Polynome werden genau dann als gleich betrachtet, wenn ihre Koeffizienten übereinstimmen. Ein Polynom heißt **normiert,** wenn der führende Koeffizient a_n gleich 1 ist.

Man addiert zwei Polynome, indem man die Koeffizienten der entsprechenden Potenzen x^k miteinander addiert. Auch die Skalarmultiplikation eines Polynoms mit $\lambda \in \mathbb{K}$ führt man koeffizientenweise aus. Damit wird die Menge $\mathcal{P}_n(\mathbb{K})$ der Polynome über $\mathbb{K}$ vom Grad $\leq n$ zu einem $\mathbb{K}$-Vektorraum, ebenso die Menge $\mathcal{P}(\mathbb{K})$ aller Polynome über $\mathbb{K}$ von endlichem, aber beliebig großem Grad.

Man kann Polynome über $\mathbb{K}$ auch miteinander multiplizieren, so wie Sie das mit dem Multiplizieren reeller Polynome gewohnt sind. Ganz formal könnte man das als Rechenregeln an die Koeffizienten formulieren. Wenn man das Polynom $a_0 + a_1 x + \cdots + a_n x^n$ einfach als $(n+1)$-Tupel $(a_0, \ldots, a_n)$ schreibt, dann würde man

$$(a_0, \ldots, a_n) \cdot (b_0, \ldots, b_m)$$

definieren als $(c_0, \ldots, c_{n+m})$ mit

$$c_k := \sum_{i+j=k} a_i b_j .$$

Notation 3.3.20 Das Symbol $\sum$ (griechisch Groß-Sigma) steht für eine Summe. Mit $\sum_{i=1}^{n} a_i$ bezeichnet man die Summe $a_1 + \cdots + a_n$. Im konkreten Fall oben summieren wir alle Produkte $a_i b_j$, wo sich die Indizes i, j zu k addieren.

Eine leere Summe liest man als 0, das neutrale Element der Addition. Diese Konvention ist sinnvoll, wenn etwa für die Summanden eine Bedingung gefordert wird, die fallweise gar nicht erfüllt werden kann.

Wenn wir die Polynome ausschreiben, bedeutet diese Multiplikationsregel nichts anderes als die Ihnen für reelle Polynome bekannte Rechenregel

$$\left(\sum_{i=0}^{n} a_i x^i\right) \cdot \left(\sum_{j=0}^{m} b_j x^j\right) = \sum_{k=0}^{n+m} \left(\sum_{i+j=k} a_i b_j\right) x^k.$$

Notiz 3.3.21 Mit den Konventionen, daß der Grad des Nullpolynoms gleich $-\infty$ ist, und $-\infty + n := -\infty$, gelten für Polynome p, q über $\mathbb{K}$ die Grad-Formeln

$$\operatorname{Grad}(pq) = \operatorname{Grad} p + \operatorname{Grad} q,$$
$$\operatorname{Grad}(p+q) \le \max(\operatorname{Grad} p, \operatorname{Grad} q).$$

Insbesondere ist die Multiplikation in $\mathcal{P}(\mathbb{K})$ nullteilerfrei. Dies hat zur Konsequenz, daß man in polynomialen Gleichungen gemeinsame Faktoren kürzen kann: Für $p, q_1, q_2 \in \mathcal{P}(\mathbb{K})\setminus\{0\}$ folgt aus $pq_1 = pq_2$, daß $p(q_1 - q_2) = 0$, und damit $q_1 = q_2$.

Das Tripel $\big(\mathcal{P}(\mathbb{K}), +, \cdot\big)$ ist ein weiteres Beispiel für einen kommutativen Ring mit Einselement.

Notation 3.3.22 Wenn wir die Menge der Polynome über $\mathbb{K}$ nicht als Vektorraum auffassen, sondern die Ringstruktur betonen möchten, schreiben wir statt $\mathcal{P}(\mathbb{K})$ auch $\mathbb{K}[x]$, was die in der Algebra geläufige Notation für Polynomringe ist.

Jedes Polynom $p(x)$ über $\mathbb{K}$ definiert durch Einsetzen von Elementen $t \in \mathbb{K}$ für die Variable x eine Abbildung $\mathbb{K} \to \mathbb{K}, t \mapsto p(t)$. Es gibt aber im allgemeinen keine bijektive Beziehung zwischen den Polynomen als formale Ausdrücke und den Polynomen als Abbildungen. Zum Beispiel gilt für $\mathbb{K} = \mathbb{F}_2$, daß die Polynome $p_1(x) = x$ und $p_2(x) = x^2$ verschieden sind, aber $p_1(0) = p_2(0) = 0$ und $p_1(1) = p_2(1) = 1$, d. h. als Abbildungen sind die beiden Polynome identisch.

Aufgabe 3.3.23

Zeigen Sie mit den Methoden der Analysis, daß jedes reelle Polynom $p(x)$ durch die reellwertige Funktion $t \mapsto p(t)$ bestimmt ist. ◇

Wir werden in Abschn. 9.2.4 sehen, daß die Aussage der Aufgabe allgemein für Polynome über Körpern mit unendlich vielen Elementen gilt.

3.4 Unterräume

In den Beispielen 3.3.5 haben wir den Begriff des Unterkörpers eingeführt. Eine ganz analoge Begriffsbildung gibt es, wann immer wir es mit einer algebraischen Struktur zu tun haben, die aus einer Menge und gewissen Verknüpfungen auf dieser Menge besteht. Jede Teilmenge, auf die diese Verknüpfungen einschränken, bildet ein Unterobjekt vom gleichen Typ.

Definition 3.4.1

Eine Teilmenge $\emptyset \neq U \subset V$ eines $\mathbb{K}$-Vektorraumes V heißt **Unterraum,** falls U **abgeschlossen** bezüglich der Addition und Skalarmultiplikation ist, d. h.

$$\forall \mathbf{u}_1, \mathbf{u}_2 \in U : \mathbf{u}_1 + \mathbf{u}_2 \in U,$$

und

$$\forall \lambda \in \mathbb{K}\ \forall \mathbf{u} \in U : \lambda\mathbf{u} \in U. \blacktriangleleft$$

▶ **Bemerkung 3.4.2** Statt „Unterraum" sagt man manchmal etwas genauer **Untervektorraum,** wenn man z. B. die Verwechslungsgefahr mit sogenannten „affinen Unterräumen" (Definition 6.7.5) minimieren möchte. Wo diese Gefahr nicht besteht, verwende ich in der Regel die einfachere Terminologie.

Notiz 3.4.3 Nicht unerwartet ist ein Unterraum $U \subset V$ mit der auf U eingeschränkten Addition und Skalarmultiplikation selbst wieder ein Vektorraum eigenen Rechts, da sich Bedingungen wie die Assoziativität der Addition offensichtlich auf die (unter der Operation abgeschlossene) Teilmenge übertragen. Wir müssen lediglich überprüfen, daß auch die Existenzforderungen in den Vektorraumaxiomen erfüllt sind.

In der Tat, mit $\mathbf{u} \in U$ ist auch $-\mathbf{u} = (-1)\mathbf{u}$ ein Element von U, ebenso $0 = \mathbf{u} + (-\mathbf{u})$. Überhaupt testet man die Bedingung $U \neq \emptyset$ am besten dadurch, daß man zunächst überprüft, ob die Teilmenge U den Nullvektor enthält.

Beispiele 3.4.4

(1) Die Teilmengen $\{0\} \subset V$ (der **Nullvektorraum**) und $V \subset V$ sind die **trivialen** Unterräume eines Vektorraumes V.

(2) Unterräume werden oft mittels homogener Gleichungssysteme definiert, die die Eigenschaft haben, daß Summen und Vielfache von Lösungen wieder Lösungen sind. So ist etwa

$$U = \{(x_1, x_2) \colon \mathbb{R}^2 \colon x_1 + 3x_2 = 0\}$$

ein Unterraum des $\mathbb{R}^2$.

(3) Die Teilmengen

$$\{(x_1, x_2) \in \mathbb{R}^2 \colon x_2 = x_1^2\}$$

und

$$\{(x_1, x_2) \in \mathbb{R}^2 \colon x_1 \geq 0\}$$

sind dagegen *keine* Unterräume.

Notiz 3.4.5 Der Durchschnitt $\cap_i U_i$ von beliebig vielen Unterräumen $U_i \subset V$ ist wieder ein Unterraum. Die Vereinigung $U_1 \cup U_2$ zweier Unterräume $U_1, U_2 \subset V$ ist dagegen im allgemeinen kein Unterraum; s. Abb. 3.4.

Aufgabe 3.4.6
Seien U_1, U_2 Unterräume eines $\mathbb{K}$-Vektorraumes V. Zeigen Sie, daß aus $U_1 \cup U_2 = V$ folgt, daß einer der Unterräume U_1, U_2 mit V identisch ist. ◇

Im $\mathbb{R}^3$ sind Geraden durch den Ursprung $0 \in \mathbb{R}^3$ und Ebenen durch den Ursprung Unterräume. Mit den Überlegungen zum Dimensionsbegriff im nächsten Kapitel werden wir sehen, daß dies die einzigen nicht-trivialen Unterräume des $\mathbb{R}^3$ sind. Man kann sich das allerdings durchaus auch elementar klarmachen, hier am Beispiel des $\mathbb{R}^2$.

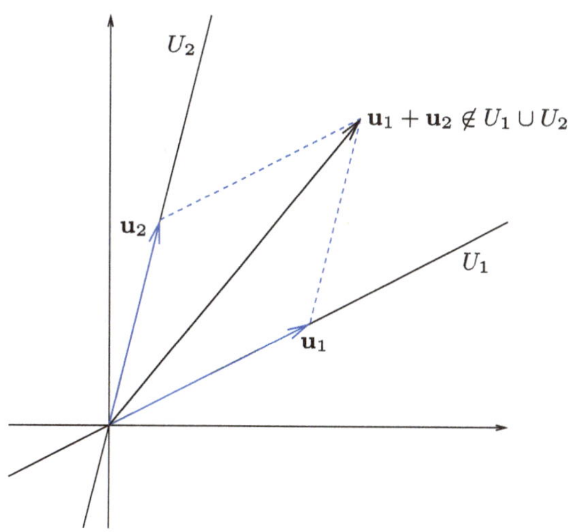

Abb. 3.4 $U_1 \cup U_2$ ist kein Unterraum

Aufgabe 3.4.7
Die Unterräume von $\mathbb{R}^2$ sind genau die folgenden:

(i) $\{0\}$,
(ii) jede Ursprungsgerade,
(iii) ganz $\mathbb{R}^2$. ◇

Wir beschließen dieses Kapitel mit einigen Beispielen von Unterräumen, die Ihnen früher oder später in der Analysis begegnen werden.

Beispiele 3.4.8
(1) $C^\ell([a,b],\mathbb{R}) \subset C^k([a,b],\mathbb{R})$ für $\ell \geq k \in \mathbb{N}_0$.
(2) Die Teilmenge der reellen Polynome in $C^\infty(\mathbb{R},\mathbb{R})$.
(3) Die Lösungsmenge einer homogenen linearen Differentialgleichung

$$a_n f^{(n)} + \cdots + a_2 f'' + a_1 f' + a_0 f = 0,$$

wobei mit $f^{(n)}$ die n-te Ableitung einer mindestens n-fach stetig differenzierbaren Funktion f bezeichnet sein soll, bildet einen Unterraum von $C^n(\mathbb{R},\mathbb{R})$. Auch hier ist der entscheidende Punkt, daß Summen zweier Lösungen und reelle Vielfache von Lösungen selbst wieder Lösungen sind.
(4) Die (reellen oder komplexen) Nullfolgen bilden einen Unterraum im Vektorraum aller Folgen. Ebenso bildet die Gesamtheit aller konvergenten Folgen einen Unterraum. Die Menge der konvergenten Folgen mit einem festen Grenzwert $a \in \mathbb{R} \setminus \{0\}$ bildet hingegen keinen Unterraum, da beispielsweise die Summe zweier solcher Folgen den Grenzwert $2a$ hat, oder einfacher, da der Nullvektor $(0, 0, \ldots)$ nicht in der Menge enthalten ist.

4 Endlich-dimensionale Vektorräume

Im $\mathbb{K}^n$ haben wir die ausgezeichneten Vektoren

$$\mathbf{e}_1 = (1, 0, \ldots, 0),\ \mathbf{e}_2 = (0, 1, 0, \ldots, 0),\ \ldots,\ \mathbf{e}_n = (0, \ldots, 0, 1);$$

s. Abb. 4.1.

Jeder Vektor im $\mathbb{K}^n$ läßt sich eindeutig als **Linearkombination** von $\mathbf{e}_1, \ldots, \mathbf{e}_n$ schreiben:

$$(\lambda_1, \ldots, \lambda_n) = \lambda_1\mathbf{e}_1 + \cdots + \lambda_n\mathbf{e}_n.$$

Es gibt allerdings auch Vektorräume, in denen es *nicht* möglich ist, *endlich* viele Vektoren so auszuwählen, daß sich jedes Element des Vektorraumes als Linearkombination dieser Vektoren schreiben läßt. Ein Beispiel ist der Vektorraum aller Polynome (von endlichem, aber beliebig großem Grad).

In diesem Kapitel wollen wir uns mit Vektorräumen beschäftigen, die „endlich erzeugt" sind wie der $\mathbb{K}^n$. Tatsächlich werden wir in Beispiel 5.1.13 sehen, daß jeder solche Vek-

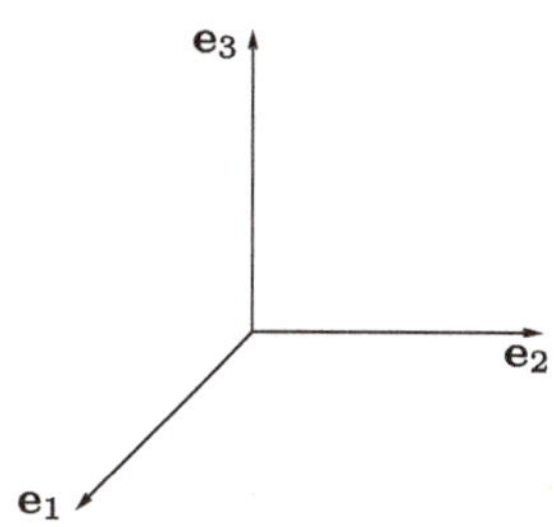

Abb. 4.1 Die Vektoren $\mathbf{e}_1, \mathbf{e}_2, \mathbf{e}_3$ im $\mathbb{R}^3$

H. Geiges, *Lineare Algebra und Geometrie I*, Mathematik Kompakt,
https://doi.org/10.1007/978-3-032-21683-0_4

torraum „isomorph" (in einem noch zu definierenden Sinne) zu einem $\mathbb{K}^n$ mit eindeutig bestimmtem $n \in \mathbb{N}_0$ ist.

In diesem Kapitel bezeichnet V stets einen Vektorraum über einem Körper $\mathbb{K}$.

4.1 Lineare Unabhängigkeit

Aus gegebenen Elementen eines Vektorraumes läßt sich durch die Betrachtung aller endlichen Linearkombinationen dieser Elemente stets ein Unterraum „erzeugen".

Definition 4.1.1

Die **lineare Hülle** einer Teilmenge $E \subset V$ ist

$$\operatorname{Lin}(E) := \{\lambda_1 \mathbf{v}_1 + \cdots + \lambda_k \mathbf{v}_k : \lambda_i \in \mathbb{K},\ \mathbf{v}_i \in E,\ k \in \mathbb{N}\},$$

d. h. die Menge aller endlichen Linearkombinationen von Elementen aus E.

Man setzt $\operatorname{Lin}(\emptyset) := \{0\}$, also gleich dem Nullvektorraum. ◄

Aufgabe 4.1.2

Sei V der Vektorraum der reellen Polynome vom Grad ≤ 3, und sei $E = \{x^2 + x, x - 1, 3\}$. Dann ist $\operatorname{Lin}(E)$ der Vektorraum der reellen Polynome vom Grad ≤ 2. ◇

Die Teilmenge $\operatorname{Lin}(E) \subset V$ ist offensichtlich stets ein Unterraum, „der von E erzeugte Unterraum", da $\operatorname{Lin}(E)$ per definitionem abgeschlossen unter Addition und Skalarmultiplikation ist. In der Tat ist $\operatorname{Lin}(E)$ der kleinste Unterraum, der E enthält, denn mit $E \subset U$ für einen Unterraum $U \subset V$ sind auch alle Linearkombinationen aus Elementen in E wieder in U, also gilt auch $\operatorname{Lin}(E) \subset U$. Der Vektorraum V heißt **endlich erzeugt,** falls es eine Teilmenge $E \subset V$ mit endlich vielen Elementen gibt, so daß $\operatorname{Lin}(E) = V$.

Aufgabe 4.1.3

Im $\mathbb{R}^3$ sind die Teilmengen $A = \{\mathbf{a}_1, \mathbf{a}_2\}$ und $B = \{\mathbf{b}_1, \mathbf{b}_2, \mathbf{b}_3\}$ mit

$$\mathbf{a}_1 = (1, -2, -1), \quad \mathbf{a}_2 = (-1, -3, 2)$$

und

$$\mathbf{b}_1 = (5, 5, -8), \quad \mathbf{b}_2 = (1, -7, 0), \quad \mathbf{b}_3 = (-3, -4, 5)$$

gegeben. Zeigen Sie, daß $\operatorname{Lin}(A) \subset \operatorname{Lin}(B)$. Gilt hier auch die Gleichheit? ◇

Aufgabe 4.1.4

Gegeben seien vier Vektoren $\mathbf{v}_1, \mathbf{v}_2, \mathbf{v}_3, \mathbf{v}_4$ in einem $\mathbb{K}$-Vektorraum. Zeigen Sie, daß $\operatorname{Lin}(\mathbf{v}_1, \mathbf{v}_2, \mathbf{v}_3, \mathbf{v}_4) = \operatorname{Lin}(\mathbf{v}_1 - \mathbf{v}_2, \mathbf{v}_2 - \mathbf{v}_3, \mathbf{v}_3 - \mathbf{v}_4, \mathbf{v}_4)$. ◇

Aufgabe 4.1.5
Es seien A, B Teilmengen eines $\mathbb{K}$-Vektorraumes V. Zeigen Sie:

(i) Ist $A \subset V$ ein Unterraum, so gilt $\mathrm{Lin}(A) = A$;
(ii) $\mathrm{Lin}(\mathrm{Lin}(A)) = \mathrm{Lin}(A)$;
(iii) $\mathrm{Lin}(A \cap B) \subset \mathrm{Lin}(A) \cap \mathrm{Lin}(B)$.

Geben Sie ein Beispiel, daß in (iii) im allgemeinen nicht die Gleichheit gilt. ◇

Der folgende Begriff ist von grundlegender Bedeutung in der Vektorraumtheorie.

Definition 4.1.6

Ein k-Tupel $(\mathbf{v}_1, \ldots, \mathbf{v}_k)$ von Vektoren $\mathbf{v}_i \in V$ heißt **linear unabhängig,** falls aus

$$\lambda_1 \mathbf{v}_1 + \cdots + \lambda_k \mathbf{v}_k = 0$$

mit $\lambda_1, \ldots, \lambda_k \in \mathbb{K}$ stets folgt, daß $\lambda_1 = \ldots = \lambda_k = 0$; mit anderen Worten, wenn sich der Nullvektor nur als die triviale Linearkombination (alle Koeffizienten 0) von $\mathbf{v}_1, \ldots, \mathbf{v}_k$ schreiben läßt. ◀

Aufgabe 4.1.7
Gegeben seien vier Vektoren $\mathbf{v}_1, \mathbf{v}_2, \mathbf{v}_3, \mathbf{v}_4$ in einem $\mathbb{K}$-Vektorraum. Zeigen Sie, daß $(\mathbf{v}_1, \mathbf{v}_2, \mathbf{v}_3, \mathbf{v}_4)$ genau dann linear unabhängig ist, wenn dies auch für $(\mathbf{v}_1 - \mathbf{v}_2, \mathbf{v}_2 - \mathbf{v}_3, \mathbf{v}_3 - \mathbf{v}_4, \mathbf{v}_4)$ gilt. ◇

Aufgrund der Bedeutung dieses Begriffes ist es sinnvoll, sich über äquivalente Formulierungen Klarheit zu verschaffen. Außerdem ist der folgende Beweis eine erste gute Übung in der Verwendung der kontrapositiven Aussage (s. S. 23).

Lemma 4.1.8
Das k-Tupel $(\mathbf{v}_1, \ldots, \mathbf{v}_k)$ ist linear unabhängig genau dann, wenn keiner der Vektoren als Linearkombination der anderen $k-1$ Vektoren geschrieben werden kann.

Beweis Hier ist eine Äquivalenz $\mathcal{A} \Leftrightarrow \mathcal{B}$ zweier Aussagen zu zeigen:

$\mathcal{A}$ Das Tupel $(\mathbf{v}_1, \ldots, \mathbf{v}_k)$ ist linear unabhängig.
$\mathcal{B}$ Keiner der k Vektoren ist Linearkombination der anderen $k-1$.

Nun ist die Aussage $\mathcal{A} \Rightarrow \mathcal{B}$ äquivalent zu der kontrapositiven Aussage $\neg\mathcal{B} \Rightarrow \neg\mathcal{A}$. Dies wollen wir hier ausnutzen; statt $\mathcal{A} \Leftrightarrow \mathcal{B}$ beweisen wir also $\neg\mathcal{A} \Leftrightarrow \neg\mathcal{B}$, d. h. $(\mathbf{v}_1, \ldots, \mathbf{v}_k)$ ist linear abhängig genau dann, wenn sich einer der Vektoren $\mathbf{v}_1, \ldots, \mathbf{v}_k$ als Linearkombination der anderen schreiben läßt.

Für die Beweisrichtung $\neg\mathcal{A} \Rightarrow \neg\mathcal{B}$ sei das Tupel $(\mathbf{v}_1, \ldots, \mathbf{v}_k)$ linear abhängig. Dann gibt es $\lambda_1, \ldots, \lambda_k \in \mathbb{K}$, nicht alle gleich 0, so daß

$$\lambda_1\mathbf{v}_1 + \cdots + \lambda_k\mathbf{v}_k = 0.$$

Nach Umnumerieren dürfen wir annehmen, daß $\lambda_1 \neq 0$. Es folgt

$$\mathbf{v}_1 = -\frac{1}{\lambda_1}(\lambda_2\mathbf{v}_2 + \cdots + \lambda_k\mathbf{v}_k),$$

d. h. $\mathbf{v}_1$ ist Linearkombination von $\mathbf{v}_2, \ldots, \mathbf{v}_k$.

Für die Beweisrichtung $\neg\mathcal{A} \Leftarrow \neg\mathcal{B}$ ist angenommen, daß einer der Vektoren, o. E. („ohne Einschränkung“) $\mathbf{v}_1$, Linearkombination der anderen, also $\mathbf{v}_2, \ldots, \mathbf{v}_k$ ist:

$$\mathbf{v}_1 = \mu_2\mathbf{v}_2 + \cdots + \mu_k\mathbf{v}_k.$$

Daraus folgt

$$-\mathbf{v}_1 + \mu_2\mathbf{v}_2 + \cdots + \mu_k\mathbf{v}_k = 0.$$

Das bedeutet, es gibt eine nicht-triviale Linearkombination von $\mathbf{v}_1, \ldots, \mathbf{v}_k$ – denn mindestens der Koeffizient von $\mathbf{v}_1$ ist $\neq 0$ –, die den Nullvektor liefert. □

Eine kleine Beobachtung am Rande: Am Schluß dieses Beweises haben wir entscheidend verwendet, daß in jedem Körper $1 \neq 0$ gilt, also auch $-1 \neq 0$.

Die Formulierung o. E. oder auch o. B. d. A. für „ohne Beschränkung der Allgemeinheit“ werden Sie öfters in Beweisen lesen, wann immer man vereinfachende Annahmen im Beweis macht, die aber keinen mathematisch einschränkenden Charakter haben, wie im Beispiel oben, wo es allein eine Frage der Numerierung der k Vektoren war.

Beispiele 4.1.9

(1) Ein 1-Tupel $(\mathbf{v}_1)$ ist linear unabhängig genau dann, wenn $\mathbf{v}_1 \neq 0$.
(2) Falls einer der Vektoren $\mathbf{v}_1, \ldots, \mathbf{v}_k$ der Nullvektor ist, so ist das Tupel $(\mathbf{v}_1, \ldots, \mathbf{v}_k)$ linear abhängig.
(3) Entfernt man aus einem linear unabhängigen k-Tupel einen Vektor, so ist das verbleibende $(k-1)$-Tupel ebenfalls linear unabhängig.
(4) Ein 2-Tupel $(\mathbf{v}_1, \mathbf{v}_2)$ ist linear unabhängig genau dann, wenn keiner der beiden Vektoren ein Vielfaches des anderen ist.
(5) Die Vektoren $\mathbf{v}_1 = (1, 0)$, $\mathbf{v}_2 = (0, 1)$ und $\mathbf{v}_3 = (3, 4)$ im $\mathbb{R}^2$ sind linear abhängig, da $3\mathbf{v}_1 + 4\mathbf{v}_2 - \mathbf{v}_3 = 0$.

Aufgabe 4.1.10
Sind die Vektoren

$$\mathbf{v}_1 = (1, 1, 0, \ldots, 0), \quad \mathbf{v}_2 = (0, 1, 1, 0, \ldots, 0), \ldots,$$
$$\mathbf{v}_{n-1} = (0, \ldots, 0, 1, 1), \quad \mathbf{v}_n = (1, 0, \ldots, 0, 1)$$

im $\mathbb{R}^n$ linear unabhängig? ◇

Aufgabe 4.1.11
Zeigen Sie, daß für vier paarweise verschiedene reelle Zahlen c_1, c_2, c_3, c_4 die vier Vektoren $\mathbf{v}_i = (1, c_i, c_i^2, c_i^3)$, $i = 1, \ldots, 4$, im $\mathbb{R}^4$ linear unabhängig sind. ◇

Für die folgenden Aufgaben zu reellen Polynomen dürfen Sie nach den Bemerkungen in Abschn. 3.3.3 sowohl mit der „abstrakten" Definition von Polynomen als auch mit deren Interpretation als (differenzierbare) Funktionen $\mathbb{R} \to \mathbb{R}$ arbeiten.

Aufgabe 4.1.12
Es seien $p_0, \ldots, p_n \in \mathcal{P}_n(\mathbb{R})$ reelle Polynome vom Grad $\leq n$ mit $p_j(2) = 0$ für alle $j = 0, \ldots, n$. Zeigen Sie, daß $(p_0, \ldots, p_n)$ linear abhängig ist. ◇

Aufgabe 4.1.13
Im reellen Vektorraum $\mathcal{P}(\mathbb{R})$ aller reellen Polynome betrachte man für $i = 0, \ldots, n$ die Elemente $p_i(x) := (x - x_0)^i$, mit einem fest gewählten $x_0 \in \mathbb{R}$, und $q_i(x)$, erklärt durch

$$\begin{aligned} q_0(x) &:= 1, \\ q_1(x) &:= x, \\ q_2(x) &:= x(x-1), \\ q_3(x) &:= x(x-1)(x-2), \\ &\ \ldots \\ q_n(x) &:= x(x-1)(x-2)\cdots(x-n+1). \end{aligned}$$

(a) Zeigen Sie, daß sowohl $(p_0, \ldots, p_n)$ als auch $(q_0, \ldots, q_n)$ ein linear unabhängiges $(n+1)$-Tupel ist.
(b) Gilt $\mathrm{Lin}(p_1, \ldots, p_n) = \mathrm{Lin}(q_1, \ldots, q_n)$? (Hier fängt die Indizierung bewußt bei $i = 1$ an!) ◇

Im nächsten zentralen Konzept der Vektorraumtheorie kombinieren wir den Begriff der linearen Hülle mit dem der linearen Unabhängigkeit.

Definition 4.1.14

Ein n-Tupel $(\mathbf{b}_1, \ldots, \mathbf{b}_n)$ von Vektoren $\mathbf{b}_i \in V$ heißt **Basis** von V, falls es linear unabhängig ist und seine lineare Hülle ganz V ist. ◄

Beispiele 4.1.15

(1) $(\mathbf{e}_1, \ldots, \mathbf{e}_n)$ ist die **kanonische Basis** des $\mathbb{K}^n$.
(2) $(1, x, x^2, x^3)$ ist Basis des Vektorraumes $\mathcal{P}_3(\mathbb{R})$ der reellen Polynome vom Grad ≤ 3.

Unser Ziel wird es sein, zu zeigen, daß jeder endlich erzeugte Vektorraum eine Basis besitzt, und daß die Länge dieser Basis, d. h. die Anzahl der Vektoren in dem Tupel, durch den Vektorraum eindeutig bestimmt ist. Dies wird uns zum Dimensionsbegriff führen.

Lemma 4.1.16
Das Tupel $(\mathbf{b}_1, \ldots, \mathbf{b}_n)$ ist Basis von V genau dann, wenn sich jeder Vektor $\mathbf{v} \in V$ eindeutig als Linearkombination

$$\mathbf{v} = \lambda_1 \mathbf{b}_1 + \cdots + \lambda_n \mathbf{b}_n$$

mit $\lambda_1, \ldots, \lambda_n \in \mathbb{K}$ schreiben läßt.

Beweis

(i) Sei $(\mathbf{b}_1, \ldots, \mathbf{b}_n)$ Basis von V. Gegeben sei $\mathbf{v} \in V$.
Da $\mathrm{Lin}(\mathbf{b}_1, \ldots, \mathbf{b}_n) = V$ gilt, gibt es $\lambda_1, \ldots, \lambda_n \in \mathbb{K}$, so daß

$$\mathbf{v} = \lambda_1 \mathbf{b}_1 + \cdots + \lambda_n \mathbf{b}_n.$$

Angenommen, es gibt eine weitere Darstellung von $\mathbf{v}$ als Linearkombination

$$\mathbf{v} = \mu_1 \mathbf{b}_1 + \cdots + \mu_n \mathbf{b}_n.$$

Dann folgt

$$0 = (\lambda_1 - \mu_1)\mathbf{b}_1 + \cdots + (\lambda_n - \mu_n)\mathbf{b}_n,$$

und damit

$$\lambda_1 = \mu_1, \ldots, \lambda_n = \mu_n$$

aufgrund der linearen Unabhängigkeit von $(\mathbf{b}_1, \ldots, \mathbf{b}_n)$.

(ii) Sei umgekehrt jeder Vektor $\mathbf{v} \in V$ eindeutig darstellbar als

$$\mathbf{v} = \lambda_1 \mathbf{b}_1 + \cdots + \lambda_n \mathbf{b}_n.$$

Dann gilt sicher schon einmal $\mathrm{Lin}(\mathbf{b}_1, \ldots, \mathbf{b}_n) = V$. Nun haben wir aber die Darstellung

$$0 = 0 \cdot \mathbf{b}_1 + \cdots + 0 \cdot \mathbf{b}_n,$$

und aufgrund der Eindeutigkeit der Darstellung bedeutet dies, daß aus

$$\lambda_1 \mathbf{b}_1 + \cdots + \lambda_n \mathbf{b}_n = 0$$

notwendigerweise $\lambda_1 = \ldots = \lambda_n = 0$ folgt. □

Die λ_i in der eindeutigen Darstellung $\mathbf{v} = \lambda_1 \mathbf{b}_1 + \cdots + \lambda_n \mathbf{b}_n$ heißen die **Koordinaten** von $\mathbf{v}$ bezüglich der Basis $(\mathbf{b}_1, \ldots, \mathbf{b}_n)$.

4.2 Der Dimensionsbegriff

Unsere naive Vorstellung von Dimension oder „Anzahl von Freiheitsgraden" bezieht sich auf die Anzahl von „unabhängigen" Richtungen, in die man sich bewegen kann (vorne-hinten, links-rechts, oben-unten im $\mathbb{R}^3$), oder die Anzahl von Parametern, die man benötigt, um die Position eines Objektes eindeutig zu beschreiben (drei Koordinaten x, y, z im $\mathbb{R}^3$). Dies wollen wir nun formalisieren, auch für abstrakte Vektorräume.

Satz 4.2.1
Für $\mathbf{b}_1, \ldots, \mathbf{b}_n \in V$ sind äquivalent:

(i) *$(\mathbf{b}_1, \ldots, \mathbf{b}_n)$ ist eine Basis von V.*

(ii) *$(\mathbf{b}_1, \ldots, \mathbf{b}_n)$ ist ein **minimales Erzeugendensystem** von V, d. h.*

$$\mathrm{Lin}(\mathbf{b}_1, \ldots, \mathbf{b}_n) = V,$$

und wenn man einen der Vektoren $\mathbf{b}_i$ wegläßt, erzeugen die anderen $n-1$ Vektoren nicht mehr ganz V.

(iii) *$(\mathbf{b}_1, \ldots, \mathbf{b}_n)$ ist **maximal linear unabhängig,** d. h. $(\mathbf{b}_1, \ldots, \mathbf{b}_n)$ ist linear unabhängig, und für jedes $\mathbf{v} \in V$ ist $(\mathbf{b}_1, \ldots, \mathbf{b}_n, \mathbf{v})$ nicht mehr linear unabhängig.*

Beweis Wir beweisen mehrere Implikationen zwischen diesen drei Aussagen, die zusammen die Äquivalenz aller Aussagen zeigen. Im Beweis einer solchen Implikation, z. B. (i) ⇒ (ii), wird die Aussage (i) ohne weitere Erwähnung als Voraussetzung verwendet.

(i) ⇒ (ii): Der Basisvektor $\mathbf{b}_i$ hat die nach Lemma 4.1.16 eindeutige Darstellung

$$\mathbf{b}_i = 0 \cdot \mathbf{b}_1 + \cdots + 1 \cdot \mathbf{b}_i + \cdots + 0 \cdot \mathbf{b}_n.$$

Insbesondere gilt $\mathbf{b}_i \notin \mathrm{Lin}(\mathbf{b}_1, \ldots, \widehat{\mathbf{b}_i}, \ldots, \mathbf{b}_n)$, wobei die Notation $\widehat{\mathbf{b}_i}$ bedeutet, daß der Vektor $\mathbf{b}_i$ in der Aufzählung fortgelassen wird.

(ii) ⇒ (i): Es sei $(\mathbf{b}_1, \ldots, \mathbf{b}_n)$ ein Erzeugendensystem von V. Wir müssen zeigen: Wenn das Erzeugendensystem minimal ist, dann ist es bereits eine Basis, d. h. das Tupel ist linear unabhängig.
Wir zeigen die dazu kontrapositive Aussage. Angenommen also, $(\mathbf{b}_1, \ldots, \mathbf{b}_n)$ ist nicht linear unabhängig. Dann gibt es $\lambda_1, \ldots, \lambda_n \in \mathbb{K}$, nicht alle gleich 0, mit

$$\lambda_1 \mathbf{b}_1 + \cdots + \lambda_n \mathbf{b}_n = 0.$$

Sei etwa $\lambda_1 \neq 0$. Dann gilt

$$\mathbf{b}_1 = -\frac{1}{\lambda_1}(\lambda_2 \mathbf{b}_2 + \cdots + \lambda_n \mathbf{b}_n).$$

Dies bedeutet, daß

$$\operatorname{Lin}(\mathbf{b}_2, \ldots, \mathbf{b}_n) = \operatorname{Lin}(\mathbf{b}_1, \mathbf{b}_2, \ldots, \mathbf{b}_n) = V,$$

d. h. $(\mathbf{b}_1, \ldots, \mathbf{b}_n)$ ist nicht minimal.

(i) ⇒ (iii): Der Vektor $\mathbf{v} \in V$ besitzt eine Darstellung $\mathbf{v} = \lambda_1 \mathbf{b}_1 + \cdots + \lambda_n \mathbf{b}_n$, also

$$\lambda_1 \mathbf{b}_1 + \cdots + \lambda_n \mathbf{b}_n + (-1) \cdot \mathbf{v} = 0,$$

d. h. $(\mathbf{b}_1, \ldots, \mathbf{b}_n, \mathbf{v})$ ist nicht mehr linear unabhängig.

(iii) ⇒ (i): Für jedes $\mathbf{v} \in V$ ist $(\mathbf{b}_1, \ldots, \mathbf{b}_n, \mathbf{v})$ nicht mehr linear unabhängig, d. h. es gibt $\lambda_1, \ldots, \lambda_n, \lambda \in \mathbb{K}$, nicht alle 0, mit

$$\lambda_1 \mathbf{b}_1 + \cdots + \lambda_n \mathbf{b}_n + \lambda \mathbf{v} = 0.$$

Falls $\lambda = 0$, so wäre $(\mathbf{b}_1, \ldots, \mathbf{b}_n)$ nicht linear unabhängig. Also gilt $\lambda \neq 0$, und damit

$$\mathbf{v} = -\frac{1}{\lambda}(\lambda_1 \mathbf{b}_1 + \cdots + \lambda_n \mathbf{b}_n).$$

Da man für jedes $\mathbf{v} \in V$ so argumentieren kann, gilt $\operatorname{Lin}(\mathbf{b}_1, \ldots, \mathbf{b}_n) = V$. □

Korollar 4.2.2 (Basisauswahlsatz)
Aus jedem endlichen Erzeugendensystem eines Vektorraumes kann man eine Basis auswählen.

Beweis Der Beweisschritt (ii) $\Rightarrow$ (i) oben zeigt, daß wir nach und nach einen Vektor aus dem Erzeugendensystem fortlassen können, der sich als Linearkombination der anderen schreiben läßt, bis man ein minimales Erzeugendensystem erhält. □

Satz 4.2.3 (Austauschsatz von Steinitz)
Ist $(\mathbf{b}_1, \ldots, \mathbf{b}_n)$ *eine Basis von* V, *und ist* $(\mathbf{v}_1, \ldots, \mathbf{v}_k)$ *linear unabhängig, so gilt* $k \leq n$, *und man kann die* $(\mathbf{b}_1, \ldots, \mathbf{b}_n)$ *so numerieren, daß* $(\mathbf{v}_1, \ldots, \mathbf{v}_k, \mathbf{b}_{k+1}, \ldots, \mathbf{b}_n)$ *eine Basis von* V *ist.*

Beweis Es gilt $\mathbf{v}_1 \neq 0$, denn sonst wäre $(\mathbf{v}_1, \ldots, \mathbf{v}_k)$ linear abhängig. Damit sind in der Darstellung

$$\mathbf{v}_1 = \lambda_1 \mathbf{b}_1 + \cdots + \lambda_n \mathbf{b}_n$$

von $\mathbf{v}_1$ bezüglich der Basis $(\mathbf{b}_1, \ldots, \mathbf{b}_n)$ nicht alle λ_i gleich 0. Nach Umnumerieren dürfen wir $\lambda_1 \neq 0$ annehmen. Es folgt

$$\mathbf{b}_1 = \frac{1}{\lambda_1}(\mathbf{v}_1 - \lambda_2 \mathbf{b}_2 - \cdots - \lambda_n \mathbf{b}_n),$$

und damit

$$\mathrm{Lin}(\mathbf{v}_1, \mathbf{b}_2, \ldots, \mathbf{b}_n) = \mathrm{Lin}(\mathbf{b}_1, \ldots, \mathbf{b}_n) = V.$$

Außerdem ist $(\mathbf{v}_1, \mathbf{b}_2, \ldots, \mathbf{b}_n)$ linear unabhängig: Aus

$$\mu_1 \mathbf{v}_1 + \mu_2 \mathbf{b}_2 + \cdots + \mu_n \mathbf{b}_n = 0$$

folgt $\mu_1 = 0$ wegen der Eindeutigkeit der obigen Darstellung von $\mathbf{v}_1$ mit $\lambda_1 \neq 0$, und dann $\mu_2 = \ldots = \mu_n = 0$ wegen der linearen Unabhängigkeit von $(\mathbf{b}_2, \ldots, \mathbf{b}_n)$.

Damit haben wir gezeigt, daß $(\mathbf{v}_1, \mathbf{b}_2, \ldots, \mathbf{b}_n)$ Basis von V ist. Dies liefert eine eindeutige Darstellung

$$\mathbf{v}_2 = \rho_1 \mathbf{v}_1 + \rho_2 \mathbf{b}_2 + \cdots + \rho_n \mathbf{b}_n,$$

wobei nicht alle ρ_i gleich 0 sind. Falls $\rho_2 = \ldots = \rho_n = 0$ gelten würde, so wäre $\mathbf{v}_2 = \rho_1 \mathbf{v}_1$ und damit $(\mathbf{v}_1, \ldots, \mathbf{v}_k)$ nicht linear unabhängig. Daher dürfen wir nach Umnumerieren annehmen, daß $\rho_2 \neq 0$. Wie eben zeigt man nun, daß $(\mathbf{v}_1, \mathbf{v}_2, \mathbf{b}_3, \ldots, \mathbf{b}_n)$ eine Basis ist.

Zunächst gilt einmal

$$\mathbf{b}_2 = \frac{1}{\rho_2}(\mathbf{v}_2 - \rho_1 \mathbf{v}_1 - \rho_3 \mathbf{b}_3 - \cdots - \rho_n \mathbf{b}_n),$$

also

$$\mathrm{Lin}(\mathbf{v}_1, \mathbf{v}_2, \mathbf{b}_3, \ldots, \mathbf{b}_n) = \mathrm{Lin}(\mathbf{v}_1, \mathbf{b}_2, \ldots, \mathbf{b}_n) = V.$$

Falls $\mu_1\mathbf{v}_1 + \mu_2\mathbf{v}_2 + \mu_3\mathbf{b}_3 + \cdots + \mu_n\mathbf{b}_n = 0$, dann $\mu_2 = 0$ wegen der Eindeutigkeit der Darstellung von $\mathbf{v}_2$ oben mit $\rho_2 \neq 0$. Dann weiter $\mu_1 = 0$ wegen der Eindeutigkeit der Darstellung von $\mathbf{v}_1$ mit $\lambda_1 \neq 0$. Und schließlich $\mu_3 = \ldots = \mu_n = 0$ wegen der linearen Unabhängigkeit von $(\mathbf{b}_3, \ldots, \mathbf{b}_n)$.

Durch Iterieren dieses Verfahrens folgt der Satz. Dabei muß $k \leq n$ gelten, denn wäre $k > n$, so würde das Verfahren nach n Schritten eine Basis $(\mathbf{v}_1, \ldots, \mathbf{v}_n)$ liefern. Nach Satz 4.2.1 wäre $(\mathbf{v}_1, \ldots, \mathbf{v}_n)$ ein maximal linear unabhängiges n-Tupel, im Widerspruch dazu, daß auch $(\mathbf{v}_1, \ldots, \mathbf{v}_n, \ldots, \mathbf{v}_k)$ linear unabhängig ist. □

Der folgende Dimensionssatz ist eine unmittelbare Folge der Aussage $k \leq n$ im Austauschsatz, da man beim Vergleich zweier Basen den Austauschsatz in die eine wie die andere Richtung anwenden kann.

Korollar 4.2.4 (Dimensionssatz)
Sind $(\mathbf{b}_1, \ldots, \mathbf{b}_n)$ *und* $(\mathbf{b}'_1, \ldots, \mathbf{b}'_m)$ *Basen von* V, *so gilt* $n = m$. □

Wir nennen n die **Länge** der Basis $(\mathbf{b}_1, \ldots, \mathbf{b}_n)$. Der Dimensionssatz kann dann auch so formuliert werden: Falls ein Vektorraum endlich erzeugt ist und damit nach Korollar 4.2.2 eine endliche Basis besitzt, so ist die Länge dieser Basis eindeutig bestimmt.

Definition 4.2.5

Ist V ein endlich erzeugter Vektorraum, so nennt man die Länge n einer (und damit jeder) Basis von V die **Dimension** von V und schreibt $\dim V = n$.
Ist V nicht endlich erzeugt, so schreibt man $\dim V = \infty$, gelesen „unendlich". ◀

Aufgabe 4.2.6
Wir können $\mathbb{C} = \mathbb{R}^2$ sowohl als Vektorraum über $\mathbb{R}$ als auch als Vektorraum über $\mathbb{C}$ auffassen.

(a) Zeigen Sie, daß $(1 + \mathrm{i}, 1 - \mathrm{i})$, aufgefaßt als Paar im *reellen* Vektorraum $\mathbb{C}$, linear *unabhängig* ist.
(b) Zeigen Sie, daß $(1 + \mathrm{i}, 1 - \mathrm{i})$, aufgefaßt als Paar im *komplexen* Vektorraum $\mathbb{C}$, linear *abhängig* ist.
(c) Bestimmen Sie die Dimensionen $\dim_{\mathbb{R}} \mathbb{C}$ und $\dim_{\mathbb{C}} \mathbb{C}$ von $\mathbb{C}$ als reeller bzw. komplexer Vektorraum. ◇

Wir haben gesehen, daß man aus einem endlichen Erzeugendensystem eines Vektorraumes durch Fortlassen geeigneter Vektoren stets eine Basis gewinnen kann. Umgekehrt kann man ein linear unabhängiges System in einem endlich erzeugten Vektorraum stets zu einer Basis ergänzen.

Korollar 4.2.7 (Basisergänzungssatz)
Ist V endlich erzeugt, und ist das Tupel $(\mathbf{v}_1, \ldots, \mathbf{v}_k)$ linear unabhängig, so gibt es $\mathbf{v}_{k+1}, \ldots, \mathbf{v}_n \in V$ derart, daß $(\mathbf{v}_1, \ldots, \mathbf{v}_n)$ eine Basis von V ist.

Beweis Nach Korollar 4.2.2 kann man aus einem gegebenen endlichen Erzeugendensystem von V eine Basis $(\mathbf{b}_1, \ldots, \mathbf{b}_n)$ auswählen. Mit dem Austauschsatz erhält man (evtl. nach Umnumerieren) eine Basis der Form $(\mathbf{v}_1, \ldots, \mathbf{v}_k, \mathbf{b}_{k+1}, \ldots, \mathbf{b}_n)$. □

Auch unendlich-dimensionale Vektorräume besitzen stets eine Basis. Der Beweis dieser Aussage erfordert das sogenannte Auswahlaxiom oder das dazu äquivalente Lemma von Zorn.

Beispiele 4.2.8
(1) $\dim \mathbb{K}^n = n$.
(2) $\dim \mathcal{P}_n(\mathbb{K}) = n + 1$.
(3) $\dim C^0([0, 1]) = \infty$. Dazu betrachten wir die stetigen Funktionen $f_n : [0, 1] \to \mathbb{R}$, $n \in \mathbb{N}$, deren Graph in Abb. 4.2 gezeigt ist. Die Linearkombination

$$\lambda_1 f_1 + \cdots + \lambda_n f_n$$

wertet für $i \in \{1, \ldots, n\}$ an der Stelle

$$x_i = \frac{1}{2}\Big(\frac{1}{i} + \frac{1}{i+1}\Big) \in [0, 1]$$

zu λ_i aus, d. h.

$$(\lambda_1 f_1 + \cdots + \lambda_n f_n)(x_i) = \lambda_i .$$

Dies bedeutet, daß $\lambda_1 f_1 + \cdots + \lambda_n f_n$ nur dann die Nullfunktion ist, wenn alle λ_i gleich 0 sind. Mit anderen Worten, für jedes $n \in \mathbb{N}$ ist das n-Tupel $(f_1, \ldots, f_n)$ linear unabhängig. Nach dem Austauschsatz kann daher $C^0([0, 1])$ keine endliche Basis besitzen.

Bevor wir uns genauer mit dem Dimensionsbegriff im Zusammenhang mit Unterräumen beschäftigen, hier eine erste Beobachtung über die Dimension von Unterräumen, die man von einem vernünftigen Dimensionsbegriff durchaus erwarten sollte.

Notiz 4.2.9 Ist $\dim V < \infty$ und $U \subset V$ ein Unterraum, so gilt $\dim U \leq \dim V$, mit Gleichheit genau dann, wenn $U = V$.

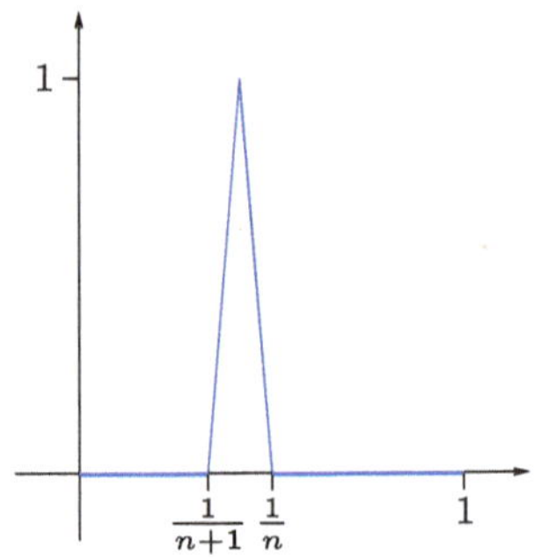

Abb. 4.2 Der Graph der Funktion f_n

In der Tat, wäre $\dim U > \dim V =: n$, so gäbe es ein linear unabhängiges $(n+1)$-Tupel $(\mathbf{u}_1, \ldots, \mathbf{u}_{n+1})$ in $U \subset V$, im Widerspruch zum Austauschsatz. Außerdem erweitert jede Basis von U nach Korollar 4.2.7 zu einer Basis von V, so daß $\dim U = \dim V$ genau für $U = V$ gilt.

4.3 Die Dimensionsformel für Unterräume

In Notiz 3.4.5 hatten wir gesehen, daß die Vereinigung zweier Unterräume $U_1, U_2 \subset V$ im allgemeinen kein Unterraum ist. Es gibt aber einen kleinsten Unterraum von V, der U_1 und U_2 enthält.

Definition 4.3.1

Die **Summe** zweier Unterräume $U_1, U_2 \subset V$ ist der Unterraum

$$U_1 + U_2 := \{\mathbf{u}_1 + \mathbf{u}_2 : \mathbf{u}_1 \in U_1,\ \mathbf{u}_2 \in U_2\}. \blacktriangleleft$$

Aufgabe 4.3.2
Machen Sie sich klar, daß $U_1 + U_2$ in der Tat der kleinste Unterraum von V ist, der U_1 und U_2 enthält. ◇

Aufgabe 4.3.3
Zeigen Sie, daß für Teilmengen $A, B \subset V$ die lineare Hülle $\mathrm{Lin}(A \cup B)$ gleich der Summe $\mathrm{Lin}(A) + \mathrm{Lin}(B)$ ist. ◇

In Abb. 4.3 sehen Sie ein Beispiel zweier Unterräume des $\mathbb{R}^3$, deren Summe ganz $\mathbb{R}^3$ ist.

Abb. 4.3 $U_1 + U_2 = \mathbb{R}^3$

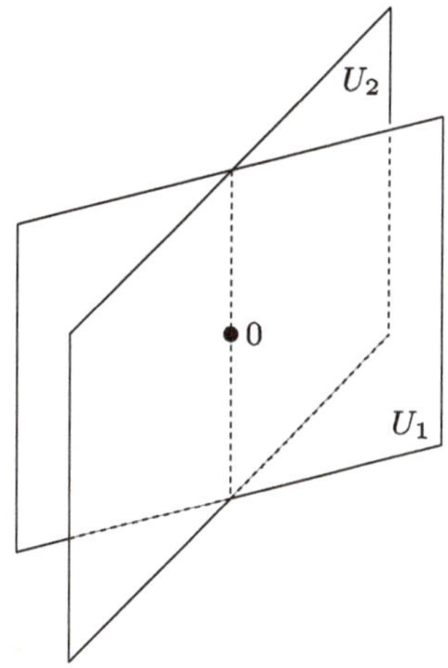

Lemma 4.3.4
Die folgenden Aussagen sind äquivalent:
(i) $U_1 \cap U_2 = \{0\}$.
(ii) *Jeder Vektor* $\mathbf{u} \in U_1 + U_2$ *läßt sich* eindeutig *schreiben als* $\mathbf{u} = \mathbf{u}_1 + \mathbf{u}_2$ *mit* $\mathbf{u}_i \in U_i$.

Beweis
(i) $\Rightarrow$ (ii): Es gelte $\mathbf{u}_1 + \mathbf{u}_2 = \mathbf{u}_1' + \mathbf{u}_2'$. Dann gilt

$$\mathbf{u}_1 - \mathbf{u}_1' = \mathbf{u}_2' - \mathbf{u}_2 \in U_1 \cap U_2 = \{0\},$$

also $\mathbf{u}_1 = \mathbf{u}_1'$ und $\mathbf{u}_2 = \mathbf{u}_2'$.
(ii) $\Rightarrow$ (i): Ein Vektor $\mathbf{v} \in U_1 \cap U_2$ hat die Darstellungen $\mathbf{v} + 0$ und $0 + \mathbf{v}$ in $U_1 + U_2$. Die Eindeutigkeit der Darstellung impliziert $\mathbf{v} = 0$. □

Definition 4.3.5

Falls eine der äquivalenten Bedingungen im obigen Lemma erfüllt ist, so bezeichnen wir $U_1 + U_2$ als **direkte Summe** und schreiben dafür $U_1 \oplus U_2$. ◄

► **Bemerkung 4.3.6** Die Charakterisierung (ii) läßt sich auf endliche Summen $U_1 + \cdots + U_k$ von Unterräumen erweitern. Die paarweise Bedingung (i) ist für $k \geq 3$ aber eine schwächere Bedingung. Im Beispiel von Abb. 4.4 bestehen die paarweisen Durchschnitte $U_i \cap U_j$ für $i \neq j$ nur aus dem Nullvektor, aber die Summe $U_1 + U_2 + U_3$ ist nicht direkt, da

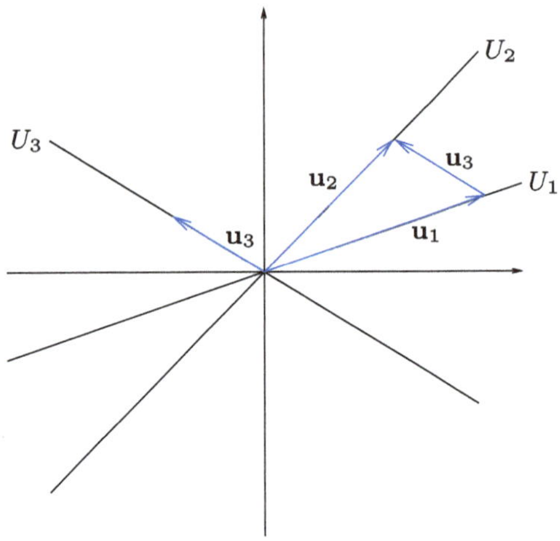

Abb. 4.4 Die Summe $U_1 + U_2 + U_3$ ist nicht direkt

$$\mathbf{u}_1 + 0 + \mathbf{u}_3 = 0 + \mathbf{u}_2 + 0$$

zwei verschiedene Darstellungen desselben Vektors sind.

Wir werden in Kap. 11 des zweiten Bandes dieses Lehrbuches eine äquivalente Charakterisierung von direkten Summen $U_1 \oplus \cdots \oplus U_k$ mittels Durchschnitten kennenlernen.

Der folgende Satz sagt insbesondere, daß für direkte Summen von Unterräumen die Dimension additiv ist.

Satz 4.3.7 (Dimensionsformel für Unterräume)
Seien $U, U' \subset V$ Unterräume eines endlich-dimensionalen Vektorraumes V. Dann gilt

$$\dim(U + U') = \dim U + \dim U' - \dim(U \cap U').$$

Beweis Ergänze eine Basis $\mathbf{w}_1, \ldots, \mathbf{w}_r$ von $U \cap U'$ zu Basen

$$\mathbf{w}_1, \ldots, \mathbf{w}_r, \mathbf{u}_1, \ldots, \mathbf{u}_s \quad \text{von } U$$

und

$$\mathbf{w}_1, \ldots, \mathbf{w}_r, \mathbf{u}'_1, \ldots, \mathbf{u}'_t \quad \text{von } U'.$$

Wir sind fertig, wenn wir zeigen können, daß

$$\mathbf{w}_1, \ldots, \mathbf{w}_r, \mathbf{u}_1, \ldots, \mathbf{u}_s, \mathbf{u}'_1, \ldots, \mathbf{u}'_t$$

eine Basis von $U + U'$ ist; s. Abb. 4.5.

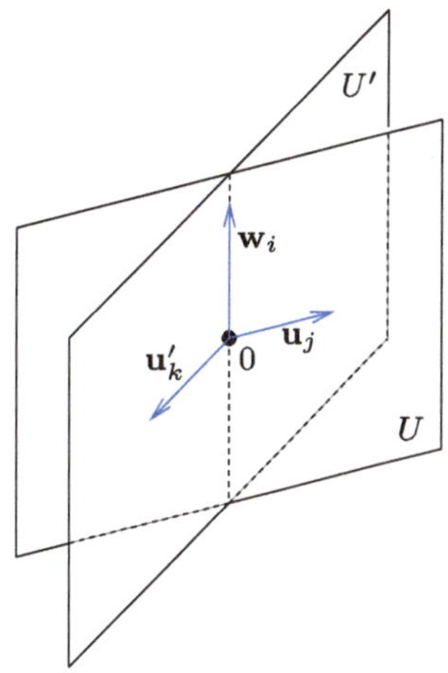

Abb. 4.5 Beweis der Dimensionsformel für Unterräume

Die lineare Hülle

$$\mathrm{Lin}(\mathbf{w}_1, \ldots, \mathbf{w}_r, \mathbf{u}_1, \ldots, \mathbf{u}_s, \mathbf{u}'_1, \ldots, \mathbf{u}'_t)$$

ist gleich $U + U'$, denn jede Linearkombination dieser Vektoren läßt sich in der Form $\mathbf{u} + \mathbf{u}'$ mit $\mathbf{u} \in U$ und $\mathbf{u}' \in U'$ schreiben.

Zu zeigen bleibt also die lineare Unabhängigkeit dieser $r+s+t$ Vektoren. Angenommen, wir haben eine Linearkombination, die den Nullvektor ergibt:

$$\underbrace{\lambda_1\mathbf{w}_1 + \cdots + \lambda_r\mathbf{w}_r}_{=:\mathbf{w}} + \underbrace{\mu_1\mathbf{u}_1 + \cdots + \mu_s\mathbf{u}_s}_{=:\mathbf{u}} + \underbrace{\mu'_1\mathbf{u}'_1 + \cdots + \mu'_t\mathbf{u}'_t}_{=:\mathbf{u}'} = 0. \tag{4.1}$$

Dann gilt

$$U' \ni \mathbf{u}' = -\mathbf{u} - \mathbf{w} \in U,$$

also $\mathbf{u}' \in U \cap U'$. Daher können wir $\mathbf{u}'$ schreiben als

$$\mathbf{u}' = \rho_1\mathbf{w}_1 + \cdots + \rho_r\mathbf{w}_r$$

mit geeigneten $\rho_1, \ldots, \rho_r \in \mathbb{K}$. Dies bedeutet, daß

$$\rho_1\mathbf{w}_1 + \cdots + \rho_r\mathbf{w}_r - \mu'_1\mathbf{u}'_1 - \cdots - \mu'_t\mathbf{u}'_t = \mathbf{u}' - \mathbf{u}' = 0.$$

Da aber $(\mathbf{w}_1, \ldots, \mathbf{w}_r, \mathbf{u}'_1, \ldots, \mathbf{u}'_t)$ eine Basis von U' ist, müssen alle Koeffizienten in dieser Darstellung gleich 0 sein, insbesondere die μ'_i. Wenn wir jetzt erneut die Darstellung (4.1) betrachten und berücksichtigen, daß $(\mathbf{w}_1, \ldots, \mathbf{w}_r, \mathbf{u}_1, \ldots, \mathbf{u}_s)$ eine Basis von U ist, so folgt das Verschwinden aller Koeffizienten in (4.1). □

Aufgabe 4.3.8
In Analogie mit der Formel für die Anzahl der Elemente in der Vereinigung dreier endlicher Mengen, könnte man folgende Formel für die Dimension der Summe dreier Unterräume U_1, U_2, U_3 eines Vektorraumes V vermuten:

$$\begin{aligned}\dim(U_1 + U_2 + U_3) = &\dim U_1 + \dim U_2 + \dim U_3 \\ &- \dim(U_1 \cap U_2) - \dim(U_1 \cap U_3) - \dim(U_2 \cap U_3) \\ &+ \dim(U_1 \cap U_2 \cap U_3).\end{aligned}$$

Beweisen Sie diese Formel oder geben Sie ein Gegenbeispiel. ◇

Notiz 4.3.9 Zu jedem Unterraum U eines endlich-dimensionalen Vektorraumes V gibt es einen **komplementären** Unterraum $U' \subset V$, der in der direkten Summe mit U ganz V ergibt:

$$U \oplus U' = V.$$

Dazu ergänzen wir eine Basis $(\mathbf{u}_1, \ldots, \mathbf{u}_k)$ von U zu einer Basis

$$(\mathbf{u}_1, \ldots, \mathbf{u}_k, \mathbf{u}'_1, \ldots, \mathbf{u}'_\ell)$$

von V und setzen

$$U' := \operatorname{Lin}(\mathbf{u}'_1, \ldots, \mathbf{u}'_\ell).$$

Falls U ein nicht-trivialer Unterraum, also verschieden von $\{0\}$ und V ist, so ist der komplementäre Unterraum nicht eindeutig bestimmt. Das dadurch aufgeworfene Problem kann man durch die Definition von sogenannten Quotientenräumen umgehen; s. Kap. 11 im zweiten Band.

Lineare Abbildungen 5

Wir wollen jetzt zwei $\mathbb{K}$-Vektorräume V, W betrachten und Abbildungen $V \to W$ studieren, die in geeignetem Sinne mit der Vektorraumstruktur von V und W verträglich sind: die sogenannten linearen Abbildungen. Im Falle $\dim V, \dim W < \infty$ werden wir solche Abbildungen durch Matrizen beschreiben.

5.1 Der Vektorraum linearer Abbildungen

Verträglichkeit einer Abbildung $V \to W$ mit der Vektoraddition bedeutet: „Erst addieren und dann abbilden ist das gleiche wie erst abbilden und dann addieren"; analog für die Skalarmultiplikation. Hier ist die formale Definition.

Definition 5.1.1

Eine Abbildung $f\colon V \to W$ zwischen $\mathbb{K}$-Vektorräumen V und W heißt **linear** oder ein **Homomorphismus,** falls gilt:

(i) $\forall\, \mathbf{v}_1, \mathbf{v}_2 \in V\colon f(\mathbf{v}_1 + \mathbf{v}_2) = f(\mathbf{v}_1) + f(\mathbf{v}_2)$;
(ii) $\forall\, \mathbf{v} \in V\ \forall \lambda \in \mathbb{K}\colon f(\lambda \mathbf{v}) = \lambda f(\mathbf{v})$. ◄

Man kann die Linearitätsbedingungen auch in einer Gleichung

$$f(\lambda_1 \mathbf{v}_1 + \lambda_2 \mathbf{v}_2) = \lambda_1 f(\mathbf{v}_1) + \lambda_2 f(\mathbf{v}_2)$$

H. Geiges, *Lineare Algebra und Geometrie I*, Mathematik Kompakt,
https://doi.org/10.1007/978-3-032-21683-0_5

(für alle $\mathbf{v}_1, \mathbf{v}_2 \in V$ und $\lambda_1, \lambda_2 \in \mathbb{K}$) zusammenfassen.

▶ **Bemerkung 5.1.2** Wie wir in Aufgabe 4.2.6 gesehen hatten, kann ein und dieselbe Menge unter Umständen als Vektorraum über verschiedenen Körpern aufgefaßt werden. Wenn wir von einer linearen Abbildung $f: V \to W$ sprechen, ist immer unterstellt, daß V und W Vektorräume über einem gegebenen Körper $\mathbb{K}$ sind, und daß die Abbildung $\mathbb{K}$-linear ist in dem Sinne, daß in Bedingung (ii) Skalare aus $\mathbb{K}$ zugelassen sind.

Aufgabe 5.1.3
Machen Sie sich die folgenden Aussagen klar:

(i) Die $\mathbb{C}$-linearen Abbildungen $\mathbb{C} \to \mathbb{C}$ sind genau die Abbildungen $\mathbf{z} \mapsto \lambda\mathbf{z}$ für ein festes $\lambda \in \mathbb{C}$.
(ii) Die Abbildung $\mathbb{C} \to \mathbb{C}$, $x + iy \mapsto 2y + ix$ ist $\mathbb{R}$-linear, aber nicht $\mathbb{C}$-linear. ◇

Notiz 5.1.4 Unter einer linearen Abbildung geht der Nullvektor stets auf den Nullvektor:

$$f(0_V) = f(0 \cdot 0_V) = 0 \cdot f(0_V) = 0_W;$$

s. Abschn. 3.1.3. Hier haben wir $0_V \in V$, $0_W \in W$ geschrieben, um das Argument deutlicher zu machen. Im allgemeinen werden wir aber den Nullvektor in jedem Vektorraum weiter einfach mit 0 bezeichnen.

Der Effekt einer linearen Abbildung $f: \mathbb{R}^2 \to \mathbb{R}^2$ ist in Abb. 5.1 illustriert. Insbesondere gehen Geraden wieder auf Geraden, da

$$f(\mathbf{v}_0 + \lambda\mathbf{v}) = f(\mathbf{v}_0) + \lambda f(\mathbf{v}),$$

und Ursprungsgeraden auf Ursprungsgeraden.

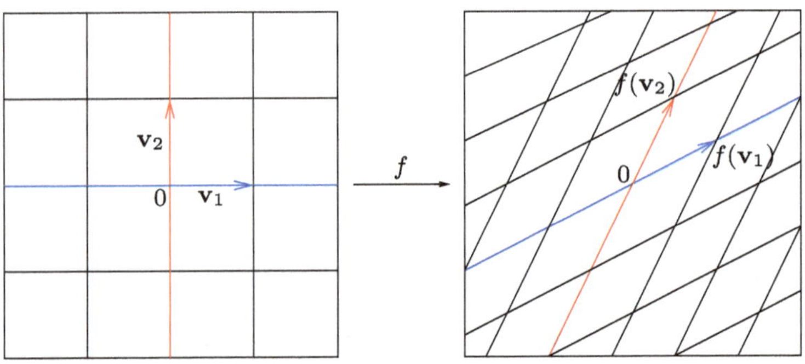

Abb. 5.1 Der Effekt einer linearen Abbildung

Beispiele 5.1.5
Hier sind Beispiele linearer Abbildungen.

(1) Die Nullabbildung

$$\begin{aligned} V &\longrightarrow W \\ \mathbf{v} &\longmapsto 0_W. \end{aligned}$$

(2) Die identische Abbildung

$$\begin{aligned} \mathrm{id}_V \colon V &\longrightarrow V \\ \mathbf{v} &\longmapsto \mathbf{v}. \end{aligned}$$

(3) Die bijektive Koeffizientenabbildung

$$\begin{aligned} \mathcal{P}_n(\mathbb{K}) &\longrightarrow \mathbb{K}^{n+1} \\ a_0 + a_1 x + \cdots + a_n x^n &\longmapsto (a_0, a_1, \ldots, a_n). \end{aligned}$$

(4) Die Grenzwertbildung

$$\begin{aligned} \{\text{konvergente Folgen in } \mathbb{C}\} &\longrightarrow \mathbb{C} \\ (a_\nu)_{\nu \in \mathbb{N}} &\longmapsto \lim_{\nu \to \infty} a_\nu. \end{aligned}$$

(5) Die Ableitung reellwertiger Funktionen

$$\begin{aligned} C^k([a,b]) &\longrightarrow C^{k-1}([a,b]) \\ f &\longmapsto f'. \end{aligned}$$

(6) Die Integration stetiger Funktionen

$$\begin{aligned} C^0([a,b]) &\longrightarrow \mathbb{R} \\ f &\longmapsto \int_a^b f(x)\,\mathrm{d}x. \end{aligned}$$

Aufgabe 5.1.6
(a) Ist die Abbildung $\mathcal{P}(\mathbb{R}) \to \mathcal{P}(\mathbb{R})$, $p \mapsto x^2 p$ linear?
(b) Für $b, c \in \mathbb{R}$ betrachten wir die durch

$$f(p) = \left(3p(4) + 5p'(6) + bp(1)p(2), \int_{-1}^{2} x^3 p(x)\,\mathrm{d}x + c \sin p(0)\right)$$

definierte Abbildung $f \colon \mathcal{P}(\mathbb{R}) \to \mathbb{R}^2$. Zeigen Sie, daß f genau dann linear ist, wenn $b = c = 0$. ◇

Notiz 5.1.7 Sind $f \colon V \to W$ und $g \colon W \to X$ linear, so auch $g \circ f \colon V \to X$.

Notation 5.1.8 Wir schreiben $\mathrm{Hom}(V, W)$ für die Menge der Homomorphismen $V \to W$.

Notiz 5.1.9 Die Menge $\mathrm{Hom}(V, W)$ ist selbst wieder ein $\mathbb{K}$-Vektorraum mit der punktweisen Addition

$$(f + g)(\mathbf{v}) := f(\mathbf{v}) + g(\mathbf{v})$$

und Skalarmultiplikation

$$(\lambda f)(\mathbf{v}) := \lambda f(\mathbf{v}).$$

Definition 5.1.10

Eine lineare Abbildung $f \in \mathrm{Hom}(V, W)$ heißt

- **Monomorphismus,** falls f injektiv ist;
- **Epimorphismus,** falls f surjektiv ist;
- **Isomorphismus,** falls f bijektiv ist;
- **Endomorphismus,** falls $V = W$;
- **Automorphismus,** falls $V = W$ und f bijektiv ist. ◀

Notation 5.1.11 Wir schreiben $\mathrm{End}(V)$ für den Vektorraum der Endomorphismen von V, also $\mathrm{End}(V) := \mathrm{Hom}(V, V)$.

Aufgabe 5.1.12
Zeigen Sie, daß $(\mathrm{End}(V), +, \circ)$ ein Ring mit Einselement ist; s. Definition 3.3.9. Ist die Komposition von Endomorphismen eines $\mathbb{K}$-Vektorraumes V kommutativ, d. h. gilt $f \circ g = g \circ f$ für $f, g \in \mathrm{End}(V)$? ◇

Beispiel 5.1.13
Falls V, W zwei $\mathbb{K}$-Vektorräume der gleichen endlichen Dimension $n \in \mathbb{N}$ sind, so sind sie isomorph zueinander. Um dies zu zeigen, wählt man sich Basen $(\mathbf{v}_1, \ldots, \mathbf{v}_n)$ von V und $(\mathbf{w}_1, \ldots, \mathbf{w}_n)$ von W. Einen Isomorphismus $f\colon V \to W$ kann man dann definieren durch

$$f(\lambda_1\mathbf{v}_1 + \cdots + \lambda_n\mathbf{v}_n) := \lambda_1\mathbf{w}_1 + \cdots + \lambda_n\mathbf{w}_n.$$

Die Umkehrung dieser Beobachtung, also die Aussage, daß isomorphe Vektorräume die gleiche Dimension haben, werden wir im nächsten Abschnitt beweisen.

Das Konstruktionsprinzip der linearen Abbildung f im obigen Beispiel verallgemeinert zu dem der **linearen Erweiterung.** Ist $(\mathbf{b}_1, \ldots, \mathbf{b}_n)$ eine Basis des $\mathbb{K}$-Vektorraumes V, und W ein *beliebiger* weiterer $\mathbb{K}$-Vektorraum, so ist eine lineare Abbildung $f\colon V \to W$ bereits durch ihre Werte $\mathbf{w}_i := f(\mathbf{b}_i)$ auf den Basisvektoren festgelegt. In der Tat, jedes Element $\mathbf{v} \in V$ läßt sich eindeutig schreiben als

$$\mathbf{v} = \lambda_1\mathbf{b}_1 + \cdots + \lambda_n\mathbf{b}_n,$$

und das Bild von $\mathbf{v}$ unter f ist dann aufgrund der Linearitätsbedingung gegeben durch

$$f(\mathbf{v}) = \lambda_1\mathbf{w}_1 + \cdots + \lambda_n\mathbf{w}_n.$$

Umgekehrt kann man eine lineare Abbildung $f\colon V \to W$ aber auch genau so definieren, indem man die Werte $f(\mathbf{b}_i) := \mathbf{w}_i$ beliebig vorschreibt, und dann

$$f(\lambda_1\mathbf{b}_1 + \cdots + \lambda_n\mathbf{b}_n) := \lambda_1\mathbf{w}_1 + \cdots + \lambda_n\mathbf{w}_n$$

definiert. Diese eindeutig durch $f(\mathbf{b}_i) = \mathbf{w}_i$ bestimmte lineare Abbildung nennt man die lineare Erweiterung jener Vorgaben.

Notiz 5.1.14 Ist $f\colon V \to W$ ein Isomorphismus, so auch die Umkehrabbildung $f^{-1}\colon W \to V$.

Aufgrund der Bijektivität von f existiert die Umkehrabbildung f^{-1}, die ebenfalls bijektiv ist. Wir müssen verifizieren, daß f^{-1} auch eine *lineare* Abbildung ist.

Zu gegebenen $\mathbf{w}, \mathbf{w}' \in W$ existieren eindeutig bestimmte $\mathbf{v}, \mathbf{v}' \in V$ mit $f(\mathbf{v}) = \mathbf{w}$ und $f(\mathbf{v}') = \mathbf{w}'$. Damit folgt

$$\begin{aligned} f^{-1}(\mathbf{w} + \mathbf{w}') &= f^{-1}\big(f(\mathbf{v}) + f(\mathbf{v}')\big) \\ &= f^{-1}\big(f(\mathbf{v} + \mathbf{v}')\big) \\ &= \mathbf{v} + \mathbf{v}' \\ &= f^{-1}(\mathbf{w}) + f^{-1}(\mathbf{w}'); \end{aligned}$$

und analog für die Skalarmultiplikation

$$\begin{aligned} f^{-1}(\lambda\mathbf{w}) &= f^{-1}\big(\lambda f(\mathbf{v})\big) \\ &= f^{-1}\big(f(\lambda\mathbf{v})\big) \\ &= \lambda\mathbf{v} \\ &= \lambda f^{-1}(\mathbf{w}). \end{aligned}$$

5.2 Die Dimensionsformel für lineare Abbildungen

Wir untersuchen nun den Zusammenhang zwischen Basen und linearen Abbildungen. Diese Überlegungen werden wir nutzen, um die folgenden Unterräume und ihre Beziehung untereinander zu verstehen.

Definition 5.2.1

Sei $f\colon V \to W$ eine lineare Abbildung . Wir setzen

$$\begin{aligned}\operatorname{Kern} f &:= \{\mathbf{v} \in V\colon f(\mathbf{v}) = 0\},\\ \operatorname{Bild} f &:= f(V) = \{f(\mathbf{v})\colon \mathbf{v} \in V\} \subset W. \blacktriangleleft\end{aligned}$$

Die Definition von Bild f ist identisch mit der für beliebige Abbildungen zwischen Mengen.

Aufgabe 5.2.2
Verifizieren Sie die folgenden Aussagen für eine lineare Abbildung $f\colon V \to W$:

(i) Kern $f = f^{-1}(\{0\})$ ist Unterraum von V.
(ii) Allgemein ist $f^{-1}(U) \subset V$ ein Unterraum für jeden Unterraum $U \subset W$.
(iii) Bild f ist Unterraum von W. ◇

Beispiel 5.2.3
Für die durch die Ableitung gegebene lineare Abbildung

$$\begin{aligned} f\colon \mathcal{P}_5(\mathbb{R}) &\longrightarrow \mathcal{P}_5(\mathbb{R})\\ p &\longmapsto p' \end{aligned}$$

gilt Kern $f = \mathcal{P}_0(\mathbb{R})$ und Bild $f = \mathcal{P}_4(\mathbb{R})$.

Lemma 5.2.4
Eine lineare Abbildung $f\colon V \to W$ ist genau dann injektiv, wenn Kern $f = \{0\}$.

Beweis Sei f injektiv. Falls $\mathbf{v} \in \operatorname{Kern} f$, dann $f(\mathbf{v}) = 0 = f(0)$, womit $\mathbf{v} = 0$ folgt.

Sei umgekehrt Kern $f = \{0\}$. Angenommen, wir haben $\mathbf{v}_1, \mathbf{v}_2 \in V$ mit $f(\mathbf{v}_1) = f(\mathbf{v}_2)$. Dann folgt

$$f(\mathbf{v}_1 - \mathbf{v}_2) = f(\mathbf{v}_1) - f(\mathbf{v}_2) = 0,$$

also $\mathbf{v}_1 - \mathbf{v}_2 \in \operatorname{Kern} f$, und damit $\mathbf{v}_1 - \mathbf{v}_2 = 0$. Dies bedeutet, daß f injektiv ist. □

Wir wollen nun Bild und Kern einer Abbildung verstehen, die man durch lineare Erweiterung wie im vorigen Abschnitt konstruiert hat. In der folgenden Aussage ist auch $\dim W = \infty$ zugelassen.

Lemma 5.2.5

Sei $(\mathbf{b}_1, \ldots, \mathbf{b}_n)$ *eine Basis von* V, *und seien* $\mathbf{w}_1, \ldots, \mathbf{w}_n \in W$ *beliebig gegeben. Sei* $f: V \to W$ *die Abbildung, die durch* $f(\mathbf{b}_i) = \mathbf{w}_i$ *und lineare Erweiterung definiert ist. Dann gilt:*

(i) f *ist injektiv genau dann, wenn* $(\mathbf{w}_1, \ldots, \mathbf{w}_n)$ *linear unabhängig ist.*

(ii) f *ist surjektiv genau dann, wenn* $\mathrm{Lin}(\mathbf{w}_1, \ldots, \mathbf{w}_n) = W$.

(iii) f *ist bijektiv genau dann, wenn* $(\mathbf{w}_1, \ldots, \mathbf{w}_n)$ *eine Basis von* W *ist.*

Beweis

(i) Angenommen, f ist injektiv. Um die lineare Unabhängigkeit der $\mathbf{w}_i$ zu zeigen, betrachten wir eine Linearkombination der $\mathbf{w}_i$, die den Nullvektor liefert. Da f durch lineare Erweiterung gewonnen wurde, ergibt sich

$$0 = \lambda_1 \mathbf{w}_1 + \cdots + \lambda_n \mathbf{w}_n = f(\lambda_1 \mathbf{b}_1 + \cdots + \lambda_n \mathbf{b}_n).$$

Mit der Injektivität von f folgern wir

$$\lambda_1 \mathbf{b}_1 + \cdots + \lambda_n \mathbf{b}_n = 0,$$

und damit $\lambda_1 = \ldots = \lambda_n = 0$ wegen der linearen Unabhängigkeit der $\mathbf{b}_i$.
Umgekehrt, sei $(\mathbf{w}_1, \ldots, \mathbf{w}_n)$ linear unabhängig und

$$\mathbf{v} = \lambda_1 \mathbf{b}_1 + \cdots + \lambda_n \mathbf{b}_n \in \mathrm{Kern}\, f,$$

also

$$0 = f(\lambda_1 \mathbf{b}_1 + \cdots + \lambda_n \mathbf{b}_n) = \lambda \mathbf{w}_1 + \cdots + \lambda_n \mathbf{w}_n.$$

Die lineare Unabhängigkeit von $(\mathbf{w}_1, \ldots, \mathbf{w}_n)$ impliziert dann $\lambda_1 = \ldots = \lambda_n = 0$, d. h. $\mathbf{v} = 0$.

(ii) Dies folgt aus der Identität

$$\begin{aligned} f(V) &= \left\{ f\left(\sum_{i=1}^n \lambda_i \mathbf{b}_i \right) : \lambda_i \in \mathbb{K} \right\} \\ &= \left\{ \sum_{i=1}^n \lambda_i \mathbf{w}_i : \lambda_i \in \mathbb{K} \right\} \\ &= \mathrm{Lin}(\mathbf{w}_1, \ldots, \mathbf{w}_n). \end{aligned}$$

(iii) ist eine unmittelbare Konsequenz aus (i) und (ii). □

Der folgende Satz liefert zu jeder linearen Abbildung zwischen zwei endlich-dimensionalen Vektorräumen Basen der beiden Räume, bezüglich derer die Abbildung eine besonders einfache Gestalt hat.

Satz 5.2.6 (Fundamentallemma über lineare Abbildungen)
Zu jeder linearen Abbildung $f\colon V \to W$ zwischen endlich-dimensionalen Vektorräumen gibt es Basen

$(\mathbf{v}_1, \dots, \mathbf{v}_r, \mathbf{u}_1, \dots, \mathbf{u}_k)$ *von* V *und*

$(\mathbf{w}_1, \dots, \mathbf{w}_r, \mathbf{w}_{r+1}, \dots, \mathbf{w}_m)$ *von* W

mit folgenden Eigenschaften:

(i) $(\mathbf{u}_1, \dots, \mathbf{u}_k)$ *ist Basis von* Kern f*;*
(ii) $(\mathbf{w}_1, \dots, \mathbf{w}_r)$ *ist Basis von* Bild f*;*
(iii) $f(\mathbf{v}_i) = \mathbf{w}_i$ *für* $i = 1, \dots, r$.

Beweis Wähle eine Basis $(\mathbf{u}_1, \dots, \mathbf{u}_k)$ von Kern $f \subset V$ und ergänze diese mittels des Basisergänzungssatzes (Korollar 4.2.7) zu einer Basis $(\mathbf{v}_1, \dots, \mathbf{v}_r, \mathbf{u}_1, \dots, \mathbf{u}_k)$ von V. Setze $\mathbf{w}_i := f(\mathbf{v}_i)$, $i = 1, \dots, r$. Wir wollen zeigen, daß $(\mathbf{w}_1, \dots, \mathbf{w}_r)$ eine Basis von Bild f ist.

Zunächst zeigen wir, daß $\mathrm{Lin}(\mathbf{w}_1, \dots, \mathbf{w}_r) = \text{Bild } f$ gilt. Jedes $\mathbf{v} \in V$ kann geschrieben werden als Linearkombination

$$\mathbf{v} = \lambda_1\mathbf{v}_1 + \dots + \lambda_r\mathbf{v}_r + \mu_1\mathbf{u}_1 + \dots + \mu_k\mathbf{u}_k.$$

Es folgt $f(\mathbf{v}) = \lambda_1\mathbf{w}_1 + \dots + \lambda_r\mathbf{w}_r$.

Bleibt noch zu zeigen, daß $(\mathbf{w}_1, \dots, \mathbf{w}_r)$ linear unabhängig ist. Angenommen, $\lambda_1\mathbf{w}_1 + \dots + \lambda_r\mathbf{w}_r = 0$. Setze $\mathbf{v} := \lambda_1\mathbf{v}_1 + \dots + \lambda_r\mathbf{v}_r$. Dann gilt $f(\mathbf{v}) = 0$, also $\mathbf{v} \in$ Kern f, so daß wir $\mathbf{v}$ auch als Linearkombination $\mathbf{v} = \mu_1\mathbf{u}_1 + \dots + \mu_k\mathbf{u}_k$ schreiben können. Aufgrund der Eindeutigkeit der Darstellung von $\mathbf{v}$ bezüglich der Basis $(\mathbf{v}_1, \dots, \mathbf{v}_r, \mathbf{u}_1, \dots, \mathbf{u}_k)$ ist dies aber nur möglich, wenn insbesondere alle λ_i gleich 0 sind.

Abschließend erweitern wir $(\mathbf{w}_1, \dots, \mathbf{w}_r)$ zu einer Basis von W. □

Dieses Fundamentallemma erlaubt vielfältige Anwendungen. Wir werden es hier gleich zum Beweis der Dimensionsformel für lineare Abbildungen einsetzten. Später nutzen wir es beispielsweise im Beweis der Gleichheit von Zeilenrang und Spaltenrang bei Matrizen; s. Abschn. 6.4.

Definition 5.2.7

Der **Rang** einer linearen Abbildung $f\colon V \to W$ ist

$$\operatorname{Rang} f := \dim(\operatorname{Bild} f). \quad \blacktriangleleft$$

Satz 5.2.8 (Dimensionsformel für lineare Abbildungen)
Für V endlich-dimensional und $f\colon V \to W$ linear gilt

$$\dim(\operatorname{Kern} f) + \operatorname{Rang} f = \dim V.$$

Beweis Wähle eine Basis $(\mathbf{v}_1, \dots, \mathbf{v}_r, \mathbf{u}_1, \dots, \mathbf{u}_k)$ von V wie im Beweis des Fundamentallemmas (für diesen Teil des Beweises war es irrelevant, ob W endlich-dimensional ist). Dann gilt $k = \dim(\operatorname{Kern} f)$, $r = \operatorname{Rang} f$ und $k + r = \dim V$. □

Beispiel 5.2.9
Es gilt $\dim \mathcal{P}_n(\mathbb{R}) = n + 1$. In dem oben schon einmal betrachteten Beispiel $f\colon \mathcal{P}_5(\mathbb{R}) \to \mathcal{P}_5(\mathbb{R})$, $p \mapsto p'$, gilt

$$\dim(\operatorname{Kern} f) = \dim \mathcal{P}_0(\mathbb{R}) = 1$$

und

$$\operatorname{Rang} f = \dim \mathcal{P}_4(\mathbb{R}) = 5.$$

Aufgabe 5.2.10
Es seien $f, g \in \operatorname{End}(\mathbb{K}^n)$. Zeigen Sie die Ungleichungen

$$\operatorname{Rang} f + \operatorname{Rang} g - n \le \operatorname{Rang}(f \circ g) \le \min(\operatorname{Rang} f, \operatorname{Rang} g),$$

wobei $\min(a, b)$ die kleinere der beiden Zahlen $a, b \in \mathbb{R}$ (hier: $a, b \in \mathbb{N}_0$) bezeichnet. ◇

Satz 5.2.11
Für eine lineare Abbildung $f\colon V \to W$ zwischen zwei Vektorräumen mit $\dim V = \dim W < \infty$ *sind die folgenden Aussagen äquivalent:*
(i) *f ist injektiv;*
(ii) *f ist surjektiv;*
(iii) *f ist Isomorphismus.*

Beweis Zu zeigen ist offensichtlich nur die Äquivalenz von (i) und (ii). Die Injektivität von f ist äquivalent zu $\dim(\text{Kern } f) = 0$. Die Surjektivität von f ist äquivalent zu $\text{Bild } f = W$, was nach Notiz 4.2.9 wiederum äquivalent zu $\text{Rang } f = \dim W$ ist. Nun verwende $\dim W = \dim V$ und die Dimensionsformel für lineare Abbildungen zwischen endlich-dimensionalen Vektorräumen. □

Beispiel 5.2.12
Die Aussage des obigen Satzes ist im allgemeinen falsch für unendlich-dimensionale Vektorräume. Die lineare Abbildung

$$\begin{aligned} \{\text{Folgen in } \mathbb{K}\} &\longrightarrow \{\text{Folgen in } \mathbb{K}\} \\ (x_1, x_2, x_3, \ldots) &\longmapsto (0, x_1, x_2, \ldots) \end{aligned}$$

ist injektiv, aber nicht surjektiv. Analog ist die Abbildung

$$(x_1, x_2, x_3, \ldots) \longmapsto (x_2, x_3, x_4, \ldots)$$

surjektiv, aber nicht injektiv.

In Beispiel 5.1.13 hatten wir gesehen, daß zwei Vektorräume der gleichen endlichen Dimension stets isomorph zueinander sind. Mittels der Dimensionsformel können wir jetzt auch die Umkehrung beweisen, bei der die Beschränkung auf endlich-dimensionale Vektorräume nicht notwendig ist.

Notiz 5.2.13 Ist $f: V \to W$ ein Isomorphismus, so gilt $\dim V = \dim W$.

In der Tat, nach Lemma 5.2.5 ist für $\dim V = n < \infty$ das Bild einer linearen Abbildung $f: V \to W$ höchstens n-dimensional; ein endlich-dimensionaler Vektorraum ist daher niemals isomorph zu einem unendlich-dimensionalen Vektorraum.

Falls V und W beide endlich-dimensional sind, ergibt die Dimensionsformel für einen Isomorphismus $f: V \to W$ die Identität

$$\dim V = \dim(\text{Kern } f) + \text{Rang } f = \text{Rang } f = \dim W.$$

Alternativ kann man direkt wie in Lemma 5.2.5 argumentieren.

▶ **Bemerkung 5.2.14** Es gibt unendlich-dimensionale Vektorräume mit Dimensionen von verschiedener Kardinalität, z. B. Vektorräume, die eine abzählbare Basis besitzen, und solche, bei denen eine Basis notwendigerweise überabzählbar ist; s. Kap. 12 im zweiten Band. Ganz allgemein gilt: Zwei $\mathbb{K}$-Vektorräume sind isomorph genau dann, wenn sie Basen gleicher Kardinalität besitzen, d. h. wenn eine Bijektion zwischen den Basen besteht.

Aufgabe 5.2.15
(a) Es seien V, W endlich-dimensionale Vektorräume über einem Körper $\mathbb{K}$. Zeigen Sie:

(i) Falls $\dim V > \dim W$, so ist eine lineare Abbildung $V \to W$ niemals injektiv.
(ii) Falls $\dim V < \dim W$, so ist eine lineare Abbildung $V \to W$ niemals surjektiv.

(b) Es seien V, W Vektorräume über einem Körper $\mathbb{K}$, wobei jetzt nur W als endlich-dimensional vorausgesetzt wird. Zeigen Sie, daß für zwei Abbildungen $f_1, f_2 \in \mathrm{Hom}(V, W)$ genau dann $\mathrm{Kern}\, f_1 \subset \mathrm{Kern}\, f_2$ gilt, wenn es eine Abbildung $g \in \mathrm{End}(W)$ gibt mit $f_2 = g \circ f_1$.
Hinweis: Für die Konstruktion von g kann man zunächst vereinfachend annehmen, daß auch V endlich-dimensional ist. Es gibt aber auch ein Argument, das die Annahme $\dim V < \infty$ nicht benötigt. ◇

Aufgabe 5.2.16

(a) Zeigen Sie, daß die Menge

$$\left\{f \in \mathrm{Hom}(\mathbb{R}^5, \mathbb{R}^4) : \ \dim \mathrm{Kern}\, f > 2\right\}$$

kein Unterraum des reellen Vektorraumes $\mathrm{Hom}(\mathbb{R}^5, \mathbb{R}^4)$ ist.

(b) Geben Sie ein Beispiel eines Endomorphismus f von $\mathbb{R}^4$ mit $\mathrm{Bild}\, f = \mathrm{Kern}\, f$.

(c) Zeigen Sie, daß es keinen Endomorphismus f von $\mathbb{R}^5$ mit $\mathrm{Bild}\, f = \mathrm{Kern}\, f$ gibt. ◇

5.3 Matrixdarstellung linearer Abbildungen

Eine $(m \times n)$-**Matrix** über einem Körper $\mathbb{K}$ ist zunächst einmal lediglich die Anordnung von mn Elementen aus $\mathbb{K}$ in einem mn-Rechteck:

$$A = (a_{ij})_{\substack{i=1,\dots,m \\ j=1,\dots,n}} = \begin{pmatrix} a_{11} & \cdots & a_{1n} \\ \vdots & & \vdots \\ a_{m1} & \cdots & a_{mn} \end{pmatrix}.$$

Interessant werden Matrizen dann, wenn wir mit ihnen lineare Abbildungen $\mathbb{K}^n \to \mathbb{K}^m$ definieren. Zum Beispiel übersetzt sich dann die Komposition von Abbildungen in ein einfach zu berechnendes Produkt von Matrizen. Allgemeiner kann man mit Matrizen lineare Abbildungen zwischen endlich-dimensionalen Vektorräumen darstellen. Dabei werden wir genau analysieren, wie die Matrixdarstellung von der Wahl von Basen abhängt.

Die $a_{ij} \in \mathbb{K}$ heißen die **Koeffizienten** oder **Einträge** der Matrix.

Notation 5.3.1 Wir schreiben $\mathbb{K}^{m\times n}$ für die Menge der $(m \times n)$-Matrizen über $\mathbb{K}$.

Beim Arbeiten mit Matrizen ist es unvermeidlich, daß man gelegentlich vor lauter Indizes nicht mehr den mathematischen Gehalt erkennt. Letztlich, so werden wir sehen, reduziert sich aber fast alles auf eine prägnante Merkregel. Dennoch ist gerade hier eine eingängliche

Notation von größter Bedeutung. Zu diesem Zweck habe ich die Laufindizes i, j in der gleichen alphabetischen Reihenfolge wie m, n gewählt: $i = 1, \dots, m$ und $j = 1, \dots, n$.

Die Menge $\mathbb{K}^{m\times n}$ ist unter der komponentenweisen Addition und Skalarmultiplikation ein $\mathbb{K}$-Vektorraum der Dimension mn.

Die Einträge

$$\begin{pmatrix} a_{i1} \cdots a_{in} \end{pmatrix}$$

bezeichnet man als die i-te **Zeile** der Matrix; die natürliche Zahl i ist der **Zeilenindex.** Entsprechend heißt

$$\begin{pmatrix} a_{1j} \\ \vdots \\ a_{mj} \end{pmatrix}$$

die j-te **Spalte,** und j der **Spaltenindex.** Eine $(m \times n)$-Matrix besitzt nach dieser Konvention m Zeilen und n Spalten.

Um mittels einer $(m \times n)$-Matrix $A = (a_{ij})$ eine lineare Abbildung $\mathbb{K}^n \to \mathbb{K}^m$ zu definieren, schreiben wir die Elemente von $\mathbb{K}^n$ und $\mathbb{K}^m$ als **Spaltenvektoren**

$$\mathbf{x} = \begin{pmatrix} x_1 \\ \vdots \\ x_n \end{pmatrix} \quad \text{bzw.} \quad \mathbf{y} = \begin{pmatrix} y_1 \\ \vdots \\ y_m \end{pmatrix}.$$

Wir definieren nun eine durch A bestimmte lineare Abbildung $\mathbb{K}^n \to \mathbb{K}^m$, $\mathbf{x} \mapsto A\mathbf{x}$, mittels der Vorschrift

$$\mathbf{y} = A\mathbf{x} := \begin{pmatrix} \sum_{j=1}^{n} a_{1j}x_j \\ \vdots \\ \sum_{j=1}^{n} a_{mj}x_j \end{pmatrix} \in \mathbb{K}^m, \tag{5.1}$$

also $y_i = \sum_{j=1}^{n} a_{ij}x_j$ für $i = 1, \dots, m$.

Die Linearitätsbedingungen

$$A(\mathbf{x} + \mathbf{x}') = A\mathbf{x} + A\mathbf{x}' \quad \text{und} \quad A(\lambda\mathbf{x}) = \lambda(A\mathbf{x})$$

macht man sich anhand dieser Definition sofort klar. Ebenso offensichtlich gelten für $A, B \in \mathbb{K}^{m\times n}$ die Beziehungen

$$(A + B)\mathbf{x} = A\mathbf{x} + B\mathbf{x} \quad \text{und} \quad (\lambda A)\mathbf{x} = \lambda(A\mathbf{x}),$$

d. h. die Addition bzw. Skalarmultiplikation von Matrizen entspricht der punktweisen Addition bzw. Skalarmultiplikation der zugehörigen Abbildungen.

Dennoch wäre mit dieser Definition von linearen Abbildungen durch Matrizen nicht viel gewonnen, wenn es keinen vernünftigen Weg gäbe, dieses Dickicht aus doppelten Indizes zu entwirren. Die Definition der Komponenten von $\mathbf{y} = A\mathbf{x} \in \mathbb{K}^n$ kann man sich graphisch wie folgt merken:

$$\begin{pmatrix} \\ a_{i1} \cdots a_{in} \\ \\ \end{pmatrix} \begin{pmatrix} x_1 \\ \vdots \\ x_n \end{pmatrix} = \begin{pmatrix} \\ y_i \\ \\ \end{pmatrix}.$$

Beachten Sie, daß der Bildvektor $\mathbf{y}$ ein Spaltenvektor der Länge m ist, was gleich der Anzahl der Zeilen von $A \in \mathbb{K}^{m \times n}$ ist. Um den Eintrag y_i zu berechnen, betrachtet man nur die i-te Zeile von A. Dieser Zeilenvektor hat die gleiche Länge n wie der Spaltenvektor $\mathbf{x}$, auf den man die Abbildung anwenden möchte. Unsere Abbildungsvorschrift (5.1) besagt, daß der Eintrag y_i durch das Aufsummieren des komponentenweisen Produktes der Einträge der i-ten Zeile von A und von $\mathbf{x}$ definiert ist – ganz analog zum Skalarprodukt von zwei Vektoren im $\mathbb{R}^2$, wie wir es in Abschn. 1.3 definiert haben:

$$(a_{i1} \cdots a_{in}) \begin{pmatrix} x_1 \\ \vdots \\ x_n \end{pmatrix} := a_{i1}x_1 + \cdots + a_{in}x_n.$$

In allgemeinerer Form werden wir dieses Schema auch bei der Matrixmultiplikation sehen.

Die Zeilen einer Matrix erlauben es einem also, die entsprechende Komponente des Bildvektors zu berechnen. Vielleicht noch wichtiger, und in der Rechenpraxis oft enorm nützlich, ist die folgende Merkregel zu den Spalten einer Matrix. Dazu betrachten wir die kanonische Basis $(\mathbf{e}_1, \ldots, \mathbf{e}_n)$ des $\mathbb{K}^n$. Der Vektor $\mathbf{e}_j$, als Spaltenvektor geschrieben, ist von der Form

$$\mathbf{e}_j = \begin{pmatrix} 0 \\ \vdots \\ 1 \\ \vdots \\ 0 \end{pmatrix} \leftarrow j\text{-te Stelle}, \quad j = 1, \ldots, n.$$

Nach Definition der Abbildung $\mathbf{x} \mapsto A\mathbf{x}$ in (5.1) gilt dann

$$A\mathbf{e}_j = \begin{pmatrix} a_{1j} \\ \vdots \\ a_{mj} \end{pmatrix} = j\text{-te Spalte von } A.$$

Damit können wir festhalten:

Die Spalten von A sind die Bilder der kanonischen Basisvektoren.

Wenn wir die Spaltenvektoren von A mit $\mathbf{a}_1, \ldots, \mathbf{a}_n \in \mathbb{K}^m$ bezeichnen, was ich auch als

$$A = \begin{pmatrix} | & & | \\ \mathbf{a}_1 & \cdots & \mathbf{a}_n \\ | & & | \end{pmatrix}$$

schreibe, so gilt

$$A \begin{pmatrix} x_1 \\ \vdots \\ x_n \end{pmatrix} = x_1\mathbf{a}_1 + \cdots + x_n\mathbf{a}_n,$$

und damit

$$\operatorname{Bild} A = \operatorname{Lin}(\mathbf{a}_1, \ldots, \mathbf{a}_n). \tag{5.2}$$

Wie wir im Rahmen der Diskussion der linearen Erweiterung gesehen haben, ist eine lineare Abbildung $f \colon \mathbb{K}^n \to \mathbb{K}^m$ vollständig durch die Bilder einer Basis festgelegt. Daher erlaubt uns die obige Merkregel, einer linearen Abbildung $f \colon \mathbb{K}^n \to \mathbb{K}^m$ eindeutig eine $(m \times n)$-Matrix A_f so zuzuordnen, daß $f(\mathbf{x}) = A_f\mathbf{x}$ gilt für alle $\mathbf{x} \in \mathbb{K}^n$, nämlich

$$A_f := \begin{pmatrix} | & & | \\ f(\mathbf{e}_1) & \cdots & f(\mathbf{e}_n) \\ | & & | \end{pmatrix} \in \mathbb{K}^{m\times n}.$$

Nach Konstruktion gilt dann für lineare Abbildungen $f, g \colon \mathbb{K}^n \to \mathbb{K}^m$ und $\lambda \in \mathbb{K}$:

$$A_{f+g} = A_f + A_g \quad \text{und} \quad A_{\lambda f} = \lambda A_f.$$

Damit haben wir folgendes gezeigt.

Satz 5.3.2
Die Abbildung

$$\begin{aligned} \operatorname{Hom}(\mathbb{K}^n, \mathbb{K}^m) &\longrightarrow \mathbb{K}^{m\times n} \\ f &\longmapsto \begin{pmatrix} | & & | \\ f(\mathbf{e}_1) & \cdots & f(\mathbf{e}_n) \\ | & & | \end{pmatrix} \end{aligned}$$

ist ein Vektorraumisomorphismus, dessen inverse Abbildung durch

$$A \longmapsto \{\mathbb{K}^n \ni \mathbf{x} \mapsto A\mathbf{x} \in \mathbb{K}^m\}$$

gegeben ist. □

Wir wollen nun diese Überlegungen auf lineare Abbildungen $f: V \to W$ zwischen beliebigen endlich-dimensionalen Vektorräumen verallgemeinern. Wähle dazu Basen $(\mathbf{v}_1, \ldots, \mathbf{v}_n)$ von V und $(\mathbf{w}_1, \ldots, \mathbf{w}_m)$ von W. Bilde die $(m \times n)$-Matrix A, deren j-te Spalte der Vektor $f(\mathbf{v}_j)$, ausgedrückt mittels der Basis $(\mathbf{w}_1, \ldots, \mathbf{w}_m)$ ist:

$$A := \begin{pmatrix} | & & | \\ f(\mathbf{v}_1) & \cdots & f(\mathbf{v}_n) \\ | & & | \end{pmatrix}.$$

Mit anderen Worten, wir setzen $A := (a_{ij})$, wobei die $a_{ij} \in \mathbb{K}$ definiert sind durch

$$f(\mathbf{v}_j) = \sum_{i=1}^{m} a_{ij}\mathbf{w}_i, \quad j = 1, \ldots, n. \tag{5.3}$$

Beachten Sie den subtilen Unterschied mit der Formel für y_i auf S. 78.

Man sollte eher nicht versuchen, solche Formeln auswendig zu lernen. Wichtiger ist auch hier die Merkregel: Die Spalten der Matrix sind die Bilder der Basisvektoren – nur eben jetzt Bilder der Basisvektoren $\mathbf{v}_j$ statt die der kanonischen Basis des $\mathbb{K}^n$, und diese Bilder ausgedrückt mittels der Basis $(\mathbf{w}_1, \ldots, \mathbf{w}_m)$ des Bildraumes W anstelle der kanonischen Darstellung als Spaltenvektor im $\mathbb{K}^m$.

Die Matrix $A \in \mathbb{K}^{m \times n}$, die wir auf diese Weise aus einer linearen Abbildung $f: V \to W$ (mit $\dim V = n$ und $\dim W = m$) gewonnen haben, beschreibt nun wiederum eine lineare Abbildung $A: \mathbb{K}^n \to \mathbb{K}^m$ mit

$$A\mathbf{e}_j^{(n)} = \begin{pmatrix} a_{1j} \\ \vdots \\ a_{mj} \end{pmatrix} = \sum_{i=1}^{m} a_{ij}\mathbf{e}_i^{(m)}, \tag{5.4}$$

wobei zur besseren Unterscheidung die kanonischen Basisvektoren im $\mathbb{K}^n$ mit $\mathbf{e}_j^{(n)}$ und die im $\mathbb{K}^m$ mit $\mathbf{e}_i^{(m)}$ bezeichnet sind. Beachten Sie die formale Analogie mit der Formel (5.3) für $f(\mathbf{v}_j)$. Diese Analogie ist unmittelbar unserer Konstruktion geschuldet. Das Prinzip dieser Konstruktion wollen wir nun in einem Diagramm verdeutlichen.

Die Wahl einer Basis $(\mathbf{v}_1, \ldots, \mathbf{v}_n)$ von V erlaubt es uns, einen Isomorphismus $h: \mathbb{K}^n \to V$ zu definieren durch $h(\mathbf{e}_j^{(n)}) = \mathbf{v}_j$ und lineare Erweiterung. Analog haben wir den durch $k(\mathbf{e}_i^{(m)}) = \mathbf{w}_i$ definierten Isomorphismus $k: \mathbb{K}^m \to W$.

Notiz 5.3.3 Umgekehrt bestimmt ein Isomorphismus $h: \mathbb{K}^n \to V$ eine Basis $(\mathbf{v}_1, \ldots, \mathbf{v}_n)$ von V durch $\mathbf{v}_j := h(\mathbf{e}_j)$, $j = 1, \ldots, n$.

Durch Vergleich der Formeln (5.3) und (5.4) lesen wir die Identität $fh(\mathbf{e}_j) = kA(\mathbf{e}_j)$ ab. Da aber sowohl $f \circ h$ als auch $k \circ A$ lineare Abbildungen $\mathbb{K}^n \to W$ sind, impliziert diese

Identität auf Basisvektoren die Identität der Abbildungen:

$$f \circ h = k \circ A. \tag{5.5}$$

Da h und k Isomorphismen sind, läßt sich diese Identität auch als

$$A = k^{-1} \circ f \circ h$$

formulieren. Dies verdeutlicht, wie man ausgehend von der linearen Abbildung $f\colon V \to W$ durch Wahl von Basen von V und W und damit der entsprechenden Isomorphismen $h\colon \mathbb{K}^n \to V$ und $k\colon \mathbb{K}^m \to W$ zu der Matrix A gelangt, die eine Abbildung $\mathbb{K}^n \to \mathbb{K}^m$ definiert. Man nennt A die **Matrix von f bezüglich der Basen $(\mathbf{v}_1, \ldots, \mathbf{v}_n)$ und $(\mathbf{w}_1, \ldots, \mathbf{w}_m)$.**

Hier nun das versprochene Diagramm dazu:

$$\begin{array}{ccccccc}
\mathbf{v}_j & \in & V & \xrightarrow{\;f\;} & W & \ni & \sum_i a_{ij}\mathbf{w}_i \\
\uparrow & & h \uparrow \cong & & \cong \uparrow k & & \uparrow \\
\mathbf{e}_j & \in & \mathbb{K}^n & \xrightarrow{\;A\;} & \mathbb{K}^m & \ni & \sum_i a_{ij}\mathbf{e}_i
\end{array}$$

Die Identität (5.5) übersetzt sich in die Aussage, daß es keinen Unterschied macht, welchem Weg von Pfeilen man folgt, um von der linken unteren Ecke in diesem Diagramm zur rechten oberen Ecke zu gelangen. Ein Diagramm von Abbildungen mit dieser Eigenschaft, daß für jeden Weg von einem Definitionsbereich X zu einem Wertebereich Y die Komposition der den Wegen entsprechenden Abbildungen dieselbe Abbildung $X \to Y$ liefert, nennt man ein **kommutatives Diagramm.**

Kommutative Diagramme sind ein enorm nützliches visuelles Hilfsmittel, um Aussagen über Kompositionen von Abbildungen zu veranschaulichen und sich diese zu merken. Aus dem Diagramm lassen sich dann explizite Formeln bei Bedarf rekonstruieren, wie hier die Einträge der Matrix A.

Für die folgenden Beispiele reicht aber auch vollkommen unsere Merkregel: Die Spalten der Matrix A zur Abbildung $V \to W$ sind die Bilder der Basisvektoren von V, gelesen als Spaltenvektoren bezüglich der Basisvektoren von W.

Beispiele 5.3.4

(1) Sei $f\colon \mathcal{P}_3(\mathbb{R}) \to \mathcal{P}_2(\mathbb{R})$ die Ableitungsabbildung $p \mapsto p'$. Wir suchen die Matrix A von f bezüglich der Basen $(1, x, x^2, x^3)$ von $\mathcal{P}_3(\mathbb{R})$ bzw. $(1, x, x^2)$ von $\mathcal{P}_2(\mathbb{R})$. Es gilt

$$1 \mapsto 0, \quad x \mapsto 1, \quad x^2 \mapsto 2x, \quad x^3 \mapsto 3x^2,$$

und damit

$$A = \begin{pmatrix} 0 & 1 & 0 & 0 \\ 0 & 0 & 2 & 0 \\ 0 & 0 & 0 & 3 \end{pmatrix}.$$

(2) Die Basen im Fundamentallemma (Satz 5.2.6) liefern die Matrix $A = E_{(r)}^{m\times(r+k)} \in \mathbb{K}^{m\times(r+k)}$ mit den Einträgen $a_{ii} = 1$ für $i = 1, \dots, r$ und 0 sonst:

$$E_{(r)}^{m\times(r+k)} := \begin{array}{r} r \left\{ \begin{array}{c} \\ \\ \end{array} \right. \\ m-r \left\{ \begin{array}{c} \\ \\ \end{array} \right. \end{array} \underbrace{\left(\begin{array}{ccc|c} 1 & & & \\ & \ddots & & 0 \\ & & 1 & \\ \hline & 0 & & 0 \end{array}\right)}_{r+k}.$$

Aufgabe 5.3.5

Es sei $f \in \mathrm{Hom}(\mathcal{P}_3(\mathbb{R}), \mathcal{P}_2(\mathbb{R}))$ die durch Ableitungen definierte lineare Abbildung $f(p) = p' + p''$. Finden Sie Basen von $\mathcal{P}_3(\mathbb{R})$ und $\mathcal{P}_2(\mathbb{R})$, bezüglich welcher f die Matrixdarstellung

$$\begin{pmatrix} 1 & 0 & 0 & 0 \\ 0 & 1 & 0 & 0 \\ 0 & 0 & 1 & 0 \end{pmatrix}$$

hat. ◇

Aufgabe 5.3.6

Gegeben sei eine lineare Abbildung $f : V \to W$ endlich-dimensionaler Vektorräume, mit $\dim V = n$ und $\dim W = m$.

(a) Eine Basis $(\mathbf{w}_1, \dots, \mathbf{w}_m)$ von W sei bereits vorgegeben. Zeigen Sie, daß man eine Basis $(\mathbf{v}_1, \dots, \mathbf{v}_n)$ von V so wählen kann, daß für die Matrix $A = (a_{ij}) \in \mathbb{K}^{m\times n}$ von f bezüglich dieser Basen gilt:
$$a_{11} \in \{0, 1\}, \quad a_{12} = 0, \dots, a_{1n} = 0.$$

(b) Zeigen Sie, daß die folgenden Aussagen äquivalent sind:

   (i) $\operatorname{Rang} f = 1$.
   (ii) Man kann Basen von V und W so wählen, daß die Matrix A von f bezüglich dieser Basen alle Einträge gleich 1 hat. ◇

Notiz 5.3.7 Aus der Matrixdarstellung linearer Abbildungen zwischen endlich-dimensionalen $\mathbb{K}$-Vektorräumen V, W folgt insbesondere, daß

$$\dim \mathrm{Hom}(V, W) = \dim V \cdot \dim W.$$

5.4 Endomorphismen der euklidischen Ebene

Die theoretischen Überlegungen des vorangegangenen Abschnittes dürften sich weiter erhellen, wenn wir sie in einer konkreten Situation anwenden, und zwar auf Endomorphismen des $\mathbb{R}^2$. Insbesondere beantworten wir die Frage, welche dieser Endomorphismen längen- und winkeltreu sind. In Kap. 8 werden wir diese Frage auch in höheren Dimensionen diskutieren.

Wir beginnen mit der expliziten Beschreibung von drei Typen von linearen Abbildungen $\mathbb{R}^2 \to \mathbb{R}^2$: Drehungen, Spiegelungen und Orthogonalprojektionen. Daß es sich in allen drei Fällen um lineare Abbildungen handelt, kann man sich auf zweierlei Weise klarmachen. Zum einen kann man direkt argumentieren, indem man das Parallelogrammgesetz für die Vektoraddition benutzt und sich den Effekt dieser drei Typen von Abbildungen auf ein Parallelogramm ansieht; für die Skalarmultiplikation ist die Argumentation etwas einfacher.

Aufgabe 5.4.1
Führen Sie diese Argumentation explizit durch, aber warten Sie dafür die Beschreibung dieser Typen von Abbildungen ab. ◇

Alternativ, und das wird unser Zugang sein, wollen wir zunächst einmal die Linearität dieser Abbildungen unterstellen. Mit der Merkregel aus dem vorigen Abschnitt finden wir dann die Matrixdarstellung der jeweiligen Abbildung mit den Bildern von $\mathbf{e}_1$ und $\mathbf{e}_2$ als Spaltenvektoren. Man kann dann den Effekt dieser Matrix auf jeden beliebigen Vektor im $\mathbb{R}^2$ ausrechnen und wird feststellen, daß dies gleich dem Effekt der gewünschten Drehung, Spiegelung oder Orthogonalprojektion ist. Auch dies werde ich als Aufgabe überlassen.

(1) Drehung um einen Winkel α im Gegenuhrzeigersinn (der als der mathematisch positive Drehsinn angesehen wird); s. Abb. 5.2. Der Effekt dieser Drehung auf die Basisvektoren $\mathbf{e}_1, \mathbf{e}_2$ ist

$$\mathbf{e}_1 \longmapsto \begin{pmatrix} \cos\alpha \\ \sin\alpha \end{pmatrix} \quad \text{und} \quad \mathbf{e}_2 \longmapsto \begin{pmatrix} -\sin\alpha \\ \cos\alpha \end{pmatrix}.$$

Die darstellende Drehmatrix ist daher

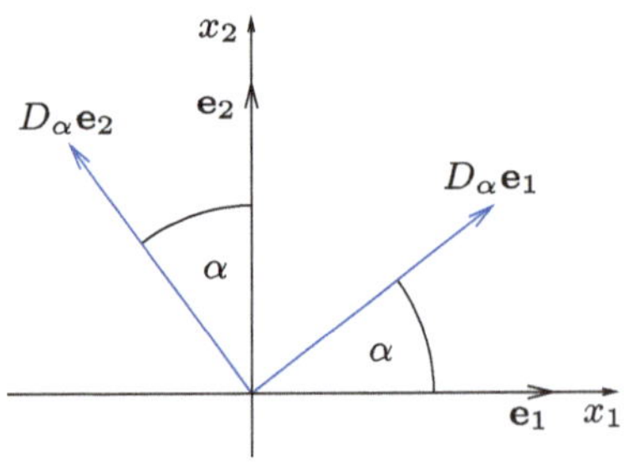

Abb. 5.2 Drehung um den Winkel α

$$D_\alpha = \begin{pmatrix} \cos\alpha & -\sin\alpha \\ \sin\alpha & \cos\alpha \end{pmatrix}.$$

Aufgabe 5.4.2

Berechnen Sie den Effekt der Matrix D_α auf den Vektor $\begin{pmatrix} r\cos\beta \\ r\sin\beta \end{pmatrix}$ um zu sehen, daß D_α tatsächlich die gewünschte Drehung beschreibt. Analog dürfen Sie sich das bei den Beispielen (2) und (3) unten überlegen. ◇

(2) Spiegelung an der Achse durch den Ursprung, die einen Winkel $\alpha/2$ mit der positiven x_1-Achse bildet; s. Abb. 5.3. Hier gilt

$$\mathbf{e}_1 \longmapsto \begin{pmatrix} \cos\alpha \\ \sin\alpha \end{pmatrix} \quad \text{und} \quad \mathbf{e}_2 \longmapsto \begin{pmatrix} \sin\alpha \\ -\cos\alpha \end{pmatrix},$$

also erhalten wir

$$S_\alpha = \begin{pmatrix} \cos\alpha & \sin\alpha \\ \sin\alpha & -\cos\alpha \end{pmatrix}$$

als Spiegelungsmatrix.

(3) Orthogonalprojektion auf die Ursprungsgerade

$$U = \left\{ \lambda \begin{pmatrix} \cos\alpha \\ \sin\alpha \end{pmatrix} : \lambda \in \mathbb{R} \right\} \subset \mathbb{R}^2;$$

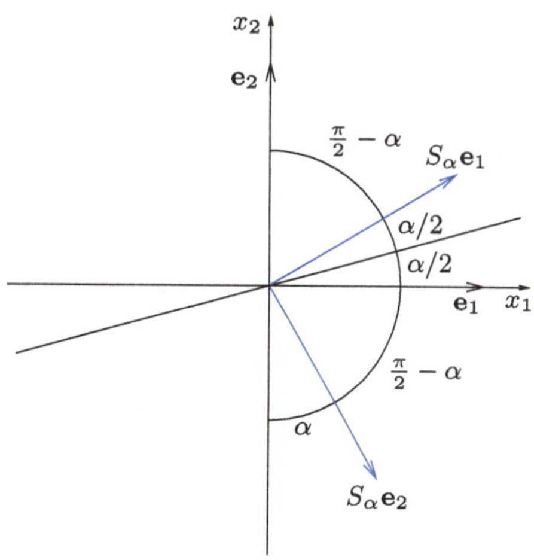

Abb. 5.3 Die Spiegelung S_α

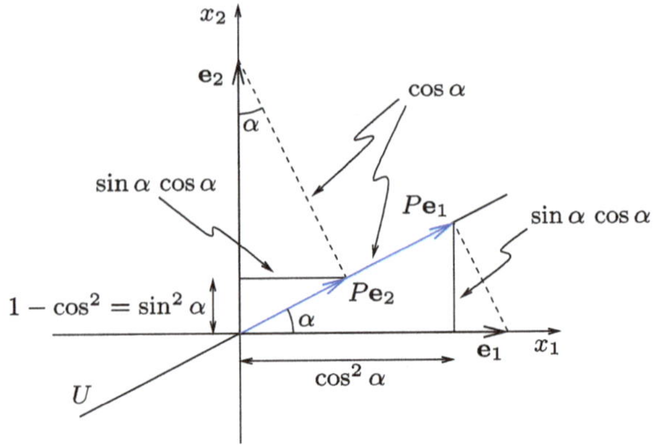

Abb. 5.4 Orthogonalprojektion auf U

s. Abb. 5.4. Die dort dargestellten Berechnungen liefern die Projektionsmatrix

$$P_\alpha = \begin{pmatrix} \cos^2\alpha & \sin\alpha\cos\alpha \\ \sin\alpha\cos\alpha & \sin^2\alpha \end{pmatrix}.$$

Aufgabe 5.4.3
Rechnen Sie nach, dass $P \circ P = P$ gilt. Dies ist die charakteristische Identität für Projektionen; s. Abschn. 10.1.2. Was bedeutet diese Identität geometrisch?
Bemerkung: Sobald wir die Matrixmultiplikation eingeführt haben, läßt sich die Abbildung $P \circ P$ leicht als Matrixprodukt ausrechnen; s. Aufgabe 6.1.7. Für die Aufgabe hier sollten Sie einfach das Bild von $\begin{pmatrix} x_1 \\ x_2 \end{pmatrix}$ unter den Abbildungen P und $P \circ P$ bestimmen. ◇

Wir haben nun hinreichende Methoden eingeführt, um einen ersten schönen geometrischen Klassifikationssatz zu beweisen.

Satz 5.4.4
Die Endomorphismen A des $\mathbb{R}^2$, *die das Skalarprodukt (s. Seite 5) erhalten, d. h.*

$$\langle A\mathbf{v}, A\mathbf{w}\rangle = \langle \mathbf{v}, \mathbf{w}\rangle \quad \textit{für alle } \mathbf{v}, \mathbf{w} \in \mathbb{R}^2,$$

sind genau die Drehungen und Spiegelungen.

Beweis Sei A ein Endomorphismus des $\mathbb{R}^2$, der das Skalarprodukt erhält. Ich behaupte, daß A die Länge von Vektoren und, bis auf das Vorzeichen, den Winkel zwischen zwei gegeben Vektoren erhält.

Für die Aussage über Längen rechnen wir

$$|A\mathbf{v}|^2 = \langle A\mathbf{v}, A\mathbf{v}\rangle = \langle \mathbf{v}, \mathbf{v}\rangle = |\mathbf{v}|^2.$$

Für die Aussage über Winkel verwenden wir die Identität (1.1) und vergleichen

$$\langle A\mathbf{v}, A\mathbf{w}\rangle = |A\mathbf{v}| \cdot |A\mathbf{w}| \cdot \cos\angle(A\mathbf{v}, A\mathbf{w})$$

mit

$$\langle \mathbf{v}, \mathbf{w}\rangle = |\mathbf{v}| \cdot |\mathbf{w}| \cdot \cos\angle(\mathbf{v}, \mathbf{w}).$$

Wegen $\langle A\mathbf{v}, A\mathbf{w}\rangle = \langle \mathbf{v}, \mathbf{w}\rangle$ ergibt sich hieraus (für $\mathbf{v}, \mathbf{w} \neq 0$)

$$\cos\angle(A\mathbf{v}, A\mathbf{w}) = \cos\angle(\mathbf{v}, \mathbf{w}).$$

Wenn wir den Winkel zwischen zwei Vektoren im $\mathbb{R}^2$ wie in Abschn. 1.3 als Element im Intervall $[0, \pi]$ auffassen, so ist dieser durch seinen Cosinus eindeutig bestimmt, es gilt also

$$\angle(A\mathbf{v}, A\mathbf{w}) = \angle(\mathbf{v}, \mathbf{w}).$$

In der Ebene können wir auch den positiven Drehsinn berücksichtigen, also den Winkel zwischen zwei Vektoren auffassen als Element in $(-\pi, \pi]$; das Vorzeichen des Winkels wird vom Cosinus aber nicht erkannt.

Wir folgern also $|A\mathbf{e}_1| = 1$, und damit

$$A\mathbf{e}_1 = \begin{pmatrix} \cos\alpha \\ \sin\alpha \end{pmatrix}$$

für ein geeignetes α. Wegen $|A\mathbf{e}_2| = 1$ und $A\mathbf{e}_2 \perp A\mathbf{e}_1$ folgt

$$A\mathbf{e}_2 = \pm \begin{pmatrix} -\sin\alpha \\ \cos\alpha \end{pmatrix}.$$

Damit haben wir gezeigt, daß A eine Drehung oder Spiegelung ist.

Ist umgekehrt A eine Drehung oder Spiegelung, so kann man die Identität $\langle A\mathbf{v}, A\mathbf{w}\rangle = \langle \mathbf{v}, \mathbf{w}\rangle$ direkt nachrechnen. Anschaulicher könnte man argumentieren, daß Drehungen und Spiegelungen längen- und winkeltreue Abbildungen sind, und daher wegen (1.1) auch das Skalarprodukt erhalten. □

Aufgabe 5.4.5

(a) Führen Sie die im letzten Paragraphen vorgeschlagene Rechnung aus.

(b) Zeigen Sie mit dem Kongruenzsatz SSS für Dreiecke [10, §§4 und 8] in der euklidischen Ebene, daß eine längentreue lineare Abbildung $\mathbb{R}^2 \to \mathbb{R}^2$ auch winkeltreu ist und damit das Skalarprodukt erhält. Die Verallgemeinerung dieser Aussage auf höhere Dimensionen werden wir in Abschn. 8.4 behandeln. ◇

Die Menge dieser Endomorphismen (oder der entsprechenden (2×2)-Matrizen) bilden eine Gruppe (Definition 3.3.3), die sogenannte **orthogonale Gruppe** $\mathrm{O}(2)$: Die Komposition von Abbildungen ist assoziativ, das Einselement ist $\mathrm{id}_{\mathbb{R}^2}$ bzw. die Einheitsmatrix D_0, das inverse Element einer Drehung D_α ist $D_{-\alpha}$, und das inverse Element einer Spiegelung ist die Spiegelung selbst.

Aufgabe 5.4.6

Zeigen Sie durch ein Beispiel, daß diese Gruppe nicht abelsch ist. ◇

Die orientierungstreuen orthogonalen Abbildungen des $\mathbb{R}^2$, d. h. jene Elemente von $\mathrm{O}(2)$, die auch den orientierten Winkel zwischen je zwei Vektoren erhalten, sind genau die Drehungen. Diese bilden eine Untergruppe, die sogenannte **spezielle orthogonale Gruppe**

$$\mathrm{SO}(2) = \{D_\alpha : \alpha \in \mathbb{R}/2\pi\mathbb{Z}\}.$$

Für die Notation $\mathbb{R}/2\pi\mathbb{Z}$ s. Abschn. 2.3. Der Begriff der **Untergruppe** ist ganz analog zu dem eines Unterkörpers oder Unterraumes: es handelt sich um die Teilmenge einer Gruppe, die das neutrale Element enthält, und die abgeschlossen ist bezüglich der Multiplikation und der Inversenbildung.

In Abschn. 8.4 werden wir allgemeiner die orthogonale Gruppe $\mathrm{O}(n)$ der längentreuen linearen Abbildungen des euklidischen Raumes $\mathbb{R}^n$ kennenlernen, sowie die Untergruppe $\mathrm{SO}(n)$ der Abbildungen, die auch die in Abschn. 7.4 definierte Orientierung des $\mathbb{R}^n$ erhalten.

Aufgabe 5.4.7

Zeigen Sie, daß die winkel- und orientierungstreuen Endomorphismen des $\mathbb{R}^2$ genau die Drehstreckungen sind, d. h. die Abbildungen der Form $r D_\alpha$ mit $r > 0$. ◇

Aufgabe 5.4.8

Unter der Identifikation von $\mathbb{C}$ mit $\mathbb{R}^2$ lassen sich die $\mathbb{R}$-linearen Abbildungen $\mathbb{C} \to \mathbb{C}$ durch reelle (2×2)-Matrizen beschreiben. Welche dieser Matrizen definieren eine $\mathbb{C}$-lineare Abbildung $\mathbb{C} \to \mathbb{C}$? ◇

Matrizenrechnung 6

Wie wir in Kap. 5 gesehen haben, muß man unterscheiden zwischen linearen Abbildungen $f\colon V \to W$ zwischen endlich-dimensionalen Vektorräumen und deren Matrixdarstellung, die von der Wahl von Basen von V und W abhängt. In Abschn. 6.3 werden wir studieren, wie sich Basiswechsel auf die darstellende Matrix auswirken.

Wenn wir allerdings Abbildungen $\mathbb{K}^n \to \mathbb{K}^m$ betrachten, so können wir uns darauf verständigen, diese bezüglich der kanonischen Basen $(\mathbf{e}_1, \dots, \mathbf{e}_n)$ und $(\mathbf{e}_1, \dots, \mathbf{e}_m)$ von $\mathbb{K}^n$ bzw. $\mathbb{K}^m$ als Matrix zu beschreiben. In diesem Fall wollen wir die Notation A sowohl für die Matrix $A \in \mathbb{K}^{m\times n}$ als auch für die dadurch definierte lineare Abbildung $A\colon \mathbb{K}^n \to \mathbb{K}^m$ verwenden.

In Kap. 5 hatten wir bereits gesehen, daß die Addition und Skalarmultiplikation von Matrizen der punktweisen Addition und Skalarmultiplikation der zugehörigen linearen Abbildungen entsprechen.

6.1 Multiplikation

Wir wollen nun eine Multiplikation von Matrizen definieren, die der Komposition der zugehörigen linearen Abbildungen entspricht. Seien

$$\mathbb{K}^p \xrightarrow{B} \mathbb{K}^n \xrightarrow{A} \mathbb{K}^m$$

lineare Abbildungen, beschrieben durch Matrizen

$$A = (a_{ij})_{\substack{i=1,\dots,m\\ j=1,\dots,n}} \in \mathbb{K}^{m\times n} \quad \text{and} \quad B = (b_{jk})_{\substack{j=1,\dots,n\\ k=1,\dots,p}} \in \mathbb{K}^{n\times p}.$$

H. Geiges, *Lineare Algebra und Geometrie I*, Mathematik Kompakt,
https://doi.org/10.1007/978-3-032-21683-0_6

Was ist die Matrix der Abbildung $A \circ B\colon \mathbb{K}^p \to \mathbb{K}^m$? Dazu schreiben wir

$$\mathbf{x} = \begin{pmatrix} x_1 \\ \vdots \\ x_p \end{pmatrix}, \quad \mathbf{y} = \begin{pmatrix} y_1 \\ \vdots \\ y_n \end{pmatrix}, \quad \mathbf{z} = \begin{pmatrix} z_1 \\ \vdots \\ z_m \end{pmatrix}.$$

Die Gleichung $\mathbf{y} = B\mathbf{x}$ übersetzt sich in Koordinaten (s. S. 78) in die Gleichungen

$$y_j = \sum_{k=1}^{p} b_{jk} x_k, \quad j = 1, \ldots, n;$$

die Gleichung $\mathbf{z} = A\mathbf{y}$ bedeutet

$$z_i = \sum_{j=1}^{n} a_{ij} y_j, \quad i = 1, \ldots, m.$$

Für $\mathbf{z} = A(B\mathbf{x})$ gilt also

$$z_i = \sum_{j=1}^{n} a_{ij} \sum_{k=1}^{p} b_{jk} x_k = \sum_{k=1}^{p} \Big(\sum_{j=1}^{n} a_{ij} b_{jk} \Big) x_k, \quad i = 1, \ldots, m.$$

Die Abbildung $A \circ B$ wird demnach beschrieben durch die Matrix

$$AB := \Big(\sum_{j=1}^{n} a_{ij} b_{jk} \Big)_{\substack{i=1,\ldots,m \\ k=1,\ldots,p}} \in \mathbb{K}^{m \times p}.$$

Dies bedeutet, daß sich das Produkt von Matrizen ganz analog zu der Wirkung einer Matrix auf einem Spaltenvektor berechnet. Der Eintrag c_{ik} von AB ist das „Skalarprodukt" der i-ten Zeile von A mit der k-ten Spalte von B, die beide Länge n haben:

$$\begin{pmatrix} a_{i1} \cdots a_{in} \end{pmatrix} \begin{pmatrix} b_{1k} \\ \vdots \\ b_{nk} \end{pmatrix} = \begin{pmatrix} c_{ik} \end{pmatrix}$$

mit

$$c_{ik} = \sum_{j=1}^{n} a_{ij} b_{jk}.$$

Graphisch kann man sich dieses Matrixprodukt

$$\begin{array}{ccc} \mathbb{K}^{m \times n} \times \mathbb{K}^{n \times p} & \longrightarrow & \mathbb{K}^{m \times p} \\ (A, B) & \longmapsto & AB \end{array}$$

noch besser merken, wenn man die Matrix A links von der Produktmatrix AB schreibt, und die Matrix B oberhalb der Produktmatrix. Die Matrix AB hat so viele Zeilen wie A und so viele Spalten wie B. Um den Eintrag c_{ik} in der i-ten Zeile und k-ten Spalte von AB zu berechnen, muß man das Produkt der links davon stehenden Zeile von A mit der darüber stehenden Spalte von B bilden:

$$\begin{array}{ccc} & & \begin{pmatrix} & b_{1k} & \\ & \vdots & \\ & b_{nk} & \end{pmatrix} \\ & & \downarrow \\ \begin{pmatrix} a_{i1} \cdots a_{in} \end{pmatrix} & \rightarrow & \begin{pmatrix} & c_{ik} & \end{pmatrix} \end{array}$$

Beachten Sie insbesondere, daß man ein Matrixprodukt AB nur dann bilden kann, wenn die Anzahl der Spalten von A mit der Anzahl der Zeilen von B übereinstimmt.

Wie schon bemerkt, ist die k-te Spalte der Produktmatrix AB das Ergebnis der Anwendung der Matrix A auf den k-ten Spaltenvektor von B, im Sinne von Kap. 5. Damit ergibt sich eine weitere Art, sich das Matrixprodukt zu merken. Schreibe die Spaltenvektoren von B als $\mathbf{b}_1, \ldots, \mathbf{b}_p \in \mathbb{K}^n$ (was hier nicht für Basiselemente stehen soll!); dann gilt

$$A \begin{pmatrix} | & & | \\ \mathbf{b}_1 & \cdots & \mathbf{b}_p \\ | & & | \end{pmatrix} = \begin{pmatrix} | & & | \\ A\mathbf{b}_1 & \cdots & A\mathbf{b}_p \\ | & & | \end{pmatrix}.$$

Aufgabe 6.1.1
Rechnen Sie nach, daß das Matrixprodukt assoziativ und distributiv ist, d. h.

$$\begin{aligned} (AB)C &= A(BC), \\ (A_1 + A_2)B &= A_1B + A_2B, \\ A(B_1 + B_2) &= AB_1 + AB_2. \end{aligned}$$

Hier ist natürlich unterstellt, daß die Matrizen die richtige Größe haben, um die entsprechenden Additionen oder Multiplikationen auszuführen, also $A, A_1, A_2 \in \mathbb{K}^{m\times n}$, $B, B_1, B_2 \in \mathbb{K}^{n\times p}$, und $C \in \mathbb{K}^{p\times q}$. ◇

Die Matrixmultiplikation auf $\mathbb{K}^{n\times n}$ ist für $n \geq 2$ weder kommutativ noch nullteilerfrei.

Beispiel 6.1.2
Für

$$A = \begin{pmatrix} 0 & 1 \\ 0 & 0 \end{pmatrix} \quad \text{und} \quad B = \begin{pmatrix} 1 & 0 \\ 0 & 0 \end{pmatrix}$$

gilt

$$AB = \begin{pmatrix} 0 & 0 \\ 0 & 0 \end{pmatrix} \quad \text{und} \quad BA = \begin{pmatrix} 0 & 1 \\ 0 & 0 \end{pmatrix}.$$

Die **Einheitsmatrix** $E = E_n \in \mathbb{K}^{n \times n}$ ist die Matrix, die auf der Diagonalen Einsen enthält und sonst nur Nullen:

$$E = E_n = \begin{pmatrix} 1 & & 0 \\ & \ddots & \\ 0 & & 1 \end{pmatrix}.$$

Diese Matrix beschreibt die identische Abbildung $\mathrm{id}\colon \mathbb{K}^n \to \mathbb{K}^n$. Für die Matrixmultiplikation auf $\mathbb{K}^{n \times n}$ ist E_n das Einselement (s. dazu auch Beispiel 6.1.6 unten). Daher ist $(\mathbb{K}^{n \times n}, +, \cdot)$ mit den Begrifflichkeiten aus Abschn. 3.3.1 ein Ring mit Einselement.

Aufgabe 6.1.3
Machen Sie sich klar, daß die Abbildung in Satz 5.3.2 für $m = n$ ein Ringisomorphismus ist. ◇

Aufgabe 6.1.4
Für eine komplexe Zahl $z = x + \mathrm{i}y \in \mathbb{C}$ bezeichne $\overline{z} := x - \mathrm{i}y$ die **komplex konjugierte** Zahl. Zeigen Sie, daß die Matrizen der Form

$$\begin{pmatrix} z & w \\ -\overline{w} & \overline{z} \end{pmatrix}$$

mit $z, w \in \mathbb{C}$ bezüglich der Matrizenaddition und -multiplikation alle Körperaxiome bis auf das Kommutativgesetz der Multiplikation erfüllen. (Es soll also auch explizit durch ein Beispiel gezeigt werden, daß das Kommutativgesetz der Multiplikation verletzt ist!) Man sagt: Diese Matrizen bilden einen **Schiefkörper.** ◇

Aufgabe 6.1.5
Finden Sie zwei Matrizen X, Y im Matrizenring $\mathbb{F}_2^{2 \times 2}$, die zusammen mit der Nullmatrix und der Einheitsmatrix einen Körper der Ordnung 4 konstituieren.
Hinweis: Notwendige Bedingungen an X und Y ergeben sich aus Aufgabe 3.3.12. ◇

Beim Rechnen mit Matrizen (und nicht nur dort) ist das **Kroneckersymbol**

$$\delta_{ij} := \begin{cases} 1 & \text{für } i = j, \\ 0 & \text{für } i \neq j \end{cases}$$

eine nützliche Notation.

Beispiel 6.1.6
Die $(n \times n)$-Einheitsmatrix ist

$$E_n = (\delta_{ij})_{i,j=1,\dots,n}.$$

Für $A \in \mathbb{K}^{m \times n}$ rechnen wir dann

$$(E_m A)_{ik} = \sum_{j=1}^{m} \delta_{ij} a_{jk} = a_{ik}$$

und

$$(A E_n)_{ik} = \sum_{j=1}^{n} a_{ij} \delta_{jk} = a_{ik},$$

d.h. $E_m A = A$ und $A E_n = A$.

Aufgabe 6.1.7
Wir betrachten die Dreh-, Spiegelungs- und Projektionsmatrizen aus Abschn. 5.4.

(a) Berechnen Sie die Matrixprodukte

$$D_\alpha D_\beta, \quad D_\alpha S_\beta, \quad S_\beta D_\alpha \quad \text{und} \quad S_\alpha S_\beta,$$

und schreiben Sie das Ergebnis wieder als Dreh- oder Spiegelungsmatrix.
(b) Zeigen Sie, daß das Matrixprodukt $P^2 := PP$ gleich P ist. ◇

Aufgabe 6.1.8
Es seien $A, B \in \mathbb{K}^{n \times n}$ Matrizen, die der Gleichung $AB - BA = E$ genügen. Zeigen Sie, daß für jedes $m \in \mathbb{N}$ die Identität $A^m B - BA^m = mA^{m-1}$ gilt. ◇

6.2 Invertierbare Matrizen

Die durch eine Matrix $A \in \mathbb{K}^{m \times n}$ definierte lineare Abbildung $\mathbb{K}^n \to \mathbb{K}^m$ kann für $m \neq n$ nach Notiz 5.2.13 niemals ein Isomorphismus sein. Für $m = n$ – man spricht dann von **quadratischen Matrizen** – ist es hingegen eine interessante Frage, z. B. im Zusammenhang mit der Lösbarkeit von linearen Gleichungssystemen, unter welchen Kriterien die Invertierbarkeit gewährleistet ist.

Definition 6.2.1

Eine quadratische Matrix $A \in \mathbb{K}^{n \times n}$ heißt **invertierbar,** falls die zugehörige lineare Abbildung $\mathbb{K}^n \to \mathbb{K}^n$ invertierbar ist. Die Matrix der Umkehrabbildung wird dann die zu A **inverse Matrix** genannt und mit A^{-1} bezeichnet. ◂

Lemma 6.2.2
Für $A, B \in \mathbb{K}^{n\times n}$ gelten die folgenden Aussagen:

(i) *Ist B Rechtsinverses zu A, so auch Linksinverses, und umgekehrt, und dann gleich der inversen Matrix im obigen Sinne, d. h. wir haben die folgenden Äquivalenzen:*

$$AB = E_n \iff BA = E_n \iff A \text{ ist invertierbar mit } A^{-1} = B.$$

(ii) *Ist A invertierbar, so auch A^{-1}, und es gilt $(A^{-1})^{-1} = A$.*

(iii) *Sind A und B invertierbar, so auch AB, und es gilt $(AB)^{-1} = B^{-1}A^{-1}$.*

Beweis Die Aussagen (ii) und (iii) folgen durch Betrachtung der zugehörigen linearen Abbildungen:

$$\mathbb{K}^n \underset{B^{-1}}{\overset{B}{\rightleftarrows}} \mathbb{K}^n \underset{A^{-1}}{\overset{A}{\rightleftarrows}} \mathbb{K}^n.$$

Zu (i) bemerken wir zunächst, daß aus der Invertierbarkeit von A mit inverser Matrix B offensichtlich die beiden ersten Bedingungen (Rechts- bzw. Linksinverses) folgen.

Sei nun angenommen, daß $AB = E$ gilt. Dann ist die Abbildung $A\colon \mathbb{K}^n \to \mathbb{K}^n$ surjektiv, denn für $\mathbf{y} \in \mathbb{K}^n$ gilt $A(B\mathbf{y}) = E\mathbf{y} = \mathbf{y}$. Nach Satz 5.2.11 ist dann A sogar bijektiv, also existiert A^{-1}. Es folgt

$$B = A^{-1}AB = A^{-1}E = A^{-1},$$

und damit auch $BA = E$.

Aus $BA = E$ folgt die Injektivität von A; der Rest des Argumentes ist dann vollkommen analog. □

Beispiel 6.2.3
Für eine Matrix

$$A = \begin{pmatrix} a & b \\ c & d \end{pmatrix} \in \mathbb{K}^{2\times 2}$$

rechnen wir

$$\begin{pmatrix} a & b \\ c & d \end{pmatrix} \begin{pmatrix} d & -b \\ -c & a \end{pmatrix} = \begin{pmatrix} ad - bc & 0 \\ 0 & ad - bc \end{pmatrix}.$$

Dies bedeutet, daß A für $\det A := ad - bc \neq 0$ invertierbar ist, mit inverser Matrix

$$A^{-1} = \frac{1}{\det A} \begin{pmatrix} d & -b \\ -c & a \end{pmatrix}.$$

Hier ist $\det A$ die Determinante, die wir bereits in den Abschn. 1.5 und 1.6 kennengelernt haben. Falls dagegen $\det A = 0$ gilt, so gilt entweder $a = c = 0$, oder

$$\begin{pmatrix} b \\ d \end{pmatrix} = \lambda \begin{pmatrix} a \\ c \end{pmatrix}$$

mit $\lambda = b/a$, falls $a \neq 0$, oder $\lambda = d/c$, falls $c \neq 0$. Beachten Sie, daß für $\det A = 0$ im Falle $a, c \neq 0$ die Identität $b/a = d/c$ gilt.
Für $\det A = 0$ sind die beiden Spalten der Matrix A demnach linear abhängig, was bedeutet, daß der Rang der Abbildung $A\colon \mathbb{K}^2 \to \mathbb{K}^2$ höchstens 1 ist. Damit ist A nicht invertierbar.

Die invertierbaren $(n \times n)$-Matrizen über einem Körper $\mathbb{K}$ bilden eine Gruppe unter der Matrixmultiplikation, die sogenannte **allgemeine lineare Gruppe** $\mathrm{GL}(n, \mathbb{K})$ (engl. *general linear group*).

Aufgabe 6.2.4
Eine quadratische Matrix $N \in \mathbb{K}^{n\times n}$ heißt **nilpotent,** falls $N^m = 0$ für ein $m \in \mathbb{N}$.

(a) Zeigen Sie, daß die Matrix

$$N = \begin{pmatrix} 0 & 1 & 0 & \cdots & 0 \\ \vdots & \ddots & \ddots & \ddots & \vdots \\ \vdots & & \ddots & \ddots & 0 \\ \vdots & & & \ddots & 1 \\ 0 & \cdots & \cdots & \cdots & 0 \end{pmatrix}$$

in $\mathbb{K}^{n\times n}$ nilpotent ist. Berechnen Sie dazu explizit N^k für $k = 2, \dots, n$.

(b) Es sei $N \in \mathbb{K}^{n\times n}$ eine nilpotente Matrix. Zeigen Sie, daß $E - N$, wobei E die Einheitsmatrix in $\mathbb{K}^{n\times n}$ bezeichnet, invertierbar ist, indem Sie eine explizite Formel für $(E - N)^{-1}$ als geeignete Linearkombination von Potenzen von N (einschließlich $N^0 := E$) angeben.

(c) Berechnen Sie für $a \in \mathbb{K}$ die Inverse der Matrix

$$\begin{pmatrix} 1 & a & a^2 & \cdots & a^{n-1} \\ 0 & \ddots & \ddots & \ddots & \vdots \\ \vdots & \ddots & \ddots & \ddots & a^2 \\ \vdots & & \ddots & \ddots & a \\ 0 & \cdots & \cdots & 0 & 1 \end{pmatrix} \in \mathbb{K}^{n\times n}.$$

◇

6.3 Basistransformation

Sei $f\colon V \to W$ eine lineare Abbildung, $\dim V = n$, $\dim W = m$, und $A \in \mathbb{K}^{m\times n}$ die Matrixdarstellung von f bezüglich Basen $(\mathbf{v}_1, \dots, \mathbf{v}_n)$, $(\mathbf{w}_1, \dots, \mathbf{w}_m)$ von V bzw. W wie in Abschn. 5.3 beschrieben, d. h. wir haben ein kommutatives Diagramm

$$\begin{array}{ccc} V & \xrightarrow{\quad f \quad} & W \\ h\Big\uparrow\cong & & \cong\Big\uparrow k \\ \mathbb{K}^n & \xrightarrow{\quad A \quad} & \mathbb{K}^m \end{array}$$

mit $h(\mathbf{e}_j) = \mathbf{v}_j$ und $k(\mathbf{e}_i) = \mathbf{w}_i$.

Die Frage, die wir in diesem Abschnitt beantworten wollen, lautet: Wie ändert sich die zu f gehörige Matrix, wenn man zu anderen Basen $(\tilde{\mathbf{v}}_1, \ldots, \tilde{\mathbf{v}}_n)$, $(\tilde{\mathbf{w}}_1, \ldots, \tilde{\mathbf{w}}_m)$ von V bzw. W übergeht?

Dazu betrachten wir das folgende Diagramm, mit noch zu definierenden quadratischen Matrizen $S \in \mathbb{K}^{m\times m}$, $T \in \mathbb{K}^{n\times n}$, und den dadurch definierten linearen Abbildungen:

$$\begin{array}{ccccccc} V & \xrightarrow{\ \mathrm{id}_V\ } & V & \xrightarrow{\quad f \quad} & W & \xleftarrow{\ \mathrm{id}_W\ } & W \\ \tilde{h}\Big\uparrow & & h\Big\uparrow & & \Big\uparrow k & & \Big\uparrow \tilde{k} \\ \mathbb{K}^n & \overset{T}{\cdots\cdots\to} & \mathbb{K}^n & \xrightarrow{\quad A \quad} & \mathbb{K}^m & \overset{S}{\leftarrow\cdots\cdots} & \mathbb{K}^m. \end{array}$$

Wir wollen S und T so definieren, daß dieses Diagramm kommutiert; dieser „Arbeitsauftrag" wird durch die gepunkteten Pfeile symbolisiert. Betrachten wir dazu das Quadrat von Abbildungen auf der rechten Seite. Der Vektor $\mathbf{e}_i \in \mathbb{K}^m$ bildet unter $\tilde{k}$ auf $\tilde{\mathbf{w}}_i \in W$ ab, und dann weiter auf $\tilde{\mathbf{w}}_i$ unter id_W. Auf dem alternativen Weg bildet $\mathbf{e}_i$ zunächst unter S auf die i-te Spalte

$$\begin{pmatrix} s_{1i} \\ \vdots \\ s_{mi} \end{pmatrix}$$

von S ab (wieder unsere Merkregel!), und dann unter k auf $s_{1i}\mathbf{w}_1 + \cdots + s_{mi}\mathbf{w}_m$. Die zu erfüllende Gleichung, damit die gewünschte Identität $\mathrm{id}_W \circ \tilde{k} = k \circ S$ gilt, ist demnach

$$\tilde{\mathbf{w}}_i = s_{1i}\mathbf{w}_1 + \cdots + s_{mi}\mathbf{w}_m.$$

Daher setzen wir

$S :=$ $(m \times m)$-Matrix mit i-ter Spalte gegeben durch den Vektor $\tilde{\mathbf{w}}_i$ ausgedrückt in der alten Basis $(\mathbf{w}_1, \ldots, \mathbf{w}_m)$,

und vollkommen analog

$T :=$ $(n \times n)$-Matrix mit j-ter Spalte gegeben durch den Vektor $\tilde{\mathbf{v}}_j$ ausgedrückt in der alten Basis $(\mathbf{v}_1, \ldots, \mathbf{v}_n)$.

Notiz 6.3.1 Die quadratischen Matrizen S, T sind invertierbar. Dies erkennt man unmittelbar daran, daß diese Matrizen die identische Abbildung eines Vektorraumes beschreiben (bezüglich verschiedener Basen im Definitions- bzw. Wertebereich).

Aufgabe 6.3.2
Alternativ kann man die Aussage der Notiz explizit mit Matrizen nachrechnen. Sei $S = (s_{ij}) \in \mathbb{K}^{m \times m}$ wie oben definiert, und $\widetilde{S} = (\tilde{s}_{ij}) \in \mathbb{K}^{m \times m}$ die Matrix, deren j-te Spalte gegeben ist durch $\mathbf{w}_j$ ausgedrückt in der neuen Basis $(\tilde{\mathbf{w}}_1, \ldots, \tilde{\mathbf{w}}_m)$. Rechnen Sie dann nach, daß $S\widetilde{S} = E$, indem Sie $\mathbf{w}_j$ zunächst in den neuen Basisvektoren ausdrücken, und diese dann wieder als Linearkombination in der alten Basis schreiben. ◇

Mit dieser Wahl wird das Diagramm kommutativ, was bedeutet, daß die Matrixdarstellung von $f = \mathrm{id}_W \circ f \circ \mathrm{id}_V$ bezüglich der neuen Basen gegen ist durch

$$\widetilde{A} = S^{-1} A T.$$

Für einen Endomorphismus $f\colon V \to V$ wählt man in der Regel dieselbe Basis $(\mathbf{v}_1, \ldots, \mathbf{v}_n)$ von V als Definitionsbereich und von V als Wertebereich, um eine Matrixdarstellung A zu erhalten. Beim Übergang zu einer neuen Basis $(\tilde{\mathbf{v}}_1, \ldots, \tilde{\mathbf{v}}_n)$ von V ist die darstellende Matrix dann gegeben durch

$$\widetilde{A} = T^{-1} A T.$$

Beispiel 6.3.3
Sei $f\colon \mathbb{R}^2 \to \mathbb{R}^2$ der Endomorphismus

$$\begin{pmatrix} x_1 \\ x_2 \end{pmatrix} \longmapsto \begin{pmatrix} -x_2 \\ x_1 \end{pmatrix}.$$

Bezüglich der kanonischen Basis

$$\mathbf{v}_1 = \begin{pmatrix} 1 \\ 0 \end{pmatrix}, \quad \mathbf{v}_2 = \begin{pmatrix} 0 \\ 1 \end{pmatrix}$$

wird f beschrieben durch die Matrix

$$A = \begin{pmatrix} 0 & -1 \\ 1 & 0 \end{pmatrix},$$

mit den Spalten gegeben durch $f(\mathbf{v}_1)$, $f(\mathbf{v}_2)$, ausgedrückt in der Basis $\mathbf{v}_1, \mathbf{v}_2$.
Nun betrachten wir die neue Basis

$$\tilde{\mathbf{v}}_1 = \begin{pmatrix} 1 \\ 2 \end{pmatrix}, \quad \tilde{\mathbf{v}}_2 = \begin{pmatrix} 3 \\ 5 \end{pmatrix}.$$

Nach unseren Überlegungen sollte T die Matrix sein, deren j-te Spalte der Vektor $\tilde{\mathbf{v}}_j$ ist, ausgedrückt mittels der Basis $(\mathbf{v}_1, \mathbf{v}_2)$:

$$T = \begin{pmatrix} 1 & 3 \\ 2 & 5 \end{pmatrix}.$$

Es gilt $\det T = 1 \cdot 5 - 2 \cdot 3 = -1$, und damit

$$T^{-1} = \begin{pmatrix} -5 & 3 \\ 2 & -1 \end{pmatrix}$$

nach Beispiel 6.2.3. An dieser Stelle kann man als Probe $TT^{-1} = E$ nachrechnen.
Wir wollen aber auch die Probe machen, ob diese Matrix T^{-1} unserem Konstruktionsprinzip entspricht, daß also die j-te Spalte gleich $\mathbf{v}_j$ ausgedrückt mittels $(\tilde{\mathbf{v}}_1, \tilde{\mathbf{v}}_2)$ ist. In der Tat,

$$-5\tilde{\mathbf{v}}_1 + 2\tilde{\mathbf{v}}_2 = \begin{pmatrix} -5+6 \\ -10+10 \end{pmatrix} = \begin{pmatrix} 1 \\ 0 \end{pmatrix} = \mathbf{v}_1,$$

und

$$3\tilde{\mathbf{v}}_1 - \tilde{\mathbf{v}}_2 = \begin{pmatrix} 3-3 \\ 6-5 \end{pmatrix} = \begin{pmatrix} 0 \\ 1 \end{pmatrix} = \mathbf{v}_2.$$

Die Matrix $\widetilde{A}$ von f bezüglich $(\tilde{\mathbf{v}}_1, \tilde{\mathbf{v}}_2)$ ist dann

$$\widetilde{A} = T^{-1}AT = \begin{pmatrix} 13 & 34 \\ -5 & -13 \end{pmatrix},$$

was Sie einmal nachrechnen sollten.
Auch hier machen wir die Probe. Die Spalten von $\widetilde{A}$ sollten die Bilder $f(\tilde{\mathbf{v}}_1)$, $f(\tilde{\mathbf{v}}_2)$ sein, ausgedrückt mittels der Basis $(\tilde{\mathbf{v}}_1, \tilde{\mathbf{v}}_2)$. In der Tat,

$$13\tilde{\mathbf{v}}_1 - 5\tilde{\mathbf{v}}_2 = \begin{pmatrix} -2 \\ 1 \end{pmatrix} = f(\tilde{\mathbf{v}}_1),$$

und

$$34\tilde{\mathbf{v}}_1 - 13\tilde{\mathbf{v}}_2 = \begin{pmatrix} -5 \\ 3 \end{pmatrix} = f(\tilde{\mathbf{v}}_2).$$

Aufgabe 6.3.4
Eine lineare Abbildung $f\colon \mathbb{R}^3 \to \mathbb{R}^2$ sei bezüglich der kanonischen Basen im $\mathbb{R}^3$ und $\mathbb{R}^2$ durch die Matrix

$$\begin{pmatrix} 1 & 2 & 0 \\ 0 & 3 & 1 \end{pmatrix}$$

beschrieben.

(a) Geben Sie die zu f gehörige Matrix bezüglich der neuen Basis

$$\begin{pmatrix} 2 \\ 1 \\ 0 \end{pmatrix}, \begin{pmatrix} 5 \\ 0 \\ 3 \end{pmatrix}, \begin{pmatrix} 0 \\ 4 \\ 4 \end{pmatrix}$$

des $\mathbb{R}^3$ und der kanonischen Basis des $\mathbb{R}^2$ an.

(b) Geben Sie die zu f gehörige Matrix bezüglich der kanonischen Basis des $\mathbb{R}^3$ und der neuen Basis

$$\begin{pmatrix} 2 \\ 1 \end{pmatrix}, \begin{pmatrix} 1 \\ 1 \end{pmatrix}$$

des $\mathbb{R}^2$ an.

Am besten, Sie lösen dies sowohl mit der Merkregel als auch durch Bestimmen der Transformationsmatrizen. ◇

Notiz 6.3.5 Wichtig ist auch die Frage, wie sich die Darstellung eines Vektors $\mathbf{v} \in V$ als Spaltenvektor $\tilde{\mathbf{x}} \in \mathbb{K}^n$ bezüglich der neuen Basis $(\tilde{\mathbf{v}}_1, \ldots, \tilde{\mathbf{v}}_n)$ errechnet aus der Darstellung als Spaltenvektor $\mathbf{x} \in \mathbb{K}^n$ bezüglich der alten Basis $(\mathbf{v}_1, \ldots, \mathbf{v}_n)$. Dazu betrachten wir zunächst den in der Praxis am häufigsten auftretenden Fall. In einer Aufgabe behandeln wir dann beispielhaft die allgemeine Situation.

Sei also angenommen, daß wir ausgehend vom $\mathbb{K}^n$ mit der kanonischen Basis $(\mathbf{e}_1, \ldots, \mathbf{e}_n)$ eine neue Basis einführen. Dies entspricht dem Diagramm

$$\begin{array}{ccc} \mathbb{K}^n & \xrightarrow{\mathrm{id}_{\mathbb{K}^n}} & \mathbb{K}^n \\ \tilde{h} \uparrow & & \uparrow h = \mathrm{id}_{\mathbb{K}^n} \\ \mathbb{K}^n & \xrightarrow{T} & \mathbb{K}^n. \end{array}$$

Für die Kommutativität dieses Diagramms muß offensichtlich $T = \tilde{h}$ gelten, d. h. $\mathbf{x} = T\tilde{\mathbf{x}}$. Dann sind die Bedingungen $\mathbf{v} = h(\mathbf{x}) = \mathbf{x}$ und $\mathbf{v} = \tilde{h}(\tilde{\mathbf{x}})$ simultan erfüllt. Beachten Sie, daß andererseits $T\mathbf{e}_j = \tilde{h}(\mathbf{e}_j) = \tilde{\mathbf{v}}_j$ gilt für $j = 1, \ldots, n$.

Diese Beobachtung ist insbesondere dann nützlich, wenn man im $\mathbb{K}^n$ eine gleichungsdefinierte Teilmenge betrachtet, wie z. B. die Lösungsmenge einer quadratischen Gleichung; s. Abschn. 10.3.1. Die Gleichung in den neuen Koordinaten erhält man dann einfach dadurch, daß man $\mathbf{x}$ durch $T\tilde{\mathbf{x}}$ substituiert.

Aufgabe 6.3.6
Im $\mathbb{R}^3$ betrachten wir die Basen

$$\mathcal{B}\colon\ \mathbf{b}_1 = \begin{pmatrix}1\\1\\1\end{pmatrix},\quad \mathbf{b}_2 = \begin{pmatrix}1\\2\\2\end{pmatrix},\quad \mathbf{b}_3 = \begin{pmatrix}1\\2\\3\end{pmatrix},$$

und

$$\tilde{\mathcal{B}}\colon\ \tilde{\mathbf{b}}_1 = \begin{pmatrix}2\\5\\0\end{pmatrix},\quad \tilde{\mathbf{b}}_2 = \begin{pmatrix}1\\3\\0\end{pmatrix},\quad \tilde{\mathbf{b}}_3 = \begin{pmatrix}0\\0\\1\end{pmatrix}.$$

Sei $\mathbf{v}_{\mathcal{B}}$ die Spaltendarstellung eines Vektors $\mathbf{v} \in \mathbb{R}^3$ bezüglich der Basis $\mathcal{B}$, d. h. für

$$\mathbf{v} = \lambda_1\mathbf{b}_1 + \lambda_2\mathbf{b}_2 + \lambda_3\mathbf{b}_3$$

gilt

$$\mathbf{v}_{\mathcal{B}} = \begin{pmatrix}\lambda_1\\\lambda_2\\\lambda_3\end{pmatrix}.$$

Analog definieren wir $\mathbf{v}_{\tilde{\mathcal{B}}}$. Bestimmen Sie die Matrix $B \in \mathbb{R}^{3\times 3}$, die diese Spaltendarstellungen ineinander transformiert, d. h. $B\mathbf{v}_{\mathcal{B}} = \mathbf{v}_{\tilde{\mathcal{B}}}$ für alle $\mathbf{v} \in \mathbb{R}^3$. ◇

Das Verhalten von Matrizen unter Basistransformationen motiviert die folgenden Definitionen, wobei die etablierte Terminologie in meinen Augen nicht so ganz glücklich gewählt ist.

Definition 6.3.7

Zwei Matrizen $A, B \in \mathbb{K}^{m\times n}$ heißen **äquivalent,** falls es invertierbare Matrizen $S \in \mathbb{K}^{m\times m}$ und $T \in \mathbb{K}^{n\times n}$ gibt, so daß $B = S^{-1}AT$.
Zwei quadratische Matrizen $A, B \in \mathbb{K}^{n\times n}$ heißen **ähnlich,** falls es eine invertierbare Matrix $T \in \mathbb{K}^{n\times n}$ gibt, so daß $B = T^{-1}AT$. ◀

Zwei Matrizen, die den gleichen Homomorphismus bzw. Endomorphismus bezüglich verschiedener Basen darstellen, sind also äquivalent bzw. ähnlich. Aufgrund der folgenden Notiz gilt auch die Umkehrung dieser Aussage.

Notiz 6.3.8 Jede invertierbare Matrix $T \in \mathbb{K}^{n\times n}$ definiert eine Basistransformation eines n-dimensionalen Vektorraumes V mit einer durch $h\colon \mathbb{K}^n \to V$ gegebenen Basis. Die neue Basis ist durch den Isomorphismus $\tilde{h} := h \circ T$ definiert, der das folgende Diagramm kommutativ macht:

$$\begin{array}{ccc} V & \xrightarrow{\ \mathrm{id}_V\ } & V \\ {\scriptstyle \tilde{h}}\uparrow & & \uparrow{\scriptstyle h} \\ \mathbb{K}^n & \xrightarrow{\ T\ } & \mathbb{K}^n. \end{array}$$

Aufgabe 6.3.9
Zeigen Sie, daß Äquivalenz und Ähnlichkeit von Matrizen Äquivalenzrelationen auf $\mathbb{K}^{m\times n}$ bzw. $\mathbb{K}^{n\times n}$ sind. ◇

Aufgabe 6.3.10
Es sei V ein n-dimensionaler $\mathbb{K}$-Vektorraum, $n \in \mathbb{N}$, und $f \in \mathrm{End}(V)$. Zeigen Sie: Wird f bezüglich jeder Basis von V durch dieselbe Matrix $A \in \mathbb{K}^{n\times n}$ dargestellt, d. h. $A = h^{-1}fh$ für jeden Isomorphismus $h\colon \mathbb{K}^n \to V$, so gibt es ein $\lambda \in \mathbb{K}$ mit $f = \lambda\,\mathrm{id}_V$ (und $A = \lambda E_n$). ◇

6.4 Zeilenrang = Spaltenrang

Sei $A \in \mathbb{K}^{m\times n}$ eine Matrix mit Spaltenvektoren $\mathbf{a}_1, \ldots, \mathbf{a}_n \in \mathbb{K}^m$,

$$A = \begin{pmatrix} | & & | \\ \mathbf{a}_1 & \cdots & \mathbf{a}_n \\ | & & | \end{pmatrix}.$$

Als Abbildung $A\colon\ \mathbb{K}^n \to \mathbb{K}^m$ besitzt diese Matrix einen **Rang** (Definition 5.2.7), nämlich die Dimension des Bildes von A. Da die Spaltenvektoren die Bilder der Basisvektoren $\mathbf{e}_1, \ldots, \mathbf{e}_n$ des $\mathbb{K}^n$ unter der Abbildung A sind, gilt

$$\operatorname{Bild} A = \operatorname{Lin}(\mathbf{a}_1, \ldots, \mathbf{a}_n).$$

Der Rang kann daher auch interpretiert werden als die Maximalzahl linear unabhängiger Spalten von A, was wir den **Spaltenrang** von A nennen wollen.

Ganz analog können wir den **Zeilenrang** von A definieren als die Maximalzahl linear unabhängiger Zeilen. Die Spalten sind n Vektoren im $\mathbb{K}^m$, wohingegen die Zeilen m Vektoren im $\mathbb{K}^n$ sind. Es gibt keinen offensichtlichen Grund, warum beide Tupel von Vektoren die gleiche Maximalzahl von linear unabhängigen Vektoren enthalten sollten, aber genau diese Aussage aus der Überschrift dieses Abschnittes wollen wir beweisen.

Notiz 6.4.1 Ist A die Matrixdarstellung einer linearen Abbildung $f\colon\ V \to W$ bezüglich gewisser Basen von V und W, so gilt $\operatorname{Rang} A = \operatorname{Rang} f$. Dazu betrachten wir wieder einmal das kommutative Diagramm

$$\begin{array}{ccc} V & \xrightarrow{\ f\ } & W \\ {\scriptstyle h}\uparrow & & \uparrow{\scriptstyle k} \\ \mathbb{K}^n & \xrightarrow{\ A\ } & \mathbb{K}^m, \end{array}$$

in dem h und k die durch die Basiswahl definierten Isomorphismen sind. Wir wollen zeigen, daß

$$k|_{\operatorname{Bild} A}\colon\ \operatorname{Bild} A \longrightarrow \operatorname{Bild} f$$

ein Isomorphismus ist.

Zu $\mathbf{y} \in \operatorname{Bild} A$ gibt es ein $\mathbf{x} \in \mathbb{K}^n$ mit $\mathbf{y} = A\mathbf{x}$. Es folgt

$$k(\mathbf{y}) = kA(\mathbf{x}) = fh(\mathbf{y}) \in \operatorname{Bild} f,$$

also $k(\operatorname{Bild} A) \subset \operatorname{Bild} f$.

Zu $\mathbf{w} \in \operatorname{Bild} f$ gibt es ein $\mathbf{v} \in V$ mit

$$\mathbf{w} = f(\mathbf{v}) = kAh^{-1}(\mathbf{v}) \in k(\text{Bild } A),$$

also Bild $f \subset k(\text{Bild } A)$.

Damit gilt Bild $f = k(\text{Bild } A)$, und da k injektiv ist, ist $k|_{\text{Bild } A}$ wie behauptet ein Isomorphismus auf Bild f. Damit haben diese Bilder die gleiche Dimension.

Nach dem Fundamentallemma (Satz 5.2.6) ist $A \in \mathbb{K}^{m\times n}$ äquivalent zu

$$E^{m\times n}_{(r)} := \begin{matrix} r\left\{\vphantom{\begin{matrix}1\\ \ddots \\ 1\end{matrix}}\right. \\ m-r\left\{\vphantom{\begin{matrix}0\\0\end{matrix}}\right. \end{matrix} \underbrace{\left(\begin{array}{c|c} \begin{matrix}1 & & \\ & \ddots & \\ & & 1\end{matrix} & 0 \\ \hline 0 & 0 \end{array}\right)}_{n} \in \mathbb{K}^{m\times n},$$

wobei r die Dimension des Bildes von A, also gleich dem Spaltenrang ist.

Lemma 6.4.2 (Rangsatz)
Zwei Matrizen $A, B \in \mathbb{K}^{m\times n}$ sind äquivalent genau dann, wenn sie den gleichen Spaltenrang haben.

Beweis Sind A und B äquivalent, so stellen sie nach unseren Überlegungen auf S. 100 denselben Homomorphismus $f\colon V \to W$ bezüglich verschiedener Basen dar. Damit ist der Spaltenrang beider Matrizen gleich Rang f.

Umgekehrt, falls A und B den gleichen Spaltenrang r haben, so gibt es nach der Vorbemerkung Transformationsmatrizen $S_1, S_2 \in \mathrm{GL}(m, \mathbb{K})$ und $T_1, T_2 \in \mathrm{GL}(n, \mathbb{K})$, so daß

$$S_1^{-1}AT_1 = E^{m\times n}_{(r)} = S_2^{-1}BT_2.$$

Mit $S := S_1S_2^{-1}$ und $T := T_1T_2^{-1}$ folgt

$$S^{-1}AT = S_2S_1^{-1}AT_1T_2^{-1} = S_2E^{m\times n}_{(r)}T_2^{-1} = B,$$

d.h. A und B sind äquivalent. □

Um die Gleichheit von Spaltenrang und Zeilenrang zu beweisen, betrachten wir zu einer gegebenen Matrix diejenige Matrix, die wir durch Vertauschen der Rolle von Spalten und Zeilen erhalten.

Definition 6.4.3

Die zu $A = (a_{ij}) \in \mathbb{K}^{m\times n}$ **transponierte Matrix** $A^{\mathrm{t}} \in \mathbb{K}^{n\times m}$ ist die Matrix mit den Einträgen

$$(A^{\mathrm{t}})_{ji} = a_{ij},$$

d. h. der Eintrag von A^{t} in der j-ten Zeile und i-ten Spalte ist definiert als der Eintrag von A in der i-ten Zeile und j-ten Spalte. ◄

So gilt zum Beispiel

$$\begin{pmatrix} 1 & 2 & 3 \\ 4 & 5 & 6 \end{pmatrix}^{\mathrm{t}} = \begin{pmatrix} 1 & 4 \\ 2 & 5 \\ 3 & 6 \end{pmatrix}.$$

Lemma 6.4.4
Für $A \in \mathbb{K}^{m\times n}$ und $B \in \mathbb{K}^{n\times p}$ gilt

$$(AB)^{\mathrm{t}} = B^{\mathrm{t}} A^{\mathrm{t}} \in \mathbb{K}^{p\times m}.$$

Insbesondere gilt für $A \in \mathrm{GL}(n, \mathbb{K})$

$$(A^{-1})^{\mathrm{t}} = (A^{\mathrm{t}})^{-1}.$$

Beweis Wir rechnen

$$\left((AB)^{\mathrm{t}}\right)_{ki} = (AB)_{ik} = \sum_{j=1}^{n} a_{ij} b_{jk} = \sum_{j=1}^{n} (B^{\mathrm{t}})_{kj} (A^{\mathrm{t}})_{ji} = (B^{\mathrm{t}} A^{\mathrm{t}})_{ki}.$$

Die zweite Aussage folgt durch Einsetzen von $B = A^{-1}$. □

Offensichtlich ist der Spaltenrang von A^{t} gleich dem Zeilenrang von A. Daher folgt die Aussage in der Überschrift dieses Abschnittes aus dem folgenden Lemma.

Lemma 6.4.5
Für $A \in \mathbb{K}^{m\times n}$ ist der Spaltenrang von A^{t} gleich dem Spaltenrang von A.

Beweis Schreibe r für den Spaltenrang von A. Dann ist A äquivalent zu $E^{m\times n}_{(r)}$, d. h. es existieren $S \in \mathrm{GL}(m, \mathbb{K})$ und $T \in \mathrm{GL}(n, \mathbb{K})$, so daß $S^{-1}AT = E^{m\times n}_{(r)}$. Durch Transponieren folgt

$$T^{\mathrm{t}} A^{\mathrm{t}} (S^{-1})^{\mathrm{t}} = \left(E^{m\times n}_{(r)}\right)^{\mathrm{t}} = E^{n\times m}_{(r)}.$$

Nach dem Rangsatz bedeutet dies, daß der Spaltenrang von A^{t} gleich dem von $E^{n\times m}_{(r)}$, also gleich r ist. □

Ab jetzt werden wir nur noch vom Rang einer Matrix sprechen und nicht zwischen Zeilen- oder Spaltenrang unterscheiden.

6.5 Rangbestimmung

Nach Notiz 6.4.1 ist der Rang einer linearen Abbildung $f\colon V \to W$ (wobei $\dim V = n$ und $\dim W = m$) gleich dem Rang der Matrix $A \in \mathbb{K}^{m\times n}$, die die Abbildung f bezüglich beliebig gewählter Basen von V und W darstellt. Daher ist es nützlich, ein Verfahren zur Rangbestimmung von Matrizen zu haben, das sich auch numerisch umsetzen läßt. Darüber hinaus ist das Verfahren zur Rangbestimmung, das wir in diesem Abschnitt diskutieren wollen, auch relevant beim Lösen linearer Gleichungssysteme.

Definition 6.5.1

Elementare Spaltenumformungen von $A \in \mathbb{K}^{m\times n}$ sind

(1) Vertauschen zweier Spalten;
(2) Multiplikation einer Spalte mit $\lambda \in \mathbb{K}^*$;
(3) Addition des λ-fachen einer Spalte, $\lambda \in \mathbb{K}$, zu einer anderen Spalte. ◀

Vollkommen analog definiert man **elementare Zeilenumformungen.**

Satz 6.5.2
Bei elementaren Spalten- und Zeilenumformungen ändert sich der Rang einer Matrix nicht.

Beweis Für die Aussage über elementare Spaltenumformungen schreiben wir A als

$$A = \begin{pmatrix} | & & | \\ \mathbf{a}_1 & \cdots & \mathbf{a}_n \\ | & & | \end{pmatrix} \quad \text{mit } \mathbf{a}_j \in \mathbb{K}^m,\ j = 1, \ldots, n.$$

Es gilt Rang $A = \dim \operatorname{Lin}(\mathbf{a}_1, \ldots, \mathbf{a}_n)$, und die Aussage über die Invarianz des Ranges folgt aus der Beobachtung, daß sich diese lineare Hülle unter elementaren Spaltenumformungen nicht ändert:

(1) $\operatorname{Lin}(\ldots, \mathbf{a}_j, \ldots, \mathbf{a}_k, \ldots) = \operatorname{Lin}(\ldots, \mathbf{a}_k, \ldots, \mathbf{a}_j, \ldots)$,
(2) $\operatorname{Lin}(\ldots, \lambda\mathbf{a}_j, \ldots) = \operatorname{Lin}(\ldots, \mathbf{a}_j, \ldots)$ für $\lambda \neq 0$,
(3) $\operatorname{Lin}(\ldots, \mathbf{a}_j + \lambda\mathbf{a}_k, \ldots, \mathbf{a}_k, \ldots) = \operatorname{Lin}(\ldots, \mathbf{a}_j, \ldots, \mathbf{a}_k, \ldots)$.

Die Aussage über elementare Zeilenumformungen folgt mit Rang A = Rang A^{t}. □

Anstatt mühsam einen Algorithmus für die Rangbestimmung zu formulieren, bei dem wir uns allenfalls gemeinsam in einem Wald von Indizes verlaufen würden, diskutieren wir anhand eines Beispieles, wie man eine gegebene Matrix $A \in \mathbb{K}^{m\times n}$ durch elementare Spalten- und Zeilenumformungen in eine Matrix der Form $E^{m\times n}_{(r)}$ umwandeln kann, an der wir dann den Rang r ablesen. Das Beispiel enthält alle Verfahrensschritte, die Sie in der allgemeinen Situation benötigen werden.

Beispiel 6.5.3
Wir betrachten die Matrix

$$A = \begin{pmatrix} 2 & -6 & 4 & 8 \\ 3 & -9 & 3 & 6 \\ -2 & 6 & -3 & -6 \end{pmatrix} \in \mathbb{R}^{3\times 4}.$$

Hier gilt $a_{11} \neq 0$; Teilen der ersten Zeile durch a_{11} ergibt

$$\begin{pmatrix} 1 & -3 & 2 & 4 \\ 3 & -9 & 3 & 6 \\ -2 & 6 & -3 & -6 \end{pmatrix}.$$

Ab jetzt schreiben wir a_{ij} stets für den Eintrag in der i-ten Zeile und j-ten Spalte der *aktuellen* Matrix, nicht der ursprünglichen Matrix A.
Subtrahiere a_{i1} · erste Zeile von der i-ten Zeile für $i \geq 2$:

$$\begin{pmatrix} 1 & -3 & 2 & 4 \\ 0 & 0 & -3 & -6 \\ 0 & 0 & 1 & 2 \end{pmatrix}$$

Subtrahiere a_{1j} · erste Spalte von der j-ten Spalte für $j \geq 2$:

$$\begin{pmatrix} 1 & 0 & 0 & 0 \\ 0 & 0 & -3 & -6 \\ 0 & 0 & 1 & 2 \end{pmatrix}$$

Um das Verfahren fortzusetzen, vertauschen wir Spalten oder Zeilen so, daß $a_{22} \neq 0$ (oder der Algorithmus bricht hier ab). Im konkreten Fall vertauschen wir die zweite und dritte Spalte:

$$\begin{pmatrix} 1 & 0 & 0 & 0 \\ 0 & -3 & 0 & -6 \\ 0 & 1 & 0 & 2 \end{pmatrix}$$

Durch Wiederholen dieser Schritte erhalten wir

$$\begin{pmatrix} 1 & 0 & 0 & 0 \\ 0 & 1 & 0 & 2 \\ 0 & 1 & 0 & 2 \end{pmatrix}, \quad \begin{pmatrix} 1 & 0 & 0 & 0 \\ 0 & 1 & 0 & 2 \\ 0 & 0 & 0 & 0 \end{pmatrix}, \quad \begin{pmatrix} 1 & 0 & 0 & 0 \\ 0 & 1 & 0 & 0 \\ 0 & 0 & 0 & 0 \end{pmatrix},$$

woran wir $\operatorname{Rang} A = 2$ ablesen.

In der konkreten Situation kann es sinnvoll sein, durch zusätzliches Vertauschen von Spalten oder Zeilen die Rechnungen zu vereinfachen, wenn zum Beispiel zwar $a_{ii} \neq 0$ gilt, aber an einer anderen Stelle a_{ij} oder a_{ji} für $j > i$ schon eine 1 steht.

Aufgabe 6.5.4
Bestimmen Sie den Rang der reellen Matrix

$$\begin{pmatrix} 2 & 5 & 7 & 3 & 3 \\ 3 & 6 & 6 & 3 & 3 \\ 2 & 4 & 4 & 2 & 3 \\ 1 & 3 & 5 & 2 & 3 \end{pmatrix}.$$

◇

Aufgabe 6.5.5
Es sei $(\mathbf{v}_1, \mathbf{v}_2, \mathbf{v}_3, \mathbf{v}_4)$ ein linear unabhängiges 4-Tupel von Vektoren in einem reellen Vektorraum V. Wir definieren Vektoren $\mathbf{w}_1, \mathbf{w}_2, \mathbf{w}_3 \in V$ durch

$$\begin{aligned} \mathbf{w}_1 &= \mathbf{v}_1 + 2\mathbf{v}_2 + \mathbf{v}_3 - \mathbf{v}_4, \\ \mathbf{w}_2 &= 2\mathbf{v}_1 + \mathbf{v}_2 + 3\mathbf{v}_3 + 2\mathbf{v}_4, \\ \mathbf{w}_3 &= 4\mathbf{v}_1 - 2\mathbf{v}_2 + \mathbf{v}_4. \end{aligned}$$

Ist das 3-Tupel $(\mathbf{w}_1, \mathbf{w}_2, \mathbf{w}_3)$ linear unabhängig? Führen Sie die Frage auf die Rangbestimmung einer Matrix zurück. ◇

6.6 Wie invertiert man eine quadratische Matrix?

Nach dem Beweis von Lemma 6.2.2, oder direkt mit Satz 5.2.11, ist eine Matrix $A \in \mathbb{K}^{n\times n}$ invertierbar genau dann, wenn $\operatorname{Rang} A = n$. Der vorangehende Abschnitt liefert ein algorithmisches Verfahren zur Rangbestimmung, und damit zur Klärung der Frage, ob eine gegebene quadratische Matrix invertierbar ist. Der Algorithmus liefert aber nicht die inverse Matrix.

In Kap. 7 werden wir sehen, daß man mit der Determinante, die wir für (2×2)-Matrizen schon in Abschn. 1.6 kennengelernt haben, nicht nur die Invertierbarkeit feststellen, sondern auch Formeln für die inverse Matrix angeben kann. Auch dies haben wir für (2×2)-Matrizen bereits in Beispiel 6.2.3 gesehen. Allerdings sind diese Formeln eher von theoretischem Interesse, da sie in der numerischen Umsetzung zu großen Ungenauigkeiten führen.

In diesem Abschnitt beschreiben wir ein algorithmisches Verfahren zur Bestimmung von A^{-1}, das sich auch numerisch einfach umsetzten läßt. Falls A nicht invertierbar ist, bricht das Verfahren vorzeitig ab. Dazu beginnen wir mit zwei Beobachtungen.

(1) Für $A, B, C \in \mathbb{K}^{n\times n}$ gelte die Gleichung $AB = C$. Überführt man A und C durch die *gleichen* elementaren Zeilenumformungen in die Matrizen A' bzw. C', so gilt auch $A'B = C'$.

Betrachten Sie dazu noch einmal genau die Definition des Matrixproduktes. Dort hatten wir gesehen, daß die Einträge in der i-ten Zeile von C durch die Multiplikation der i-ten Zeile von A mit den Spalten von B berechnet werden. Vertauscht man also zwei Zeilen von A, so vertauschen sich auch die entsprechenden Zeilen im Produkt AB; analog gilt das für die beiden anderen elementaren Zeilenumformungen.

(2) Erhält man die Einheitsmatrix $E = E_n$ aus A durch elementare Zeilenumformungen, so ergeben die gleichen Zeilenumformungen angewandt auf E die inverse Matrix A^{-1}.

In der Tat, nach (1) kommt man von der Gleichung $AA^{-1} = E$ zu einer gültigen Gleichung $A'A^{-1} = E'$, wenn A' und E' durch die gleichen Zeilenumformungen aus A bzw. E entstehen. Falls wir $A' = E$ erreichen können, so gilt $E' = A^{-1}$.

Wir benötigen also einen Algorithmus, der eine gegebene Matrix $A \in \mathbb{K}^{n\times n}$, falls A invertierbar ist, allein durch elementare Zeilenumformungen in die Einheitsmatrix transformiert. Da wir jetzt nur Zeilenumformungen verwenden dürfen, müssen wir anders vorgehen als bei der Rangbestimmung in Abschn. 6.5, aber das Verfahren ist ähnlich. Falls es vorzeitig abbricht, liefert es allerdings i. a. nur die Information Rang $A < n$.

Wie im Algorithmus zur Rangbestimmung bezeichnet a_{ij} stets den Eintrag in der i-ten Zeile und j-ten Spalte der aktuellen Matrix, nicht der ursprünglichen Matrix A.

Schritt 1: (i) Falls die erste Spalte von A identisch 0 ist, so gilt Rang $A < n$, und A ist nicht invertierbar. Andernfalls erreicht man durch Vertauschen von Zeilen, daß $a_{11} \neq 0$.

(ii) Teile die erste Zeile durch a_{11}, um $a_{11} = 1$ zu erhalten.

(iii) Ziehe Vielfache der ersten Zeile von den anderen Zeilen ab, so daß wir die Matrix

$$\begin{pmatrix} 1 & & \\ 0 & & \\ \vdots & * & \\ 0 & & \end{pmatrix}$$

erhalten.

Schritt 2: (i) Falls die zweite Spalte von der Gestalt

$$\begin{pmatrix} * \\ 0 \\ \vdots \\ 0 \end{pmatrix}$$

ist, so ist diese ein Vielfaches der ersten Spalte, also Rang $A < n$, und das Verfahren bricht ab. Andernfalls vertausche die Zeilen 2 bis n, um $a_{22} \neq 0$ zu erhalten.

(ii) Transformiere weiter wie im ersten Schritt (auch durch Abziehen eines geeigneten Vielfachen der zweiten Zeile von der ersten Zeile) zu der Matrix

$$\begin{pmatrix} 1 & 0 & & \\ 0 & 1 & & \\ \vdots & 0 & & * \\ \vdots & \vdots & & \\ 0 & 0 & & \end{pmatrix}.$$

Dann iteriere dieses Verfahren mit den weiteren Spalten, bis es abbricht oder die Einheitsmatrix liefert.

Beispiel 6.6.1

$$A = \begin{pmatrix} 1 & 1 & 4 \\ 1 & 2 & 1 \\ 1 & 1 & 5 \end{pmatrix}, \qquad \begin{pmatrix} 1 & 0 & 0 \\ 0 & 1 & 0 \\ 0 & 0 & 1 \end{pmatrix}$$

$$\begin{pmatrix} 1 & 1 & 4 \\ 0 & 1 & -3 \\ 0 & 0 & 1 \end{pmatrix}, \qquad \begin{pmatrix} 1 & 0 & 0 \\ -1 & 1 & 0 \\ -1 & 0 & 1 \end{pmatrix}$$

$$\begin{pmatrix} 1 & 0 & 7 \\ 0 & 1 & -3 \\ 0 & 0 & 1 \end{pmatrix}, \qquad \begin{pmatrix} 2 & -1 & 0 \\ -1 & 1 & 0 \\ -1 & 0 & 1 \end{pmatrix}$$

$$\begin{pmatrix} 1 & 0 & 0 \\ 0 & 1 & 0 \\ 0 & 0 & 1 \end{pmatrix}, \qquad \begin{pmatrix} 9 & -1 & -7 \\ -4 & 1 & 3 \\ -1 & 0 & 1 \end{pmatrix} = A^{-1}.$$

Aufgabe 6.6.2
Machen Sie die Probe, daß bei der Multiplikation von A mit der behaupteten inversen Matrix A^{-1} tatsächlich die Einheitsmatrix herauskommt. ◇

Beispiel 6.6.3
Angewandt auf die Matrix

$$\begin{pmatrix} 1 & 1 & 4 \\ 1 & 2 & 1 \\ 3 & 5 & 6 \end{pmatrix}$$

liefert die Algorithmus in zwei Schritten

$$\begin{pmatrix} 1 & 1 & 4 \\ 0 & 1 & -3 \\ 0 & 2 & -6 \end{pmatrix}, \quad \begin{pmatrix} 1 & 0 & 7 \\ 0 & 1 & -3 \\ 0 & 0 & 0 \end{pmatrix}.$$

Hieran lesen wir Rang $= 2$ ab; die Matrix ist nicht invertierbar.

Aufgabe 6.6.4
Zeigen Sie, daß die folgende reelle Matrix invertierbar ist, und bestimmen Sie die inverse Matrix:

$$\begin{pmatrix} 1 & 2 & 4 & 1 \\ 2 & 6 & 10 & 4 \\ 2 & 5 & 11 & 7 \\ 1 & 3 & 7 & 8 \end{pmatrix}.$$

◇

6.7 Lineare Gleichungssysteme

Wir schreiben ein lineares Gleichungssystem

$$\begin{cases} a_{11}x_1 + \cdots + a_{1n}x_n &= b_1 \\ \qquad\vdots & \vdots \\ a_{m1}x_1 + \cdots + a_{mn}x_n &= b_m \end{cases}$$

aus m Gleichungen in n Unbekannten in der Form

$$A\mathbf{x} = \mathbf{b}$$

mit

$$A = (a_{ij}) \in \mathbb{K}^{m \times n}, \quad \mathbf{x} = \begin{pmatrix} x_1 \\ \vdots \\ x_n \end{pmatrix} \in \mathbb{K}^n, \quad \mathbf{b} = \begin{pmatrix} b_1 \\ \vdots \\ b_m \end{pmatrix} \in \mathbb{K}^m,$$

wobei die x_j zunächst die Variablen sind, aber als Lösungen in $\mathbb{K}$ gesucht werden.

Die Gleichung

$$A\mathbf{x} = 0$$

heißt das zugehörige **homogene** Gleichungssystem.

Wir schreiben

$$\text{Lös}(A, \mathbf{b}) := \{\mathbf{x} \in \mathbb{K}^n : \; A\mathbf{x} = \mathbf{b}\}$$

für die Lösungsmenge des (**inhomogenen**) Gleichungssystems. Hier sind die Fragen, die wir in diesem Abschnitt beantworten wollen.

> Wann existiert eine Lösung, d. h. wann ist $\text{Lös}(A, \mathbf{b}) \neq \emptyset$?
> Welche algebraische Struktur haben die Lösungsmengen
> $\text{Lös}(A, \mathbf{b})$ und $\text{Lös}(A, 0)$?

Außerdem wollen wir ein algorithmisches Verfahren zum Auffinden der Lösungen beschreiben.

6.7.1 Die Struktur der Lösungsmenge

Bevor wir uns mit der allgemeinen Situation beschäftigen, schauen wir noch einmal genauer und unter Verwendung der inzwischen entwickelten Terminologie auf das Beispiel eines Systems aus zwei Gleichungen in zwei Unbekannten aus Abschn. 1.5, allerdings nun über einem beliebigen Körper $\mathbb{K}$.

Beispiel 6.7.1
Für das System

$$A\begin{pmatrix} x \\ y \end{pmatrix} = \begin{pmatrix} e \\ f \end{pmatrix} \quad \text{mit} \quad A = \begin{pmatrix} a & b \\ c & d \end{pmatrix} \in \mathbb{K}^{2\times 2}$$

können wir die folgenden Fälle unterscheiden.
(o) Falls a, b, c, d alle gleich 0 sind, so gilt $\text{Lös}(A, 0) = \mathbb{K}^2$, und $\text{Lös}(A, (e, f)^{\mathrm{t}}) = \emptyset$ für $(e, f) \neq (0, 0)$.
(i) Falls $\det A = ad - bc \neq 0$, so ist A nach Beispiel 6.2.3 invertierbar mit inverser Matrix

$$A^{-1} = \frac{1}{\det A}\begin{pmatrix} d & -b \\ -c & a \end{pmatrix},$$

und wir können das Gleichungssystem explizit lösen durch Multiplizieren beider Seiten der Gleichung mit A^{-1}:

$$\text{Lös}(A, (e, f)^{\mathrm{t}}) = \left\{A^{-1}\begin{pmatrix} e \\ f \end{pmatrix}\right\}, \quad \text{Lös}(A, 0) = \{0\}.$$

(ii) Falls $\det A = 0$, aber a, b, c, d nicht alle gleich 0 sind, dürfen wir o. E. annehmen, daß $a \neq 0$; gegebenenfalls vertausche man die beiden Gleichungen oder die Rolle von x und y. Das Gleichungssystem ist dann äquivalent zu

$$\begin{cases} x + \frac{b}{a}y = \frac{e}{a} \\ cx + dy = f, \end{cases}$$

und weiter zu

$$\begin{cases} x + \frac{b}{a}y = \frac{e}{a} \\ \left(d - \frac{cb}{a}\right)y = f - \frac{ce}{a}. \end{cases}$$

Wir beobachten, daß

$$d - \frac{cb}{a} = \frac{\det A}{a} = 0.$$

Daher gilt:
(ii-a) Falls $f - ce/a \neq 0$, so gibt es keine Lösung.
(ii-b) Falls $f - ce/a = 0$, so reduziert sich das System auf die erste Gleichung, und wir lesen ab:

- Eine spezielle Lösung ist gegeben durch

$$\begin{pmatrix} x_0 \\ y_0 \end{pmatrix} = \begin{pmatrix} e/a \\ 0 \end{pmatrix}.$$

- Zur Lösung der homogenen Gleichung ($e = f = 0$) kann man y beliebig als $\lambda \in \mathbb{K}$ wählen; x ist dann festgelegt. Es ergibt sich

$$\text{Lös}(A, 0) = \left\{ \lambda \begin{pmatrix} -b/a \\ 1 \end{pmatrix} : \lambda \in \mathbb{K} \right\}.$$

- Mit $y = \lambda$ folgt im inhomogenen System die Gleichung

$$x = \frac{e}{a} - \lambda \frac{b}{a}.$$

  Dies bedeutet, daß

$$\text{Lös}(A, (e, f)^{\text{t}}) = \begin{pmatrix} x_0 \\ y_0 \end{pmatrix} + \text{Lös}(A, 0).$$

Kehren wir nun zurück zur allgemeinen Situation. Wir definieren die erweiterte Matrix

$$(A, \mathbf{b}) := \begin{pmatrix} a_{11} & \cdots & a_{1n} & b_1 \\ \vdots & & \vdots & \vdots \\ a_{m1} & \cdots & a_{mn} & b_m \end{pmatrix} \in \mathbb{K}^{m \times (n+1)}.$$

Satz 6.7.2
Das Gleichungssystem $A\mathbf{x} = \mathbf{b}$ *ist lösbar genau dann, wenn* $\text{Rang}\, A = \text{Rang}(A, \mathbf{b})$.

Beweis Wir schreiben A als

$$\begin{pmatrix} | & & | \\ \mathbf{a}_1 & \cdots & \mathbf{a}_n \\ | & & | \end{pmatrix} \quad \text{mit } \mathbf{a}_1, \ldots, \mathbf{a}_n \in \mathbb{K}^m.$$

Nach (5.2) ist das Bild der Abbildung $A\colon \mathbb{K}^n \to \mathbb{K}^m$ gleich der linearen Hülle der Spaltenvektoren. Damit haben wir die folgenden Äquivalenzen:

$$\begin{aligned} &\exists\, \mathbf{x} \in \mathbb{K}^n :\ A\mathbf{x} = \mathbf{b} \\ \Leftrightarrow\ &\mathbf{b} \in \operatorname{Lin}(\mathbf{a}_1, \dots, \mathbf{a}_n) \\ \Leftrightarrow\ &\operatorname{Lin}(\mathbf{a}_1, \dots, \mathbf{a}_n) = \operatorname{Lin}(\mathbf{a}_1, \dots, \mathbf{a}_n, \mathbf{b}) \\ \Leftrightarrow\ &\dim \operatorname{Lin}(\mathbf{a}_1, \dots, \mathbf{a}_n) = \dim \operatorname{Lin}(\mathbf{a}_1, \dots, \mathbf{a}_n, \mathbf{b}) \\ \Leftrightarrow\ &\operatorname{Rang} A = \operatorname{Rang}(A, \mathbf{b}), \end{aligned}$$

wobei wir für die vorletzte Äquivalenz (genauer: die Richtung $\Leftarrow$) Notiz 4.2.9 verwenden. □

Hier ist die erste Strukturaussage: Die Lösungen des homogenen Gleichungssystems bilden einen Vektorraum.

Satz 6.7.3
$\text{Lös}(A, 0) \subset \mathbb{K}^n$ *ist ein Unterraum der Dimension* $n - \operatorname{Rang} A$ *(man sagt auch: der* **Kodimension** $\operatorname{Rang} A$*).*

Beweis Wenn wir A als Abbildung $\mathbb{K}^n \to \mathbb{K}^m$ auffassen, so gilt $\text{Lös}(A, 0) = \operatorname{Kern} A \subset \mathbb{K}^n$, was nach Aufgabe 5.2.2 ein Unterraum ist. Für die Dimension dieses Unterraumes gilt die Dimensionsformel (Satz 5.2.8)

$$\dim \operatorname{Kern} A + \operatorname{Rang} A = \dim \mathbb{K}^n = n,$$

also $\dim \text{Lös}(A, 0) = n - \operatorname{Rang} A$. □

Die zweite Strukturaussage betrifft die Lösungen des inhomogenen Systems. Falls es überhaupt eine Lösung $\mathbf{x}_0 \in \mathbb{K}^n$ gibt (was wir mit Satz 6.7.2 entscheiden können), so läßt sich jede andere Lösung als Summe von $\mathbf{x}_0$ und einer Lösung des homogenen Systems schreiben.

Satz 6.7.4
Falls $\mathbf{x}_0$ *eine Lösung von* $A\mathbf{x} = \mathbf{b}$ *ist, so gilt*

$$\text{Lös}(A, \mathbf{b}) = \mathbf{x}_0 + \text{Lös}(A, 0).$$

Beweis Wir zeigen zunächst die Inklusion $\subset$ der linken in der rechten Seite. Für $\mathbf{x} \in \text{Lös}(A, \mathbf{b})$ gilt

$$A(\mathbf{x} - \mathbf{x}_0) = \mathbf{b} - \mathbf{b} = 0;$$

dies bedeutet

$$\mathbf{x} = \mathbf{x}_0 + (\mathbf{x} - \mathbf{x}_0) \in \mathbf{x}_0 + \text{Lös}(A, 0).$$

Für die umgekehrte Inklusion $\supset$ betrachten wir ein $\mathbf{x} = \mathbf{x}_0 + \mathbf{u}$ mit $\mathbf{u} \in \text{Lös}(A, 0)$. Hier gilt

$$A\mathbf{x} = A(\mathbf{x}_0 + \mathbf{u}) = \mathbf{b} + 0 = \mathbf{b},$$

also $\mathbf{x} \in \text{Lös}(A, \mathbf{b})$. □

Den Räumen, die als Lösungsmengen von inhomogenen linearen Gleichungssystemen auftreten, wollen wir einen eigenen Namen geben.

Definition 6.7.5

Sind V ein Vektorraum, $U \subset V$ ein Unterraum und $\mathbf{x}_0 \in V$, so heißt die Menge

$$\mathbf{x}_0 + U := \{\mathbf{x}_0 + \mathbf{u} \colon \; \mathbf{u} \in U\}$$

affiner Unterraum von V; s. Abb. 6.1. Unter der **Dimension** eines affinen Unterraumes $\mathbf{x}_0 + U$ versteht man die Dimension des zugehörigen Unter(vektor)raumes U. ◀

Affine Unterräume sind, naiv gesprochen, Vektorräume ohne einen ausgezeichneten Nullpunkt. Man kann ja den Bezugspunkt $\mathbf{x}_0$ durch jeden anderen Punkt $\mathbf{x}_0' = \mathbf{x}_0 + \mathbf{u}_0$ mit $\mathbf{u}_0 \in U$ ersetzen, und es gilt dann

$$\mathbf{x}_0 + U = \mathbf{x}_0' + U.$$

Affine Räume spielen auch eine wichtige Rolle in der Geometrie, wann immer man nicht nur lineare Abbildungen auf einem Vektorraum betrachtet, welche den Ursprung erhalten, sondern auch Translationen $\mathbf{v} \mapsto \mathbf{v} + \mathbf{v}_0$. In der Ebene $\mathbb{R}^2$ sind zum Beispiel orthogonale Transformationen $\mathbf{v} \mapsto A\mathbf{v}$ zusammen mit den Translationen die für die euklidische

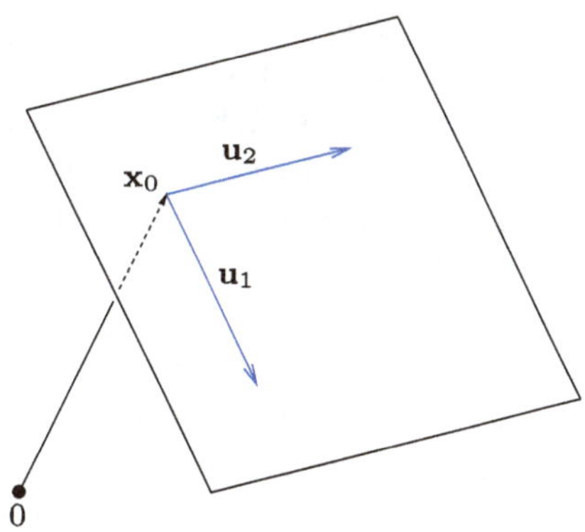

Abb. 6.1 Eine affine Ebene im $\mathbb{R}^3$

Geometrie relevanten Bewegungen, wenn man Kongruenz von Dreiecken oder anderen geometrischen Figuren diskutiert.

Ich will hier die Theorie der affinen Räume nicht weiter vertiefen, aber einige Aspekte der affinen Geometrie werden wir im breiteren Rahmen der projektiven Geometrie im zweiten Band kennenlernen.

Abschließend notieren wir noch zwei Spezialfälle, was die Lösbarkeit eines linearen Gleichungssystems $A\mathbf{x} = \mathbf{b}$ mit $A \in \mathbb{K}^{m\times n}$ betrifft.

(1) Gilt $\operatorname{Rang} A = m$, so ist das Gleichungssystem für jedes $\mathbf{b} \in \mathbb{K}^m$ lösbar.

Dies folgt daraus, daß die Abbildung $A\colon \mathbb{K}^n \to \mathbb{K}^m$ für $\operatorname{Rang} A = m$ surjektiv ist. Alternativ kann man mit Satz 6.7.2 und der Gleichheit von Zeilen- und Spaltenrang argumentieren: Wenn $\operatorname{Rang} A = m$, dann auch $\operatorname{Rang}(A, \mathbf{b}) = m$, da der Spaltenrang bei Hinzunahme einer Spalte allenfalls größer werden kann; andererseits kann der Zeilenrang von $(A, \mathbf{b}) \in \mathbb{K}^{m\times(n+1)}$ nicht größer als m sein.

(2) Gilt $\operatorname{Rang} A = n$ so hat das Gleichungssystem höchstens eine Lösung, denn nach der Dimensionsformel für lineare Abbildungen ist $A\colon \mathbb{K}^n \to \mathbb{K}^m$ in diesem Fall injektiv.

Im Falle $m = n$ besagen (1) und (2): Gilt $\operatorname{Rang} A = n$, so hat das System $A\mathbf{x} = \mathbf{b}$ genau eine Lösung. In der Tat ist $\operatorname{Rang} A = n$ für $A \in \mathbb{K}^{n\times n}$ gleichbedeutend mit der Invertierbarkeit von A, und die eindeutige Lösung ist gegeben durch $\mathbf{x} = A^{-1}\mathbf{b}$.

Aufgabe 6.7.6
Es sei $A \in \mathbb{K}^{n\times n}$.

(a) Es seien $\mathbf{b}, \mathbf{c} \in \mathbb{K}^n$ gegeben, und das Gleichungssystem $A\mathbf{x} = \mathbf{b}$ habe genau eine Lösung. Hat dann auch das Gleichungssystem $A\mathbf{x} = \mathbf{c}$ genau eine Lösung?
(b) Es sei $\mathbf{b} \in \mathbb{K}^n$ gegeben, und das System $A\mathbf{x} = \mathbf{b}$ habe keine Lösung. Gibt es ein $\mathbf{c} \in \mathbb{K}^n$, so daß $A\mathbf{x} = \mathbf{c}$ mehr als eine Lösung hat? ◇

6.7.2 Das Gaußsche Eliminationsverfahren

Unsere Überlegungen zur Lösbarkeit von linearen Gleichungssystemen bis hierher waren weitestgehend theoretischer Natur. Wie aber bestimmt man nun im konkreten Fall die Lösungsmenge $\operatorname{Lös}(A, \mathbf{b})$? Dazu bemerken wir, analog zu der Beobachtung (1) in Abschn. 6.6, daß elementare Zeilenumformungen der erweiterten Matrix $(A, \mathbf{b})$ Transformationen des Gleichungssystems entsprechen, die die Lösungsmenge nicht verändern. Zum Beispiel entspricht das Vertauschen zweier Zeilen von $(A, \mathbf{b})$ einfach dem Vertauschen zweier Gleichungen.

Das **Gaußsche Eliminationsverfahren**, das wir hier beschreiben wollen, ist eine milde Verallgemeinerung des Verfahrens aus Abschn. 6.6. Es verwendet Zeilenumformungen der erweiterten Matrix, um diese in die sogenannte **Zeilenstufenform** zu bringen:

$$
(A',\mathbf{b}') = \left(\begin{array}{cccccc|c}
0\cdots & 1\cdots * & 0\cdots * & 0\cdots * & 0\cdots * & & b'_1 \\
\vdots & \uparrow & 0\quad 1\cdots * & 0\cdots * & 0\cdots * & & b'_2 \\
\vdots & j_1 & \uparrow & 0\quad 1\cdots * & 0\cdots * & & b'_3 \\
\vdots & & j_2 & \uparrow\quad\ddots\quad\vdots & \vdots\qquad\vdots & & \vdots \\
\vdots & & & j_3\qquad * & 0\cdots * & & \vdots \\
\vdots & & & 0 & 1\cdots * & & b'_r \\
\vdots & & & & \uparrow & 0 & b'_{r+1} \\
\vdots & & & & j_r & \vdots & \vdots \\
0\cdots & \cdots & \cdots & \cdots & \cdots & 0 & b'_m
\end{array}\right)
$$

Es sei $j_1 \in \{1, \ldots, n\}$ der kleinste Spaltenindex von A, zu der eine Spalte gehört, die nicht identisch 0 ist. Vertausche die Zeilen (der erweiterten Matrix!), so daß $a_{1j_1} \neq 0$. Wie schon in den oben beschriebenen Algorithmen bezeichnet a_{ij} immer den Eintrag in der i-ten Zeile und j-ten Spalte der aktuellen Matrix, nicht der Matrix A. Die Einträge in der letzten Spalte der erweiterten Matrix (also anfangs $\mathbf{b}$) habe ich in der Zeilenstufenform oben, die wir am Ende des Algorithmus erreichen wollen, bewußt als b'_i geschrieben, damit deutlich wird, daß alle Zeilenumformungen an der erweiterten Matrix ausgeführt werden.

Teile die erste Zeile durch a_{1j_1} und subtrahiere geeignete Vielfache der ersten Zeile von allen anderen Zeilen, so daß alle anderen Einträge in der Spalte j_1 gleich 0 werden.

Gehe weiter zur nächsten Spalte, bei der einer der Einträge in den Zeilen 2 bis m ungleich 0 ist; sei j_2 der Index dieser Spalte. Vertausche die Zeilen 2 bis m, so daß $a_{2j_2} \neq 0$, teile die zweite Zeile durch a_{2j_2}, und subtrahiere Vielfache der zweiten Zeile von allen anderen Zeilen (auch der ersten), so daß nur noch der Eintrag $a_{2j_2} = 1$ in der Spalte j_2 verschieden von 0 ist.

Dann iteriere diese Schritte bis zur letzten Spalte von A in der erweiterten Matrix. Bevor wir uns überlegen wollen, wie man anhand der erweiterten Matrix in Zeilenstufenform die Lösungsmenge $\text{Lös}(A, \mathbf{b})$ bestimmen kann, betrachten wir ein Beispiel zum Gaußschen Eliminationsverfahren, das alle wesentlichen Aspekte des Algorithmus illustriert.

Beispiel 6.7.7

Wir betrachten das reelle Gleichungssystem

$$
\left\{\begin{array}{rcrcrcrcrcrcl}
x_1 &+& 2x_2 &+& x_3 &+& 2x_4 &+& x_5 &+& 2x_6 &=& 11 \\
2x_1 &+& 5x_2 &+& 4x_3 &+& 5x_4 &+& 4x_5 &+& 5x_6 &=& 30 \\
3x_1 &+& 7x_2 &+& 7x_3 &+& 11x_4 &+& 8x_5 &+& 13x_6 &=& 49 \\
x_1 &+& 4x_2 &+& 6x_3 &+& 6x_4 &+& 6x_5 &+& 6x_6 &=& 30 \\
2x_1 &+& 3x_2 &+& x_3 &+& 5x_4 &+& 2x_5 &+& 7x_6 &=& 19.
\end{array}\right.
$$

Hier ist die zugehörige erweiterte Matrix:

$$\left(\begin{array}{cccccc|c} 1 & 2 & 1 & 2 & 1 & 2 & 11 \\ 2 & 5 & 4 & 5 & 4 & 5 & 30 \\ 3 & 7 & 7 & 11 & 8 & 13 & 49 \\ 1 & 4 & 6 & 6 & 6 & 6 & 30 \\ 2 & 3 & 1 & 5 & 2 & 7 & 19 \end{array}\right)$$

Es gilt $a_{11} = 1$, und wir ziehen entsprechende Vielfache der ersten Zeile von den anderen Zeilen ab, so daß die anderen Einträge in der ersten Spalte 0 werden:

$$\left(\begin{array}{cccccc|c} 1 & 2 & 1 & 2 & 1 & 2 & 11 \\ 0 & 1 & 2 & 1 & 2 & 1 & 8 \\ 0 & 1 & 4 & 5 & 5 & 7 & 16 \\ 0 & 2 & 5 & 4 & 5 & 4 & 19 \\ 0 & -1 & -1 & 1 & 0 & 3 & -3 \end{array}\right)$$

Nun wenden wir uns der zweiten Spalte zu. Da $a_{22} = 1$ gilt, müssen wir auch hier keine Zeilen vertauschen oder skalieren, sondern nur Vielfache der zweiten Zeile von allen anderen Zeilen abziehen, so daß in der zweiten Spalte nur noch der Eintrag a_{22} verschieden von 0 ist:

$$\left(\begin{array}{cccccc|c} 1 & 0 & -3 & 0 & -3 & 0 & -5 \\ 0 & 1 & 2 & 1 & 2 & 1 & 8 \\ 0 & 0 & 2 & 4 & 3 & 6 & 8 \\ 0 & 0 & 1 & 2 & 1 & 2 & 3 \\ 0 & 0 & 1 & 2 & 2 & 4 & 5 \end{array}\right)$$

In der dritten Spalte gilt jetzt $a_{33} = 2$. Anstatt hier zu skalieren, wird die Rechnung einfacher, wenn wir zuerst die dritte und vierte Zeile austauschen, und dann Vielfache der (neuen) dritten Zeile von den anderen Zeilen abziehen:

$$\left(\begin{array}{cccccc|c} 1 & 0 & 0 & 6 & 0 & 6 & 4 \\ 0 & 1 & 0 & -3 & 0 & -3 & 2 \\ 0 & 0 & 1 & 2 & 1 & 2 & 3 \\ 0 & 0 & 0 & 0 & 1 & 2 & 2 \\ 0 & 0 & 0 & 0 & 1 & 2 & 2 \end{array}\right)$$

Die vierte Spalte enthält keine von 0 verschiedenen Einträge in der vierten oder fünften Zeile. In der fünften Spalte ist das wieder der Fall, also $j_4 = 5$, und es gilt schon $a_{4j_4} = a_{45} = 1$, so daß wir nicht skalieren müssen. Durch Abziehen von Vielfachen der vierten von allen anderen Zeilen erhalten wir eine Matrix in Zeilenstufenform:

$$\left(\begin{array}{cccccc|c} 1 & 0 & 0 & 6 & 0 & 6 & 4 \\ 0 & 1 & 0 & -3 & 0 & -3 & 2 \\ 0 & 0 & 1 & 2 & 0 & 0 & 1 \\ 0 & 0 & 0 & 0 & 1 & 2 & 2 \\ 0 & 0 & 0 & 0 & 0 & 0 & 0 \end{array}\right)$$

Nachdem man das Gleichungssystem bzw. die dadurch definierte erweiterte Matrix in Zeilenstufenform $(A', \mathbf{b}')$ gebracht hat, ist es nun ein leichtes, sowohl eine spezielle Lösung des inhomogenen Systems als auch die allgemeine Lösung des homogenen Systems abzulesen.

Beachten Sie, daß die Lösungen in $\mathbb{K}^n$ liegen, mit n gleich der Spaltenzahl von A. Kurz gesagt sind für eine spezielle Lösung des inhomogenen Systems die Einträge an den Stellen $j_1, \dots, j_r$ relevant; für die allgemeine Lösung des homogenen Systems betrachtet man die übrigen $n - r$ Spalten mit Spaltenindex in

$$J' := \{1, \ldots, n\} \setminus \{j_1, \ldots, j_r\}.$$

Zunächst einmal müssen wir entscheiden, ob das System überhaupt Lösungen besitzt. Falls einer der Einträge $b'_{r+1}, \ldots, b'_m$ verschieden von 0 ist, gibt es offensichtlich keine Lösung. Andernfalls, so behaupte ich, gibt es eine Lösung, und nach unserer allgemeinen Theorie ist die Lösungsmenge dann ein affiner Raum der Dimension $n-r$, denn die Anzahl r der Stufen in A' ist genau der Rang von A.

Sei jetzt also angenommen, daß $b'_{r+1} = \ldots = b'_m = 0$. Der Vektor

$$\mathbf{x}_0 := (\ldots, b'_1, \ldots, b'_2, \ldots, b'_r, \ldots)^{\mathrm{t}} \in \mathbb{K}^n$$

mit den Einträgen b'_k an der Stelle j_k für $k = 1, \ldots, r$, und 0 sonst, ist dann eine spezielle Lösung des inhomogenen Systems. Da die transformierte Matrix A' in der Spalte j_k außer an der k-ten Stelle, wo eine 1 steht, nur Nullen enthält, hat $A\mathbf{x}_0 \in \mathbb{K}^m$ wie gewünscht an der k-ten Stelle den Eintrag b'_k.

Im Beispiel oben ist dies der Vektor $\mathbf{x}_0 = (4, 2, 1, 0, 2, 0)^{\mathrm{t}} \in \mathbb{R}^6$, und anhand dieses Beispieles dürfte die Idee für die Wahl von $\mathbf{x}_0$ klar werden. Natürlich sollte man auch die Probe am ursprünglichen Gleichungssystem machen, daß $\mathbf{x}_0$ tatsächlich eine Lösung ist.

Für die Beschreibung der allgemeinen Lösung des homogenen Systems bleiben wir zunächst bei diesem Beispiel, bevor wir uns in Indizes verirren. In diesem Beispiel gilt

$$\{j_1, j_2, j_3, j_4\} = \{1, 2, 3, 5\}.$$

Wir betrachten nun die übrigen Spalten von A', also hier die vierte und sechste. Wenn man A' auf den Basisvektor $\mathbf{e}_4 \in \mathbb{R}^6$ anwendet, erhält man genau die Einträge der vierten Spalte:

$$\begin{pmatrix} 1\,0\,0 & 6 & 0 & 6 \\ 0\,1\,0 & -3 & 0 & -3 \\ 0\,0\,1 & 2 & 0 & 0 \\ 0\,0\,0 & 0 & 1 & 2 \\ 0\,0\,0 & 0 & 0 & 0 \end{pmatrix} \begin{pmatrix} 0 \\ 0 \\ 0 \\ 1 \\ 0 \\ 0 \end{pmatrix} = \begin{pmatrix} 6 \\ -3 \\ 2 \\ 0 \\ 0 \end{pmatrix}.$$

Um eine Lösung $\mathbf{x}_4$ der Gleichung $A'\mathbf{x} = 0$ zu erhalten, können wir einfach an der Stelle j_k das Negative des k-ten Eintrags der vierten Spalte von A' einsetzen:

$$\begin{pmatrix} 1 & 0 & 0 & 6 & 0 & 6 \\ 0 & 1 & 0 & -3 & 0 & -3 \\ 0 & 0 & 1 & 2 & 0 & 0 \\ 0 & 0 & 0 & 0 & 1 & 2 \\ 0 & 0 & 0 & 0 & 0 & 0 \end{pmatrix} \begin{pmatrix} -6 \\ 3 \\ -2 \\ 1 \\ 0 \\ 0 \end{pmatrix} = \begin{pmatrix} 0 \\ 0 \\ 0 \\ 0 \\ 0 \end{pmatrix}.$$

Aufgrund der Zeilenstufenform von A' sind hier nur die $j_k < 4$ relevant.

Ganz analog findet man eine zweite Lösung $\mathbf{x}_6$ des homogenen Systems, indem man mit $\mathbf{e}_6 \in \mathbb{R}^6$ beginnt und an der Stelle j_k mit dem Negativen des k-ten Eintrags in der sechsten Spalte von A' korrigiert:

$$\begin{pmatrix} 1 & 0 & 0 & 6 & 0 & 6 \\ 0 & 1 & 0 & -3 & 0 & -3 \\ 0 & 0 & 1 & 2 & 0 & 0 \\ 0 & 0 & 0 & 0 & 1 & 2 \\ 0 & 0 & 0 & 0 & 0 & 0 \end{pmatrix} \begin{pmatrix} -6 \\ 3 \\ 0 \\ 0 \\ -2 \\ 1 \end{pmatrix} = \begin{pmatrix} 0 \\ 0 \\ 0 \\ 0 \\ 0 \end{pmatrix}.$$

Da 4 kein Element von $\{j_1, j_2, j_3, j_4\}$ ist, hat dieser Lösungsvektor an der vierten Stelle den Eintrag 0. Daher ist dieses Paar $(\mathbf{x}_4, \mathbf{x}_6)$ von Lösungsvektoren linear unabhängig.

Die allgemeine Lösung unseres Beispielsystems ist damit von der Form

$$\begin{pmatrix} 4 \\ 2 \\ 1 \\ 0 \\ 2 \\ 0 \end{pmatrix} + \lambda_1 \begin{pmatrix} -6 \\ 3 \\ -2 \\ 1 \\ 0 \\ 0 \end{pmatrix} + \lambda_2 \begin{pmatrix} -6 \\ 3 \\ 0 \\ 0 \\ -2 \\ 1 \end{pmatrix}, \quad \lambda_1, \lambda_2 \in \mathbb{R}.$$

Diese Lösungen bilden einen affinen Unterraum des $\mathbb{R}^6$ der Dimension $n - r = 6 - 4 = 2$.

Zur Beschreibung im allgemeinen Fall bezeichnen wir die Elemente der Indexmenge J' mit $i_1, \ldots, i_{n-r}$. Für $\ell \in \{1, \ldots, n-r\}$ definieren wir den Lösungsvektor $\mathbf{x}_\ell \in \mathbb{K}^n$ des homogenen Systems durch die folgenden Anforderungen:

(i) An der Stelle i_ℓ hat $\mathbf{x}_\ell$ den Eintrag 1, an den Stellen $i_{\ell'}$ mit $\ell' \neq \ell$ den Eintrag 0.
(ii) An den Stellen j_k hat $\mathbf{x}_\ell$ den Eintrag $-a'_{ki_\ell}$. Aufgrund der Zeilenstufenform von $A' = (a'_{ij})$ sind hier nur die $j_k < i_\ell$ relevant; für $j_k > i_\ell$ gilt $a'_{ki_\ell} = 0$.

Das Tupel $(\mathbf{x}_1, \ldots, \mathbf{x}_{n-r})$ von Lösungen des homogenen Systems ist linear unabhängig, da an der Stelle i_ℓ der Vektor $\mathbf{x}_\ell$ den Eintrag 1 hat, und alle $\mathbf{x}_{\ell'}$ mit $\ell' \neq \ell$ den Eintrag 0. Damit gilt

$$\text{Lös}(A, \mathbf{b}) = \mathbf{x}_0 + \text{Lin}(\mathbf{x}_1, \ldots, \mathbf{x}_{n-r}).$$

Aufgabe 6.7.8

(a) Bestimmen Sie die allgemeine Lösung des reellen Gleichungssystems

$$\begin{cases} x_1 + 5x_2 + 4x_3 \phantom{{}+3x_4} = 1 \\ \phantom{x_1 + {}} x_2 - x_3 + 3x_4 = 1 \\ x_1 + 7x_2 + 2x_3 + 6x_4 = 3. \end{cases}$$

(b) Zeigen Sie, daß das System

$$\begin{cases} x_1 + 5x_2 + 4x_3 \phantom{{}+3x_4} = 1 \\ \phantom{x_1 + {}} x_2 - x_3 + 3x_4 = 2 \\ x_1 + 7x_2 + 2x_3 + 6x_4 = 3 \end{cases}$$

keine Lösungen besitzt. ◇

Aufgabe 6.7.9

Bestimmen Sie die allgemeine Lösung $\mathbf{x} \in \mathbb{R}^6$ des reellen linearen Gleichungssystems $A\mathbf{x} = \mathbf{b}$ mit

$$A = \begin{pmatrix} 0 & 2 & 5 & 7 & 3 & 3 \\ 0 & 3 & 6 & 6 & 3 & 3 \\ 0 & 2 & 4 & 4 & 2 & 3 \\ 0 & 1 & 3 & 5 & 2 & 3 \end{pmatrix} \quad \text{und} \quad \mathbf{b} = \begin{pmatrix} 3 \\ 5 \\ 3 \\ 1 \end{pmatrix}.$$

◇

Aufgabe 6.7.10

Eine reelle (3×3)-Matrix $A = (a_{ij})$ heißt *magisches Quadrat,* wenn alle Zeilensummen, alle Spaltensummen und beide Diagonalsummen einander gleich sind. Es wird nicht gefordert (wie bei spezielleren Definitionen magischer Quadrate), daß die Einträge der Matrix paarweise verschieden sind.

(a) Finden Sie Beispiele von magischen Quadraten.
(b) Zeigen Sie, daß a_{22} das arithmetische Mittel der a_{ij} ist. Drücken Sie a_{22} mittels der Zeilen-/Spalten-/Diagonalsumme s aus.
(c) Zeigen Sie, daß die Menge der magischen Quadrate ein Unterraum des 9-dimensionalen Vektorraumes $\mathbb{R}^{3\times 3}$ ist.
(d) Bestimmen Sie eine Basis dieses Unterraumes. Formulieren Sie dazu die Bedingung, ein magisches Quadrat zu sein, als *homogenes* lineares Gleichungssystem in den a_{ij} und s, d. h. als System von acht Gleichungen in 10 Variablen. Mittels (b) läßt sich die Variable s direkt entfernen. ◇

Die Determinante 7

Für eine Matrix

$$A = \begin{pmatrix} a & b \\ c & d \end{pmatrix} \in \mathbb{K}^{2\times 2}$$

haben wir die Determinante definiert als $\det A = ad - bc$. Wir haben gesehen, daß A invertierbar ist genau dann, wenn $\det A \neq 0$; s. Beispiel 6.2.3. Weiter haben wir die Interpretation der Determinante als orientierten Flächeninhalt des von den Zeilen aufgespannten Parallelogramms kennengelernt; s. Abschn. 1.6. Gleichermaßen kann die Determinante wegen $\det A = \det A^{\mathrm{t}}$ als Flächeninhalt des von den *Spalten* aufgespannten Parallelogramms aufgefaßt werden.

Wir wollen nun allgemeiner jeder quadratischen Matrix $A \in \mathbb{K}^{n\times n}$ eine Determinante zuordnen. Diese Determinante ist in der Linearen Algebra von einigem theoretischen Interesse, zum Beispiel in der Eigenwerttheorie (Kap. 9) oder bei der Frage der Invertierbarkeit von Matrizen (Abschn. 7.3). In der Praxis – vor allem auch der numerischen – sind allerdings determinantenfreie Verfahren oder Überlegungen oft besser geeignet.

Den Zusammenhang zwischen der Determinante und dem orientierten Volumen von Parallelotopen im $\mathbb{R}^n$ werden wir erst etwas später im Kontext von euklidischen Vektorräumen diskutieren (Abschn. 8.5). Diese geometrische Interpretation ist insbesondere in der höherdimensionalen Integrationstheorie von Bedeutung.

7.1 Definition und Konstruktion der Determinante

Definition 7.1.1

Sei V ein $\mathbb{K}$-Vektorraum. Eine Abbildung

H. Geiges, *Lineare Algebra und Geometrie I*, Mathematik Kompakt,
https://doi.org/10.1007/978-3-032-21683-0_7

$$f\colon \overbrace{V \times \cdots \times V}^{n} \longrightarrow \mathbb{K}$$
$$(\mathbf{v}_1, \dots, \mathbf{v}_n) \longmapsto f(\mathbf{v}_1, \dots, \mathbf{v}_n)$$

heißt **multilinear,** falls f in jedem Eintrag linear ist, d. h.

$$f(\dots, \lambda\mathbf{v} + \mu\mathbf{w}, \dots) = \lambda f(\dots, \mathbf{v}, \dots) + \mu f(\dots, \mathbf{w}, \dots)$$

für alle $\lambda, \mu \in \mathbb{K}$ und $\mathbf{v}, \mathbf{w} \in V$, wobei die übrigen $n-1$ Einträge festgehalten werden. Für $n = 2$ sagt man statt multilinear konkreter **bilinear.** ◀

Beispiel 7.1.2
$V = \mathbb{K}^2, n = 2.$

$$f\left(\begin{pmatrix} x_1 \\ y_1 \end{pmatrix}, \begin{pmatrix} x_2 \\ y_2 \end{pmatrix}\right) := x_1 y_2 - x_2 y_1.$$

Hier gilt

$$\begin{aligned} f\left(\lambda\begin{pmatrix} x_1 \\ y_1 \end{pmatrix} + \lambda'\begin{pmatrix} x_1' \\ y_1' \end{pmatrix}, \begin{pmatrix} x_2 \\ y_2 \end{pmatrix}\right) &= f\left(\begin{pmatrix} \lambda x_1 + \lambda' x_1' \\ \lambda y_1 + \lambda' y_1' \end{pmatrix}, \begin{pmatrix} x_2 \\ y_2 \end{pmatrix}\right) \\ &= (\lambda x_1 + \lambda' x_1') y_2 - x_2(\lambda y_1 + \lambda' y_1') \\ &= \lambda(x_1 y_2 - x_2 y_1) + \lambda'(x_1' y_2 - x_2 y_1'); \end{aligned}$$

analog gilt die Linearität von f im zweiten Eintrag.

Schreibe $A \in \mathbb{K}^{n\times n}$ in der Form

$$A = \begin{pmatrix} | & & | \\ \mathbf{a}_1 & \cdots & \mathbf{a}_n \\ | & & | \end{pmatrix}$$

mit Spaltenvektoren $\mathbf{a}_j \in \mathbb{K}^n$. Auf diese Weise identifizieren wir $\mathbb{K}^{n\times n}$ mit $\underbrace{\mathbb{K}^n \times \cdots \times \mathbb{K}^n}_{n}$.

Definition 7.1.3

Eine Abbildung

$$\Delta\colon \mathbb{K}^{n\times n} \longrightarrow \mathbb{K}$$

heißt **Determinante,** falls gilt:

(i) $\Delta\colon \mathbb{K}^n \times \cdots \times \mathbb{K}^n \to \mathbb{K}$ ist multilinear.
(ii) Δ ist **alternierend,** d. h.

$$\Delta(\dots, \mathbf{a}, \dots, \mathbf{a}, \dots) = 0;$$

in Worten: $\Delta(A) = 0$, wann immer A zwei gleiche Spalten hat.

(iii) Δ ist **normiert,** d. h. für die kanonischen Basisvektoren $\mathbf{e}_1, \ldots, \mathbf{e}_n \in \mathbb{K}^n$ gilt

$$\Delta(\mathbf{e}_1, \ldots, \mathbf{e}_n) = 1.$$

Anders gesagt: Für die Einheitsmatrix E_n gilt $\Delta(E_n) = 1$. ◀

Beispiel 7.1.4
Die bilineare Abbildung f im obigen Beispiel besitzt auch die Eigenschaften (ii) und (iii).

Wir wollen nun annehmen, daß wir bereits eine Determinante Δ gefunden haben. Wir leiten aus der Definition einige Eigenschaften von Δ her, die es uns schließlich erlauben, eine Determinante nicht nur zu konstruieren, sondern auch deren Eindeutigkeit zu beweisen.

Lemma 7.1.5
Beim Vertauschen zweier Spalten von A ändert $\Delta(A)$ das Vorzeichen.

Beweis Schreibe kurz $\Delta(\mathbf{a}_i, \mathbf{a}_k)$ für $\Delta(\ldots, \mathbf{a}_i, \ldots, \mathbf{a}_k, \ldots)$, wobei die anderen Einträge fest bleiben. Mit den Eigenschaften (i) und (ii) von Δ rechnen wir nun:

$$\begin{aligned} 0 &\overset{(ii)}{=} \Delta(\mathbf{a}_i + \mathbf{a}_k, \mathbf{a}_i + \mathbf{a}_k) \\ &\overset{(i)}{=} \Delta(\mathbf{a}_i, \mathbf{a}_i + \mathbf{a}_k) + \Delta(\mathbf{a}_k, \mathbf{a}_i + \mathbf{a}_k) \\ &\overset{(i)}{=} \Delta(\mathbf{a}_i, \mathbf{a}_i) + \Delta(\mathbf{a}_i, \mathbf{a}_k) + \Delta(\mathbf{a}_k, \mathbf{a}_i) + \Delta(\mathbf{a}_k, \mathbf{a}_k) \\ &\overset{(ii)}{=} \Delta(\mathbf{a}_i, \mathbf{a}_k) + \Delta(\mathbf{a}_k, \mathbf{a}_i), \end{aligned}$$

also $\Delta(\mathbf{a}_i, \mathbf{a}_k) = -\Delta(\mathbf{a}_k, \mathbf{a}_i)$. □

Notiz 7.1.6 Die Eigenschaft von Δ, daß beim Vertauschen zweier Einträge das Vorzeichen wechselt („Schiefsymmetrie"), ist i. a. schwächer als die Eigenschaft „alternierend". Aus der ersten Eigenschaft folgt

$$\Delta(\ldots, \mathbf{a}, \ldots, \mathbf{a}, \ldots) = -\Delta(\ldots, \mathbf{a}, \ldots, \mathbf{a}, \ldots),$$

da man die beiden Einträge $\mathbf{a}$ miteinander vertauschen kann, ohne etwas an den Einträgen zu ändern. Daraus folgt aber i. a. nicht $\Delta(\ldots, \mathbf{a}, \ldots, \mathbf{a}, \ldots) = 0$, sondern nur

$$\Delta(\ldots, \mathbf{a}, \ldots, \mathbf{a}, \ldots) + \Delta(\ldots, \mathbf{a}, \ldots, \mathbf{a}, \ldots) = 0.$$

In Körpern $\mathbb{K}$, in denen $2x := x + x = 0$ für alle Elemente x des Körpers gilt, ist letztere Bedingung aber immer erfüllt, liefert also keine neue Information über $\Delta(\ldots, \mathbf{a}, \ldots, \mathbf{a}, \ldots)$. Solche Körper, wie etwa $\mathbb{F}_2$ aus Beispiel 3.3.5 (5) oder der Körper der Ordnung 4 aus Aufgabe 3.3.12, heißen **Körper der Charakteristik** 2.

Definition 7.1.7

Eine **Permutation** der Menge $\{1, \ldots, n\}$ ist eine bijektive Abbildung

$$\sigma\colon \{1, \ldots, n\} \longrightarrow \{1, \ldots, n\}.$$

Die Menge der Permutationen von $\{1, \ldots, n\}$, zusammen mit der durch die Komposition von Abbildungen gegebenen Verknüpfung, ist eine Gruppe (Definition 3.3.3), die sogenannte **symmetrische Gruppe** S_n. ◀

Aufgabe 7.1.8
Zeigen Sie, daß die Gruppe S_n genau

$$n! := 1 \cdot 2 \cdots n$$

Elemente besitzt. Das Symbol $n!$ wird „n Fakultät" gesprochen. ◇

Definition 7.1.9

Das **Signum** einer Permutation $\sigma \in S_n$ ist

$$\operatorname{sign}(\sigma) := \prod_{i<j} \frac{\sigma(j) - \sigma(i)}{j - i}. \quad ◀$$

Notation 7.1.10 Das Symbol $\prod$ (griechisch Groß-Pi) steht für ein Produkt. Analog zur Definition des Summenzeichens liest man ein leeres Produkt als 1, das neutrale Element der Multiplikation.

Beispiel 7.1.11
Für

$$\sigma = \begin{pmatrix} 1 & 2 & 3 & 4 \\ \sigma(1) & \sigma(2) & \sigma(3) & \sigma(4) \end{pmatrix} = \begin{pmatrix} 1\,2\,3\,4 \\ 3\,1\,4\,2 \end{pmatrix}$$

gilt

$$\operatorname{sign}(\sigma) = \frac{1-3}{2-1} \cdot \frac{4-3}{3-1} \cdot \frac{2-3}{4-1} \cdot \frac{4-1}{3-2} \cdot \frac{2-1}{4-2} \cdot \frac{2-4}{4-3} = -1.$$

Aufgabe 7.1.12
Erklären Sie, warum ganz allgemein für $\sigma \in S_n$ stets $\operatorname{sign}(\sigma) \in \{\pm 1\}$ gilt. ◇

Das Vorzeichen von Permutationen verhält sich multiplikativ unter Kompositionen, d. h. für $\sigma, \tau \in S_n$ gilt

$$\operatorname{sign}(\sigma \circ \tau) = \operatorname{sign}(\sigma) \cdot \operatorname{sign}(\tau).$$

Dies sehen wir mittels der Rechnung

$$\begin{aligned}
\operatorname{sign}(\sigma \circ \tau) &= \prod_{i<j} \frac{\sigma(\tau(j)) - \sigma(\tau(i))}{j - i} \\
&= \prod_{i<j} \frac{\sigma(\tau(j)) - \sigma(\tau(i))}{\tau(j) - \tau(i)} \cdot \frac{\tau(j) - \tau(i)}{j - i} \\
&= \operatorname{sign}(\sigma) \cdot \operatorname{sign}(\tau),
\end{aligned}$$

denn wenn (i, j) alle Paare natürlicher Zahlen mit $1 \leq i < j \leq n$ durchläuft, so durchläuft auch $(\tau(i), \tau(j))$ alle diese Paare – evtl. in der falschen Anordnung $\tau(i) > \tau(j)$, aber da wir auch im Zähler die Differenz $\sigma(\tau(j)) - \sigma(\tau(i))$ bilden, spielt dieses Vertauschen keine Rolle.

Definition 7.1.13

Eine Permutation heißt **Transposition,** wenn sie zwei Elemente vertauscht und die übrigen fest läßt. Wir schreiben dies als

$$\begin{pmatrix} 1 & \dots & j & \dots & k & \dots & n \\ 1 & \dots & k & \dots & j & \dots & n \end{pmatrix} =: (jk). \blacktriangleleft$$

Jede Permutation läßt sich als Komposition von Transpositionen schreiben. Wir wollen uns dies an einem Beispiel klarmachen, anhand dessen man das allgemeine Prinzip erkennen kann.

Beispiel 7.1.14
Es gilt

$$\begin{pmatrix} 1 & 2 & 3 & 4 \\ 3 & 1 & 4 & 2 \end{pmatrix} = (24)(12)(13),$$

wobei das Produkt der Transpositionen als Komposition von Abbildungen, also von rechts nach links zu lesen ist. In der Tat wird aus $(1, 2, 3, 4)$ durch Anwenden der Transposition (13) das Tupel $(3, 2, 1, 4)$, Anwendung von (12) liefert dann $(3, 1, 2, 4)$, und mit (24) erhalten wir $(3, 1, 4, 2)$. Diese Darstellung als Komposition von Transpositionen ist nicht eindeutig. Das Konstruktionsprinzip, das ich hier verwendet habe, ist dieses: Bringe erst die richtige Zahl an die erste Stelle, dann die gewünschte Zahl an die zweite Stelle etc.

Definition 7.1.15

Eine Permutation $\sigma \in S_n$ mit $\operatorname{sign}(\sigma) = 1$ heißt **gerade;** falls $\operatorname{sign}(\sigma) = -1$, so nennt man σ **ungerade.** ◀

Lemma 7.1.16
Eine Permutation $\sigma \in S_n$ ist gerade (bzw. ungerade) genau dann, wenn σ Komposition einer geraden (bzw. ungeraden) Anzahl von Transpositionen ist.

Beweis Wie wir gesehen haben, ist jede Permutation Komposition von Transpositionen. Außerdem verhält sich das Signum multiplikativ unter der Komposition von Permutationen. Daher bleibt nur zu zeigen, daß das Signum jeder Transposition gleich -1 ist.

Aus der Definition des Signums als

$$\operatorname{sign}(\sigma) := \prod_{i<j} \frac{\sigma(j) - \sigma(i)}{j - i}$$

ergibt sich, daß $\operatorname{sign}(\sigma) = (-1)^N$, wobei $N \in \mathbb{N}_0$ die Anzahl der Zahlenpaare im Tupel

$$\big(\sigma(1), \ldots, \sigma(n)\big)$$

ist, bei denen die größere Zahl vor der kleineren steht. Also z. B. $\operatorname{sign}(3, 1, 4, 2) = (-1)^3$, da die 3 vor der 1 und der 2 steht, und die 4 vor der 2.

Für $i \in \{1, \ldots, n-1\}$ und $0 \le k \le n - i - 1$ steht in der Transposition

$$(i, i+k+1) = \begin{pmatrix} 1 \ldots & i & \ldots i+k+1 & \ldots n \\ 1 \ldots i+k+1 & \ldots & i & \ldots n \end{pmatrix}$$

die Zahl $i + k + 1$ vor den $k + 1$ Zahlen $i + 1, \ldots, i + k$ und i, und jede der k Zahlen $i+1, \ldots, i+k$ vor i, also $N = 2k + 1$. (Auch für $k = 0$ ist dies richtig; hier steht nur $i + 1$ vor i.) Damit gilt $\operatorname{sign}(i, i+k+1) = (-1)^{2k+1} = -1$. □

Mit Lemma 7.1.5 folgt dann

$$\Delta(\mathbf{a}_{\sigma(1)}, \ldots, \mathbf{a}_{\sigma(n)}) = \operatorname{sign}(\sigma)\, \Delta(\mathbf{a}_1, \ldots, \mathbf{a}_n).$$

Lemma 7.1.17
Ist $\Delta \colon \mathbb{K}^{n\times n} \to \mathbb{K}$ eine Determinante, so gilt für $A, B \in \mathbb{K}^{n\times n}$ die Formel

$$\Delta(BA) = \Delta(B) \sum_{\sigma \in S_n} \operatorname{sign}(\sigma)\, a_{\sigma(1),1} \cdots a_{\sigma(n),n}.$$

Beweis Schreibe

$$A = \begin{pmatrix} | & & | \\ \mathbf{a}_1 & \cdots & \mathbf{a}_n \\ | & & | \end{pmatrix} \quad \text{und} \quad B = \begin{pmatrix} | & & | \\ \mathbf{b}_1 & \cdots & \mathbf{b}_n \\ | & & | \end{pmatrix}.$$

Dann gilt

$$BA = \begin{pmatrix} | & & | \\ B\mathbf{a}_1 & \cdots & B\mathbf{a}_n \\ | & & | \end{pmatrix}$$

und

$$B\mathbf{a}_k = \begin{pmatrix} | & & | \\ \mathbf{b}_1 & \cdots & \mathbf{b}_n \\ | & & | \end{pmatrix} \begin{pmatrix} a_{1k} \\ \vdots \\ a_{nk} \end{pmatrix} = \sum_{i_k=1}^{n} a_{i_k,k} \mathbf{b}_{i_k}.$$

Damit rechnen wir

$$\begin{aligned}
\Delta(BA) &= \Delta(B\mathbf{a}_1, \ldots, B\mathbf{a}_n) \\
&= \sum_{i_1=1}^{n} a_{i_1,1}\, \Delta(\mathbf{b}_{i_1}, B\mathbf{a}_2, \ldots, B\mathbf{a}_n) \\
&\ \ \vdots \\
&= \sum_{i_1,\ldots,i_n} a_{i_1,1} \cdots a_{i_n,n}\, \Delta(\mathbf{b}_{i_1}, \ldots, \mathbf{b}_{i_n}) \\
&= \sum_{\sigma \in S_n} a_{\sigma(1),1} \cdots a_{\sigma(n),n}\, \Delta(\mathbf{b}_{\sigma(1)}, \ldots, \mathbf{b}_{\sigma(n)}) \\
&= \sum_{\sigma \in S_n} \operatorname{sign}(\sigma)\, a_{\sigma(1),1} \cdots a_{\sigma(n),n}\, \Delta(\mathbf{b}_1, \ldots, \mathbf{b}_n) \\
&= \sum_{\sigma \in S_n} \operatorname{sign}(\sigma)\, a_{\sigma(1),1} \cdots a_{\sigma(n),n}\, \Delta(B).
\end{aligned}$$

Hierbei haben wir beim Übergang von der dritten zur vierten Zeile benutzt, daß Δ alternierend ist, und beim Übergang zur fünften Zeile die Bemerkung vor dem Lemma. □

Damit können wir jetzt die Existenz und Eindeutigkeit der Determinante beweisen. Die folgende Formel wurde durch das Universalgenie Gottfried Wilhelm Leibniz als Definition der Determinante eingeführt.

Satz 7.1.18 (Leibnizsche Formel)
Es gibt genau eine Determinante $\Delta\colon \mathbb{K}^{n\times n} \to \mathbb{K}$, *nämlich gegeben durch die Formel*

$$\Delta(A) = \sum_{\sigma\in S_n} \operatorname{sign}(\sigma)\, a_{\sigma(1),1} \cdots a_{\sigma(n),n}.$$

Beweis Ist Δ eine Determinante, so folgt die behauptete Formel aus Lemma 7.1.17 durch Einsetzen von $B = E$. Umgekehrt rechnet man leicht nach, daß die angegebene Formel tatsächlich eine Determinante definiert. □

Aufgabe 7.1.19
Führen Sie diese Rechnung durch. ◇

Aufgabe 7.1.20
Zeigen Sie, daß

$$\Delta(A) = \sum_{\sigma\in S_n} \operatorname{sign}(\sigma)\, a_{1,\sigma(1)} \cdots a_{n,\sigma(n)}.$$

eine äquivalente Darstellung der Leibniz-Formel ist. ◇

Notation 7.1.21 Wir schreiben

$$\det A := \begin{vmatrix} a_{11} & \cdots & a_{1n} \\ \vdots & & \vdots \\ a_{n1} & \cdots & a_{nn} \end{vmatrix} := \Delta(A).$$

Notiz 7.1.22 Mit Lemma 7.1.17 folgt die Multiplikativität der Determinante:

$$\det(AB) = \det(A)\,\det(B) \quad \text{für } A, B \in \mathbb{K}^{n\times n}.$$

7.2 Berechnung von Determinanten

7.2.1 $n = 2$ und $n = 3$

Im folgenden schreiben wir Elemente σ der symmetrischen Gruppe S_n als n-Tupel $(\sigma(1), \ldots, \sigma(n))$. Für $n = 2$ gilt

$$S_2 = \{(1, 2), (2, 1)\},$$

und daher, mit der Leibniz-Formel,

$$\det \begin{pmatrix} a_{11} & a_{12} \\ a_{21} & a_{22} \end{pmatrix} = a_{11}a_{22} - a_{21}a_{12}.$$

Dies ist, wie nach der Eindeutigkeitsaussage für die Determinante auch zu erwarten, genau die schon früher eingeführte Determinante von (2×2)-Matrizen.

Für $n = 3$ besitzt die symmetrische Gruppe sechs Elemente,

$$S_3 = \{(1,2,3), (2,3,1), (3,1,2), (3,2,1), (1,3,2), (2,1,3)\}.$$

Die ersten drei Permutationen sind gerade, die letzten drei sind Transpositionen, also ungerade. Daher gilt

$$\begin{vmatrix} a_{11} & a_{12} & a_{13} \\ a_{21} & a_{22} & a_{23} \\ a_{31} & a_{32} & a_{33} \end{vmatrix} = a_{11}a_{22}a_{33} + a_{12}a_{23}a_{31} + a_{13}a_{21}a_{32}$$

$$- a_{13}a_{22}a_{31} - a_{11}a_{23}a_{32} - a_{12}a_{21}a_{33},$$

wobei ich die Terme nach der Leibniz-Formel in Aufgabe 7.1.20 gereiht habe. Diese Formel für die Determinante einer (3×3)-Matrix kann man sich mittels der sogenannten Regel von Sarrus[1] leicht graphisch merken; s. Abb. 7.1. Die Produkte der Einträge auf den blauen Diagonalen werden positiv gezählt, die Produkte der Einträge auf den roten Gegendiagonalen negativ.

Auch die Formel für die Determinante einer (2×2)-Matrix kann so interpretiert werden: das Produkt der beiden Einträge auf der Diagonalen von links oben nach rechts unten zählt positiv, das Produkt der Einträge auf der Gegendiagonalen negativ. Beachten Sie allerdings, daß sich dieses Schema von Sarrus nicht auf die Determinante von $(n \times n)$-Matrizen mit $n \geq 4$ fortsetzt.

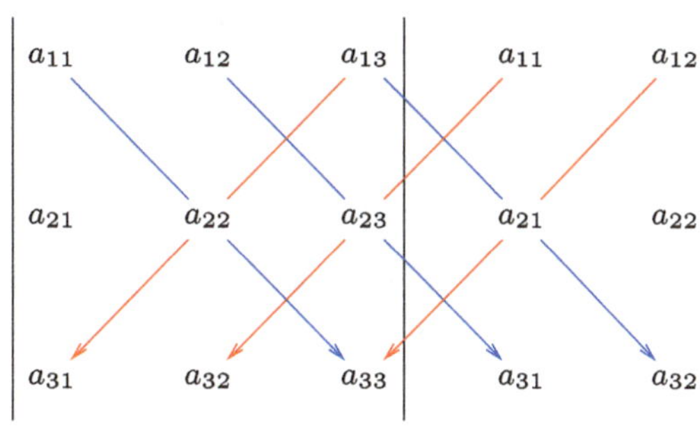

Abb. 7.1 Die Regel von Sarrus

[1] Benannt nach dem französischen Mathematiker Pierre Frédéric Sarrus, der diese Regel im Jahre 1833 formulierte.

7.2.2 Dreiecksmatrizen

Besonders leicht läßt sich die Determinante einer **oberen Dreiecksmatrix**

$$A = \begin{pmatrix} a_{11} & & * \\ & \ddots & \\ 0 & & a_{nn} \end{pmatrix}$$

berechnen, d. h. einer Matrix $A = (a_{ij}) \in \mathbb{K}^{n \times n}$ mit $a_{ij} = 0$ für $i > j$. Denn für $\sigma \in S_n$ mit $\sigma(j) > j$ für ein $j \in \{1, \ldots, n\}$ gilt $a_{\sigma(j),j} = 0$, so daß ein Beitrag zur Leibniz-Formel nur von Permutationen mit $\sigma(j) \leq j$ für alle $j = 1, \ldots, n$ kommt; dies wird aber nur von $\sigma = \mathrm{id}$ erfüllt. Es folgt

$$\det A = a_{11} \cdots a_{nn}.$$

Damit ergibt sich ein algorithmisches Verfahren zur Berechnung der Determinante, das in der Praxis oft schneller zum Ziel führt als das stumpfe Einsetzen in die Leibniz-Formel. Durch elementare Spaltenumformungen (Definition 6.5.1) kann man jede quadratische Matrix $A \in \mathbb{K}^{n \times n}$ in eine obere Dreiecksmatrix transformieren. Dazu betrachten wir zunächst die letzte Zeile. Falls alle Einträge der letzten Zeile gleich 0 sind, so gehen wir direkt zur Zeile $n - 1$. Andernfalls vertauschen wir Spalten derart, daß $a_{nn} \neq 0$, und durch Abziehen von Vielfachen der letzten Spalte von den ersten $n - 1$ Spalten erreichen wir $a_{n1} = \ldots = a_{n,n-1} = 0$. Danach setzen wir das Verfahren mit der Zeile $n - 1$ fort. Wir brauchen also im Prinzip nur Spaltenumformungen vom Typ (1) und (3), wobei in der Rechenpraxis auch das Reskalieren einer Spalte sinnvoll sein kann.

Aufgabe 7.2.1
Wie ändert sich die Determinante einer quadratischen Matrix unter elementaren Spaltenumformungen? ◇

Aufgabe 7.2.2
Berechnen Sie die Determinante der reellen $(n \times n)$-Matrix

$$\begin{pmatrix} & & 1 \\ & \iddots & \\ 1 & & \end{pmatrix}.$$

Überlegen Sie sich dazu die verschiedenen möglichen Verfahren: Leibniz-Formel, Spaltenumformungen, oder auch ein induktives Argument. ◇

7.2.3 Entwicklung nach Zeilen oder Spalten

Eine dritte Methode, die Determinante einer $(n \times n)$-Matrix zu berechnen, beruht darauf, dies auf die Berechnung von $((n-1) \times (n-1))$-Unterdeterminanten zurückzuführen.

Notation 7.2.3 Für $A \in \mathbb{K}^{n \times n}$ bezeichnet $A_{\hat{i}\hat{j}} \in \mathbb{K}^{(n-1)\times(n-1)}$ die Matrix, die man aus A durch Weglassen der i-ten Zeile und der j-ten Spalte erhält. Hier steht $\wedge$ als Symbol für dieses Weglassen, ähnlich wie auf S. 57. Manche Autoren schreiben auch einfach A_{ij}, aber diese Notation verwende ich gelegentlich für den Eintrag der Matrix A in der i-ten Zeile und j-ten Spalte, so daß hier eine Verwechslungsgefahr bestünde.

Satz 7.2.4 (Entwicklungsformel nach der i-ten Zeile)
Für $A = (a_{ij}) \in \mathbb{K}^{n \times n}$ und jedes $i = 1, \dots, n$ gilt

$$\det A = \sum_{j=1}^{n} (-1)^{i+j} a_{ij} \det A_{\hat{i}\hat{j}}.$$

Beweis Aufgrund der Eindeutigkeitsaussage in Satz 7.1.18 genügt es zu zeigen, daß die rechte Seite die definierenden Eigenschaften (i)–(iii) einer Determinante (Definition 7.1.3) hat.

(i) $a_{ij} \det A_{\hat{i}\hat{j}}$ ist linear in der k-ten Spalte von A:
Für $k = j$ hängt $A_{\hat{i}\hat{j}} = A_{\hat{i}\hat{k}}$ nicht von der k-ten Spalte ab, denn die wurde ja weggelassen; $a_{ij} = a_{ik}$ ist linear in der k-ten Spalte, denn dies sind genau die Einträge der k-ten Spalte.
Für $k \neq j$ hängt a_{ij} nicht von der k-ten Spalte von A ab; $A_{\hat{i}\hat{j}}$ enthält die k-te Spalte von A (ohne den Term a_{ik}), und $\det A_{\hat{i}\hat{j}}$ ist linear in den Spalten.

(ii) Angenommen, die k-te und die ℓ-te Spalte von A sind identisch, mit $k < \ell$. Dann gilt

- $\det A_{\hat{i}\hat{j}} = 0$ für $j \neq k, \ell$, da die Matrix $A_{\hat{i}\hat{j}}$ dann noch stets zwei identische Spalten hat;
- $a_{ik} = a_{i\ell}$;
- $A_{\hat{i}\hat{k}}$ entsteht aus $A_{\hat{i}\hat{\ell}}$ durch $\ell - k - 1$ Transpositionen von Spalten.

Es folgt

$$\sum_{j=1}^{n}(-1)^{i+j}a_{ij}\det A_{ij}^{\wedge} = (-1)^{i+k}a_{ik}\det A_{ik}^{\wedge} + (-1)^{i+\ell}a_{i\ell}\det A_{i\ell}^{\wedge}$$
$$= a_{i\ell}\big((-1)^{i+k+\ell-k-1} + (-1)^{i+\ell}\big)\det A_{i\ell}^{\wedge}$$
$$= 0.$$

(iii) Für $E = E_n$ gilt

$$\sum_{j=1}^{n}(-1)^{i+j}\delta_{ij}\det E_{ij}^{\wedge} = (-1)^{2i}\det E_{ii}^{\wedge} = 1,$$

da $E_{ii}^{\wedge} = E_{n-1}$. □

Die folgende Aussage über die Determinante der transponierten Matrix von $A \in \mathbb{K}^{n\times n}$ wurde in Aufgabe 7.1.20 bereits antizipiert.

Lemma 7.2.5
Für $A \in \mathbb{K}^{n\times n}$ *gilt* $\det A^{\mathsf{t}} = \det A$.

Beweis Schreibe $A = (a_{ij})$. Nach Definition der transponierten Matrix gilt $A^{\mathsf{t}} = (a_{ij}^{\mathsf{t}})$ mit $a_{ij}^{\mathsf{t}} = a_{ji}$. Wir rechnen

$$\begin{aligned}\det A^{\mathsf{t}} &= \sum_{\sigma\in S_n}\operatorname{sign}(\sigma)\, a_{\sigma(1),1}^{\mathsf{t}}\cdots a_{\sigma(n),n}^{\mathsf{t}}\\ &= \sum_{\sigma\in S_n}\operatorname{sign}(\sigma)\, a_{1,\sigma(1)}\cdots a_{n,\sigma(n)}\\ &= \sum_{\tau\in S_n}\operatorname{sign}(\tau)\, a_{\tau(1),1}\cdots a_{\tau(n),n}\\ &= \det A,\end{aligned}$$

wobei sich die dritte aus der zweiten Zeile via $\tau = \sigma^{-1}$ ergibt. □

Da die Spalten von A die Zeilen von A^{t} sind, ergibt sich aus der Zeilenentwicklungsformel, angewandt auf A^{t}, die Spaltenentwicklungsformel der Determinante: Für $j = 1, \ldots, n$ gilt

$$\det A = \sum_{i=1}^{n}(-1)^{i+j}a_{ij}\det A_{ij}^{\wedge}.$$

Außerdem schließen wir aus dem Lemma, daß $\det A$ linear in den Zeilen von A ist, und daß sich $\det A$ bei elementaren Zeilenumformungen analog verhält wie bei elementaren Spaltenumformungen; s. Aufgabe 7.2.1.

Beispiel 7.2.6
Es seien $\lambda_1, \ldots, \lambda_n$ Elemente eines Körpers $\mathbb{K}$. Die Vandermondesche Determinante[2]

$$\Delta_{\mathrm{V}}(\lambda_1, \ldots, \lambda_n) := \begin{vmatrix} 1 & \lambda_1 & \lambda_1^2 & \cdots & \lambda_1^{n-1} \\ 1 & \lambda_2 & \lambda_2^2 & \cdots & \lambda_2^{n-1} \\ \vdots & \vdots & \vdots & & \vdots \\ 1 & \lambda_n & \lambda_n^2 & \cdots & \lambda_n^{n-1} \end{vmatrix}$$

hat eine Fülle von Anwendungen in der numerischen Analysis, der diskreten Geometrie und vielen weiteren Gebieten. Wir werden sie im Zusammenhang mit Polynomen und polynomialen Funktionen in Abschn. 9.2.4 verwenden.
Hier wollen wir zeigen, daß

$$\Delta_{\mathrm{V}}(\lambda_1, \ldots, \lambda_n) = \prod_{1 \le i < j \le n} (\lambda_j - \lambda_i).$$

Insbesondere gilt $\Delta_{\mathrm{V}}(\lambda_1, \ldots, \lambda_n) \neq 0$ genau dann, wenn die λ_i paarweise verschieden sind. Dies liefert übrigens auch eine tiefere Erklärung für Aufgabe 4.1.11.
Formal stimmt diese Formel selbst für $n = 1$, da das leere Produkt per definitionem gleich 1 gesetzt wird. Für $n = 2$ und $n = 3$ kann man die behauptete Formel leicht nachrechnen. Im allgemeinen Fall ziehen wir für $k = n, n-1, \ldots, 3, 2$ das λ_1-fache der $(k-1)$-ten Spalte von der k-ten Spalte ab. Dies liefert

$$\Delta_{\mathrm{V}}(\lambda_1, \ldots, \lambda_n) = \begin{vmatrix} 1 & 0 & 0 & \cdots & 0 \\ 1 & \lambda_2 - \lambda_1 & \lambda_2(\lambda_2 - \lambda_1) & \cdots & \lambda_2^{n-2}(\lambda_2 - \lambda_1) \\ \vdots & \vdots & \vdots & & \vdots \\ 1 & \lambda_n - \lambda_1 & \lambda_n(\lambda_n - \lambda_1) & \cdots & \lambda_n^{n-2}(\lambda_n - \lambda_1) \end{vmatrix}.$$

Entwicklung der Determinante nach der ersten Zeile ergibt, unter Ausnutzung der Linearität der Determinante (hier: von $A_{11}^{\wedge}$) in den Zeilen, die iterative Formel

$$\Delta_{\mathrm{V}}(\lambda_1, \ldots, \lambda_n) = (\lambda_2 - \lambda_1) \cdots (\lambda_n - \lambda_1) \cdot \Delta_{\mathrm{V}}(\lambda_2, \ldots, \lambda_n).$$

Damit folgt die behauptete Formel durch Induktion.

Aufgabe 7.2.7
Seien a und b Elemente eines Körpers $\mathbb{K}$, und $A \in \mathbb{K}^{n \times n}$ die Matrix

[2] Benannt nach dem französischen Mathematiker Alexandre-Théophile Vandermonde. Zu dessen Leben und Werk, und zum Ursprung der Bezeichnung „Vandermondesche Determinante“, s. [21, 30].

$$\begin{pmatrix} b & a & \cdots & a \\ a & \ddots & \ddots & \vdots \\ \vdots & \ddots & \ddots & a \\ a & \cdots & a & b \end{pmatrix}.$$

Beweisen Sie für jedes $n \in \mathbb{N}$ die Formel

$$\det A = (b-a)^{n-1}\big(b+(n-1)a\big)$$

durch geeignete Umformungen der Matrix A. ◇

Aufgabe 7.2.8
Bestimmen Sie, für welche $\lambda \in \mathbb{R}$ die reelle Matrix

$$A_\lambda := \begin{pmatrix} 1 & \lambda & 0 & 0 \\ \lambda & 1 & 0 & 0 \\ 0 & \lambda & 1 & \lambda \\ 0 & 0 & \lambda & 1 \end{pmatrix}$$

invertierbar ist, und berechnen Sie gegebenenfalls die inverse Matrix A_λ^{-1}. Klären Sie dabei die Frage der Invertierbarkeit sowohl mittels Rangbestimmung als auch mittels der Determinante. ◇

7.3 Die Cramersche Formel für die inverse Matrix

In diesem Abschnitt behandeln wir den Zusammenhang zwischen der Determinante und der Invertierbarkeit einer quadratischen Matrix. Darüber hinaus finden wir eine Formel für die Inverse einer Matrix, die auch zu einer Lösungsformel für quadratische lineare Gleichungssysteme (n Gleichungen in n Variablen) führt.

Satz 7.3.1
Eine Matrix $A \in \mathbb{K}^{n\times n}$ ist invertierbar genau dann, wenn $\det A \neq 0$. *In diesem Fall gilt*

$$\det(A^{-1}) = (\det A)^{-1}.$$

Beweis Ist A invertierbar, so gilt aufgrund der Multiplikativität der Determinante

$$\det(A)\cdot\det(A^{-1}) = \det(AA^{-1}) = \det E = 1,$$

also insbesondere $\det A \neq 0$.

Für die Gegenrichtung beweisen wir die kontrapositive Aussage. Ist A nicht invertierbar, so gilt $\operatorname{Rang} A < n$ (Satz 5.2.11), d. h. die Spalten $\mathbf{a}_1, \ldots, \mathbf{a}_n \in \mathbb{K}^n$ von A sind linear abhängig. Sei etwa $\mathbf{a}_1 = \lambda_2 \mathbf{a}_2 + \cdots + \lambda_n \mathbf{a}_n$ (s. Lemma 4.1.8). Dann folgt

$$\begin{aligned} \det A &= \det(\mathbf{a}_1, \ldots, \mathbf{a}_n) \\ &= \lambda_2 \det(\mathbf{a}_2, \mathbf{a}_2, \ldots, \mathbf{a}_n) + \cdots + \lambda_n \det(\mathbf{a}_n, \mathbf{a}_2, \ldots, \mathbf{a}_n) \\ &= 0 \end{aligned}$$

aufgrund der Linearität und der alternierenden Eigenschaft der Determinante. □

Die Zeilenentwicklungsformel

$$\det A = \sum_{j=1}^{n} (-1)^{i+j} a_{ij} \det A_{ij}^{\wedge}$$

besitzt eine strukturelle Ähnlichkeit mit der Formel für ein Matrixprodukt. Dies wollen wir ausnutzen, um eine Formel für die inverse Matrix A^{-1} (im Falle, daß $\det A \neq 0$) zu finden.

Definition 7.3.2

Für $A \in \mathbb{K}^{n \times n}$ heißt die durch

$$\tilde{a}_{ij} := (-1)^{i+j} \det A_{ji}^{\wedge}$$

gegebene Matrix

$$\widetilde{A} = (\tilde{a}_{ij}) \in \mathbb{K}^{n \times n}$$

die **Adjunkte** von A *oder die zu* A **komplementäre Matrix.** ◀

Satz 7.3.3 (Cramersche Regel)
Für $A \in \mathbb{K}^{n \times n}$ *gilt*

$$\widetilde{A} A = A \widetilde{A} = \det(A) \cdot E.$$

Insbesondere gilt, falls A invertierbar ist,

$$A^{-1} = \frac{1}{\det A} \widetilde{A}.$$

Beweis Sei $(A\widetilde{A})_{ij}$ der Eintrag der Matrix $A\widetilde{A}$ in der i-ten Zeile und j-ten Spalte.

Zunächst berechnen wir die Diagonaleinträge der Matrix $A\widetilde{A}$:

$$
\begin{aligned}
(A\widetilde{A})_{ii} &= \sum_{j=1}^{n} a_{ij}\tilde{a}_{ji} \\
&= \sum_{j=1}^{n} a_{ij} \cdot (-1)^{i+j} \det A_{ij}^{\wedge} \\
&= \det A
\end{aligned}
$$

nach der Zeilenentwicklungsformel.

Es bleiben noch die Einträge $(A\widetilde{A})_{ik}$ für $i \neq k$ zu berechnen. Dazu sei $A' \in \mathbb{K}^{n\times n}$ die Matrix, die man aus A erhält, indem man die k-te Zeile durch die i-te Zeile ersetzt, d. h.

$$
a'_{kj} = a_{ij}, \quad a'_{\ell j} = a_{\ell j} \quad \text{für } \ell \neq k.
$$

Da dann die k-te Zeile von A' gleich der i-ten Zeile ist, gilt aufgrund der alternierenden Eigenschaft der Determinante (und Lemma 7.2.5) $\det A' = 0$. Außerdem gilt

$$
(A')_{kj}^{\wedge} = A_{kj}^{\wedge},
$$

da hier die k-te Zeile gestrichen wird, also die einzige Zeile, in der sich A und A' unterscheiden.

Jetzt wenden wir die Zeilenentwicklungsformel auf A' an, wobei wir nach der k-ten Zeile entwickeln:

$$
\begin{aligned}
0 \;=\; \det A' &= \sum_{j=1}^{n} (-1)^{k+j} a'_{kj} \det(A')_{kj}^{\wedge} \\
&= \sum_{j=1}^{n} (-1)^{k+j} a_{ij} \det A_{kj}^{\wedge} \\
&= \sum_{j=1}^{n} a_{ij}\tilde{a}_{jk} \\
&= (A\widetilde{A})_{ik}.
\end{aligned}
$$

Insgesamt ergibt sich damit die gewünschte Identität $A\widetilde{A} = \det(A)\cdot E$. Die Identität $\widetilde{A}A = \det(A)\cdot E$ folgt analog mit der Spaltenentwicklungsformel. □

In der folgenden Aufgabe behandeln wir eine Version der Cramerschen Regel für das Lösen quadratischer Gleichungssysteme. Dies ist auch der Ursprung der Namensgebung, denn die Formel findet sich (noch ohne Verwendung der Determinantenschreibweise) bei dem Genfer Mathematiker Gabriel Cramer; s. [7, S. 657].

Aufgabe 7.3.4
Es sei $A \in \mathrm{GL}(n, \mathbb{K})$ eine invertierbare $(n \times n)$-Matrix, und $\mathbf{b}$ sei ein Vektor im $\mathbb{K}^n$. Die eindeutige Lösung $\mathbf{x} = (x_1, \dots, x_n)^{\mathrm{t}}$ des Gleichungssystems $A\mathbf{x} = \mathbf{b}$ ist gegeben durch

$$\mathbf{x} = A^{-1}\mathbf{b} = \frac{1}{\det A}\widetilde{A}\mathbf{b}.$$

Wir wollen zeigen, daß diese Formel äquivalent ist zu

$$x_i = \frac{1}{\det A} \cdot \begin{vmatrix} a_{11} & \cdots & b_1 & \cdots & a_{1n} \\ \vdots & & \vdots & & \vdots \\ a_{n1} & \cdots & b_n & \cdots & a_{nn} \end{vmatrix},$$

wobei in der ausgeschriebenen Matrix die i-te Spalte von A durch den Vektor $\mathbf{b}$ ersetzt wurde.

(a) Leiten Sie diese Formel direkt aus der expliziten Darstellung der Einträge $\tilde{a}_{ij}$ der Adjunkte her.
(b) Überlegen Sie sich alternativ, daß aus der Tatsache, daß $\mathbf{x}$ eine Lösung von $A\mathbf{x} = \mathbf{b}$ ist, folgt: Für jedes $i = 1, \dots n$ gilt

$$\begin{vmatrix} a_{11} & \cdots & (x_i a_{1i} - b_1) & \cdots & a_{1n} \\ \vdots & & \vdots & & \vdots \\ a_{n1} & \cdots & (x_i a_{ni} - b_n) & \cdots & a_{nn} \end{vmatrix} = 0,$$

da die Spalten der Matrix linear abhängig sind. Folgern Sie mit der Linearität der Determinante in der i-ten Spalte erneut die Formel für x_i. ◇

7.4 Orientierung von reellen Vektorräumen

Wie wir in Kap. 6 und im vorigen Abschnitt gesehen haben, gelten für eine Matrix $A \in \mathbb{K}^{n \times n}$ die Äquivalenzen

$$\operatorname{Rang} A = n \iff A \text{ ist invertierbar} \iff \det A \neq 0.$$

Anders formuliert: Es gilt $\det A \neq 0$ genau dann, wenn die Spalten von A eine Basis des $\mathbb{K}^n$ bilden. Da wir uns in diesem Abschnitt primär für Basen und nicht für Matrizen interessieren, schreiben wir wieder $\Delta(\mathbf{a}_1, \dots, \mathbf{a}_n)$ für die Determinante der Matrix mit Spaltenvektoren $\mathbf{a}_1, \dots, \mathbf{a}_n$.

Sei nun $\mathbb{K} = \mathbb{R}$. Die allgemeine lineare Gruppe $\mathrm{GL}(n, \mathbb{R})$ der invertierbaren $(n \times n)$-Matrizen zerfällt in die zwei Teilmengen $\mathrm{GL}^{\pm}(n, \mathbb{R})$ der Matrizen mit positiver bzw. negativer Determinante. Aufgrund der Multiplikativität der Determinante (s. Notiz 7.1.22) bildet $\mathrm{GL}^{+}(n, \mathbb{R})$ eine Untergruppe von $\mathrm{GL}(n, \mathbb{R})$, nicht jedoch $\mathrm{GL}^{-}(n, \mathbb{R})$.

Entsprechend können wir die Basen des $\mathbb{R}^n$ in zwei Klassen einteilen.

Definition 7.4.1

Eine Basis $(\mathbf{b}_1, \ldots, \mathbf{b}_n)$ des $\mathbb{R}^n$ heißt **positiv orientiert** oder **negativ orientiert,** je nachdem ob das Vorzeichen von $\Delta(\mathbf{b}_1, \ldots, \mathbf{b}_n)$ positiv oder negativ ist. ◄

Beispiel 7.4.2
Aufgrund der Normierungsbedingung für die Determinante in Definition 7.1.3 (iii) ist die kanonische Basis $(\mathbf{e}_1, \ldots, \mathbf{e}_n)$ des $\mathbb{R}^n$ positiv orientiert. Die Basis $(\mathbf{e}_1, \ldots, \mathbf{e}_{n-1}, -\mathbf{e}_n)$ ist negativ orientiert.

Eine reelle $(n \times n)$-Matrix ist also Element von $\mathrm{GL}^+(n, \mathbb{R})$ genau dann, wenn die Spalten eine positiv orientierte Basis des $\mathbb{R}^n$ bilden.

Allgemeiner kann man in jedem reellen Vektorraum V endlicher Dimension n eine Orientierung wie folgt definieren. Wir nennen zwei Basen von V äquivalent, wenn die Matrix $T \in \mathrm{GL}(n, \mathbb{R})$, die die Basistransformation beschreibt (s. Abschn. 6.3), positive Determinante hat.

Aufgabe 7.4.3
Zeigen Sie, daß dies in der Tat eine Äquivalenzrelation auf der Menge aller Basen von V definiert, mit genau zwei Äquivalenzklassen. ◇

Eine **Orientierung** von V ist nichts anderes als die Wahl einer der beiden Äquivalenzklassen. Jede Basis in dieser Äquivalenzklasse heißt dann **positiv.**

Notiz 7.4.4 Für $A \in \mathbb{K}^{n \times n}$ und $\mathbf{b}_1, \ldots, \mathbf{b}_n \in \mathbb{K}^n$ gilt

$$A \begin{pmatrix} | & & | \\ \mathbf{b}_1 & \cdots & \mathbf{b}_n \\ | & & | \end{pmatrix} = \begin{pmatrix} | & & | \\ A\mathbf{b}_1 & \cdots & A\mathbf{b}_n \\ | & & | \end{pmatrix}.$$

Dank der Multiplikativität der Determinante gilt daher:

(i) Ist $A \in \mathrm{GL}^+(n, \mathbb{R})$, so bildet A jede positiv orientierte Basis des $\mathbb{R}^n$ wieder auf eine positiv orientierte Basis ab.
(ii) Bildet $A \in \mathrm{GL}(n, \mathbb{R})$ eine beliebige positiv orientierte Basis auf eine positiv orientierte Basis ab, so gilt $A \in \mathrm{GL}^+(n, \mathbb{R})$.

Die Konvention für die geometrische Darstellung der kanonischen Basisvektoren im $\mathbb{R}^2$ bzw. $\mathbb{R}^3$ ist die folgende:

(i) $\mathbf{e}_i$ steht senkrecht zu $\mathbf{e}_j$ für $i \neq j$.
(ii) Im $\mathbb{R}^2$ erhält man $\mathbf{e}_2$ aus $\mathbf{e}_1$ durch Drehung um 90 Grad im Gegenuhrzeigersinn; im $\mathbb{R}^3$ bilden $\mathbf{e}_1, \mathbf{e}_2, \mathbf{e}_3$ ein rechtshändiges Dreibein. Zu letzterem s. S. 34 und Abb. 4.1.

Wir wollen uns die Bedeutung der Orientierung einer Basis des $\mathbb{R}^3$ heuristisch veranschaulichen. Ich behaupte, daß eine Basis $\mathbf{b}_1, \mathbf{b}_2, \mathbf{b}_3$ genau dann positiv orientiert ist, wenn die Basisvektoren ein rechtshändiges Dreibein bilden. Dazu überlegt man sich, daß man eine stetige Familie von Basen $\big(\mathbf{v}_1(t), \mathbf{v}_2(t), \mathbf{v}_3(t)\big)$, $t \in [0, 1]$, mit den folgenden Eigenschaften konstruieren kann:

(i) $\mathbf{v}_i(0) = \mathbf{b}_i$, $i = 1, 2, 3$.
(ii) $\mathbf{v}_i(1) = \mathbf{e}_i$ für $i = 1, 2$, und $\mathbf{v}_3(1) = \pm\mathbf{e}_3$.

Die Details dieser Konstruktion geben wir in den Notizen 8.3.13 und 9.4.5.

Da die Determinante $\Delta\big(\mathbf{v}_1(t), \mathbf{v}_2(t), \mathbf{v}_3(t)\big)$ für $t \in [0, 1]$ nie verschwindet (und stetig von t abhängt), ändert sie nach dem Zwischenwertsatz aus der 1-dimensionalen reellen Analysis nie ihr Vorzeichen. Daher stimmt das Vorzeichen von $\Delta(\mathbf{b}_1, \mathbf{b}_2, \mathbf{b}_3)$ mit dem in (ii) überein. Aber auch die Rechts- oder Linkshändigkeit des Dreibeins bleibt bei diesem Prozeß unverändert, und auch diese ist gegeben durch diese Vorzeichen.

Aufgabe 7.4.5
Das **Kreuzprodukt** oder **Vektorprodukt** von zwei Vektoren

$$\mathbf{x} = (x_1, x_2, x_3), \quad \mathbf{y} = (y_1, y_2, y_3)$$

im $\mathbb{R}^3$ ist definiert durch

$$\mathbf{x} \times \mathbf{y} := (x_2y_3 - x_3y_2, x_3y_1 - x_1y_3, x_1y_2 - x_2y_1).$$

Außerdem betrachten wir auf dem $\mathbb{R}^3$ das Skalarprodukt analog zum $\mathbb{R}^2$:

$$\langle \mathbf{x}, \mathbf{y} \rangle := x_1y_1 + x_2y_2 + x_3y_3.$$

Entsprechend definieren wir die Länge eines Vektors durch $|\mathbf{x}| := \sqrt{\langle \mathbf{x}, \mathbf{x} \rangle}$.

(a) Verifizieren Sie, daß
$$|\mathbf{x} \times \mathbf{y}|^2 = |\mathbf{x}|^2 \cdot |\mathbf{y}|^2 - \langle \mathbf{x}, \mathbf{y} \rangle^2.$$
Wie wir im Rahmen der Theorie der euklidischen Vektorräume (Kap. 8) sehen werden, kann man daraus folgern – ähnlich wie in Kap. 1 für $\det(\mathbf{x}, \mathbf{y})$, wenn $\mathbf{x}, \mathbf{y} \in \mathbb{R}^2$ –, daß $|\mathbf{x} \times \mathbf{y}|$ gleich dem Flächeninhalt des von $\mathbf{x}$ und $\mathbf{y}$ im $\mathbb{R}^3$ aufgespannten Parallelogramms ist.
(b) Zeigen Sie, daß $\mathbf{x} \times \mathbf{y}$ orthogonal zu $\mathbf{x}$ und $\mathbf{y}$ ist, d. h. $\langle \mathbf{x} \times \mathbf{y}, \mathbf{x} \rangle = \langle \mathbf{x} \times \mathbf{y}, \mathbf{y} \rangle = 0$.
(c) Zeigen Sie, daß für $\mathbf{x}, \mathbf{y}, \mathbf{z} \in \mathbb{R}^3$ (als Spaltenvektoren aufgefaßt) die Identität
$$\det(\mathbf{x}, \mathbf{y}, \mathbf{z}) = \langle \mathbf{x} \times \mathbf{y}, \mathbf{z} \rangle$$
gilt. Erklären Sie, warum dies geometrisch der auf S. 34 geforderten Rechtshändigkeit des Kreuzproduktes entspricht. ◇

7.5 Die Determinante eines Endomorphismus

Abschließend wollen wir uns überlegen, daß man auch einem Endomorphismus $f\colon V \to V$ eines endlich-dimensionalen $\mathbb{K}$-Vektorraumes V eine Determinante zuordnen kann. Diese soll definiert sein als die Determinante einer darstellenden Matrix A von f bezüglich einer Basis von V. Damit diese Definition sinnvoll ist, darf diese Determinante nicht von der Basiswahl abhängig sein, was wir nun zeigen wollen.

Wie in Abschn. 5.3 (für den Spezialfall $W = V$ und $k = h$) liefert die Wahl einer Basis von V einen Isomorphismus $h\colon \mathbb{K}^n \to V$ und ein kommutatives Diagramm

$$\begin{array}{ccc} V & \xrightarrow{\;f\;} & V \\ {\scriptstyle h}\uparrow{\scriptstyle \cong} & & {\scriptstyle \cong}\uparrow{\scriptstyle h} \\ \mathbb{K}^n & \xrightarrow{\;A\;} & \mathbb{K}^n. \end{array}$$

Die Matrix $A \in \mathbb{K}^{n\times n}$ ist dann die Darstellung des Endomorphismus f bezüglich der gewählten Basis.

Wählt man eine andere Basis von V, so ist die Matrixdarstellung von f gegeben durch $T^{-1}AT$, wobei $T \in \mathrm{GL}(n, \mathbb{K})$ die Basistransformation beschreibt; s. Abschn. 6.3. Mit der Multiplikativität der Determinante und Satz 7.3.1 gilt

$$\det(T^{-1}AT) = (\det T)^{-1} \cdot \det A \cdot \det T = \det A.$$

Daher ist die folgende Definition in der Tat sinnvoll.

Definition 7.5.1

Die **Determinante** von $f \in \mathrm{End}(V)$ ist

$$\det f := \det A,$$

wobei A die Matrixdarstellung von f bezüglich einer frei gewählten Basis von V ist. ◀

Die Eigenschaften der Determinante von quadratischen Matrizen übertragen sich dann auf die Determinante von Endomorphismen:

(i) Es gilt $\det f \neq 0$ genau dann, wenn $f\colon V \to V$ ein Isomorphismus ist.
(ii) Für $f, g \in \mathrm{End}(V)$ gilt
$$\det(g \circ f) = \det g \cdot \det f.$$
(iii) Die identische Abbildung id_V besitzt die Determinante 1.

Euklidische Vektorräume 8

Für die analytische Behandlung geometrischer Fragen benötigt man, wie wir schon in Kap. 1 gesehen haben, das Konzept des Skalarproduktes, das je zwei Vektoren eines Vektorraumes einen Skalar zuordnet. Damit lassen sich geometrische Größen wie Winkel, Länge, Fächeninhalt, Volumen etc. definieren, auch in „abstrakten" Vektorräumen, etwa unendlich-dimensionalen Funktionenräumen.

In diesem Kapitel betrachten wir ausschließlich reelle Vektorräume, da wir die Anordnung der reellen Zahlen, insbesondere den Begriff der positiven reellen Zahlen, zur Definition der positiven Definitheit benötigen.

8.1 Skalarprodukte

Definition 8.1.1

Ein **Skalarprodukt** auf einem reellen Vektorraum V ist eine Abbildung

$$\begin{aligned} V \times V &\longrightarrow \mathbb{R} \\ (\mathbf{v}, \mathbf{w}) &\longmapsto \langle \mathbf{v}, \mathbf{w} \rangle, \end{aligned}$$

die *bilinear* (s. S. 122), **symmetrisch** und **positiv definit** ist, d. h.

$$\forall \mathbf{v}, \mathbf{w} \in V : \langle \mathbf{v}, \mathbf{w} \rangle = \langle \mathbf{w}, \mathbf{v} \rangle$$

und

$$\forall \mathbf{v} \in V \setminus \{0\} : \langle \mathbf{v}, \mathbf{v} \rangle > 0.$$

Ein reeller Vektorraum mit einem Skalarprodukt heißt **euklidischer Vektorraum.** ◀

H. Geiges, *Lineare Algebra und Geometrie I*, Mathematik Kompakt,
https://doi.org/10.1007/978-3-032-21683-0_8

Beispiele 8.1.2

(1) $V = \mathbb{R}^n$ mit dem **Standardskalarprodukt**

$$\langle \mathbf{x}, \mathbf{y} \rangle := x_1 y_1 + \cdots + x_n y_n$$

für $\mathbf{x} = (x_1, \ldots, x_n)$ und $\mathbf{y} = (y_1, \ldots, y_n)$. Wenn wir vom $\mathbb{R}^n$ als euklidischem Vektorraum sprechen, ohne ein Skalarprodukt zu spezifizieren, ist stets das Standardskalarprodukt gemeint.

(2) $V = \ell_2$, der Vektorraum der reellen Zahlenfolgen $\mathbf{x} = (x_\nu)_{\nu \in \mathbb{N}}$, die quadratisch konvergent sind, d. h.

$$\sum_{\nu=1}^{\infty} x_\nu^2 \quad \text{ist konvergent.}$$

Mit der komponentenweisen Addition

$$(x_\nu) + (y_\nu) := (x_\nu + y_\nu)$$

und Skalarmultiplikation

$$\lambda(x_\nu) := (\lambda x_\nu)$$

bilden diese Folgen in der Tat einen Vektorraum: Für $a, b \in \mathbb{R}$ gilt

$$0 \le (a \pm b)^2 = a^2 \pm 2ab + b^2,$$

und damit $|2ab| \le a^2 + b^2$ und

$$(a + b)^2 = a^2 + 2ab + b^2 \le 2(a^2 + b^2).$$

Für $(x_\nu), (y_\nu) \in \ell_2$ gilt daher auch $(x_\nu + y_\nu) \in \ell_2$, und ein Skalarprodukt kann durch

$$\langle \mathbf{x}, \mathbf{y} \rangle := \sum_{\nu=1}^{\infty} x_\nu y_\nu$$

definiert werden, da die Reihe $\sum_{\nu=1}^{\infty} x_\nu y_\nu$ nach unserer obigen Abschätzung (absolut) konvergent ist.

(3) Der Vektorraum $V = C^0\big([a, b]\big)$ der stetigen Funktionen $[a, b] \to \mathbb{R}$ mit dem Skalarprodukt

$$\langle f, g \rangle := \int_a^b f(x) g(x) \, \mathrm{d}x.$$

Definition 8.1.3

Die **euklidische Norm** (oder **Länge**) eines Vektors $\mathbf{v}$ in einem euklidischen Vektorraum $\big(V, \langle\,.\,,\,.\,\rangle\big)$ ist die nichtnegative reelle Zahl

$$|\mathbf{v}| := \sqrt{\langle \mathbf{v}, \mathbf{v} \rangle}. \quad ◀$$

In Abschn. 1.3 hatten wir gesehen, daß für das Standardskalarprodukt auf dem $\mathbb{R}^2$ die Beziehung

$$\langle \mathbf{v}, \mathbf{w} \rangle = |\mathbf{v}| \cdot |\mathbf{w}| \cdot \cos \angle(\mathbf{v}, \mathbf{w})$$

gilt; analog kann man sich das für den $\mathbb{R}^n$ mit dem Standardskalarprodukt überlegen.

Wir wollen nun umgekehrt in einem beliebigen euklidischen Vektorraum mittels dieser Gleichung den Winkel zwischen je zwei Vektoren definieren. Dazu müssen wir wissen, daß für $\mathbf{v}, \mathbf{w} \neq 0$ die Ungleichungen

$$-1 \leq \frac{\langle \mathbf{v}, \mathbf{w} \rangle}{|\mathbf{v}| \cdot |\mathbf{w}|} \leq 1$$

gelten. Dies liefert der folgende Satz mit der nach dem französischen Mathematiker Augustin-Louis Cauchy und dem deutschen Mathematiker Hermann Amandus Schwarz benannten Ungleichung.

Satz 8.1.4 (Cauchy-Schwarzsche Ungleichung)
In jedem euklidischen Vektorraum $\big(V, \langle\, .\, ,\, .\, \rangle\big)$ *gilt für alle* $\mathbf{v}, \mathbf{w} \in V$ *die Ungleichung*

$$|\langle \mathbf{v}, \mathbf{w} \rangle| \leq |\mathbf{v}| \cdot |\mathbf{w}|,$$

mit Gleichheit genau dann, wenn $\mathbf{v}$ *und* $\mathbf{w}$ *linear abhängig sind.*

Beweis Für $\mathbf{w} = 0$ ist die Aussage offensichtlich richtig. Für $\mathbf{w} \neq 0$ lassen wir uns von der elementargeometrischen Situation im $\mathbb{R}^2$ leiten; s. Abb. 8.1.

Für $\mathbf{v}, \mathbf{w} \in \mathbb{R}^2$ ist der Vektor

$$\mathbf{u} := \mathbf{v} - |\mathbf{v}| \cdot \cos\theta \cdot \frac{\mathbf{w}}{|\mathbf{w}|} = \mathbf{v} - \frac{\langle \mathbf{v}, \mathbf{w} \rangle}{|\mathbf{w}|^2} \cdot \mathbf{w}$$

orthogonal zu $\mathbf{w}$, was sich im Verschwinden des Skalarproduktes $\langle \mathbf{u}, \mathbf{w} \rangle$ ausdrückt; s. Abschn. 1.3. Wir können aber auch für $\mathbf{v}, \mathbf{w} \in V$ den Vektor $\mathbf{u}$ durch den Ausdruck auf der rechten Seite definieren und rechnen dann nach:

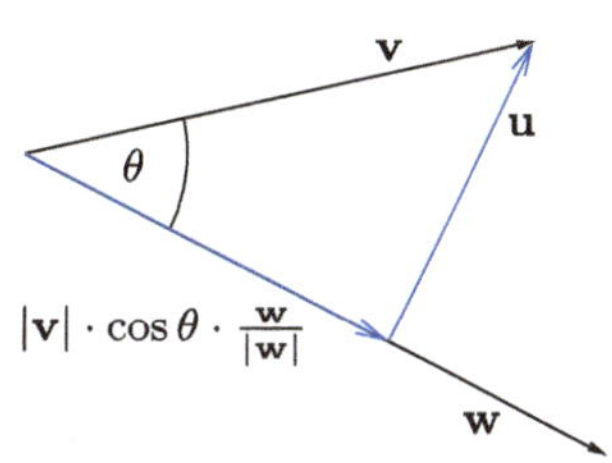

Abb. 8.1 Zum Beweis der Cauchy-Schwarzschen Ungleichung

$$\langle \mathbf{u}, \mathbf{w} \rangle = \langle \mathbf{v}, \mathbf{w} \rangle - \frac{\langle \mathbf{v}, \mathbf{w} \rangle}{|\mathbf{w}|^2} \langle \mathbf{w}, \mathbf{w} \rangle = 0.$$

Aufgabe 8.1.5
Zeigen Sie, daß $\mathbf{u} = 0$ genau dann gilt, wenn $\mathbf{v}$ ein skalares Vielfaches von $\mathbf{w}$ ist, wenn also $\mathbf{v}$ und $\mathbf{w}$ linear abhängig sind. ◇

Wiederum im $\mathbb{R}^2$ sagt uns dann der Satz des Pythagoras, daß die Länge $|\mathbf{v}|$ der Hypotenuse im rechtwinkligen Dreieck größer ist als die Länge $|\langle \mathbf{v}, \mathbf{w} \rangle|/|\mathbf{w}|$ der Ankathete zum Winkel θ (oder gleich, im degenerierten Fall $\mathbf{u} = 0$) – was genau die behauptete Ungleichung ist. Und auch dieses Argument läuft für $\mathbf{v}, \mathbf{w} \in V$ vollkommen analog:

$$\begin{aligned} |\mathbf{v}|^2 &= \langle \mathbf{v}, \mathbf{v} \rangle = \left\langle \mathbf{u} + \frac{\langle \mathbf{v}, \mathbf{w} \rangle}{|\mathbf{w}|^2} \mathbf{w}, \mathbf{u} + \frac{\langle \mathbf{v}, \mathbf{w} \rangle}{|\mathbf{w}|^2} \mathbf{w} \right\rangle \\ &= |\mathbf{u}|^2 + \frac{\langle \mathbf{v}, \mathbf{w} \rangle^2}{|\mathbf{w}|^4} \cdot |\mathbf{w}|^2 \\ &\geq \frac{\langle \mathbf{v}, \mathbf{w} \rangle^2}{|\mathbf{w}|^2}, \end{aligned}$$

mit Gleichheit genau für $\mathbf{u} = 0$. □

Aufgabe 8.1.6
Beweisen Sie die folgenden Ungleichungen.

(a) Für alle positiven reellen Zahlen a, b, c, d gilt

$$16 \leq (a + b + c + d) \left(\frac{1}{a} + \frac{1}{b} + \frac{1}{c} + \frac{1}{d} \right).$$

(b) Für alle natürlichen Zahlen n und alle reellen Zahlen $x_1, \ldots, x_n$ gilt

$$(x_1 + \cdots + x_n)^2 \leq n(x_1^2 + \cdots + x_n^2).$$

(c) Für alle reellen Zahlen $a_1, \ldots, a_n$ und $b_1, \ldots, b_n$ gilt

$$\left(\sum_{j=1}^{n} a_j b_j \right)^2 \leq \left(\sum_{j=1}^{n} j a_j^2 \right) \cdot \left(\sum_{j=1}^{n} b_j^2 / j \right).$$

◇

Definition 8.1.7

Der **Winkel** $\theta \in [0, \pi]$ zwischen zwei Vektoren $\mathbf{v}, \mathbf{w} \neq 0$ eines euklidischen Vektorraumes $\big(V, \langle .\,, . \rangle\big)$ ist definiert durch

$$\cos\theta = \frac{\langle \mathbf{v}, \mathbf{w} \rangle}{|\mathbf{v}| \cdot |\mathbf{w}|}. \blacktriangleleft$$

Unsere Überlegungen in Abschn. 1.3 zeigen, daß diese Definition auf dem $\mathbb{R}^n$, ausgestattet mit dem Standardskalarprodukt, mit unserer elementargeometrischen Definition des Winkels übereinstimmt.

Aufgabe 8.1.8
Beweisen Sie mittels der Methoden der euklidischen Vektorräume die folgenden Aussagen über Dreiecke in der euklidischen Ebene:

(a) Cosinussatz; s. Abb. 8.2: In einem Dreieck mit Seitenlängen a, b, c und Winkel γ gegenüber c gilt $c^2 = a^2 + b^2 - 2ab\cos\gamma$. Der Cosinussatz verallgemeinert den Satz des Pythagoras und findet sich inhaltlich schon in den Lehrsätzen 11 und 12 im zweiten Buch der *Elemente* von Euklid [10, §§ 12 und 13], allerdings noch nicht in der modernen Formulierung mittels der Cosinusfunktion.
(b) Der Satz von Apollonios; s. Abb. 8.3: Es sei d die Länge der Verbindungsstrecke von C mit dem Mittelpunkt von AB. Dann gilt $a^2 + b^2 = \frac{1}{2}c^2 + 2d^2$. Überlegen Sie sich weiter, daß auch dies eine Verallgemeinerung des Satzes von Pythagoras ist. ◇

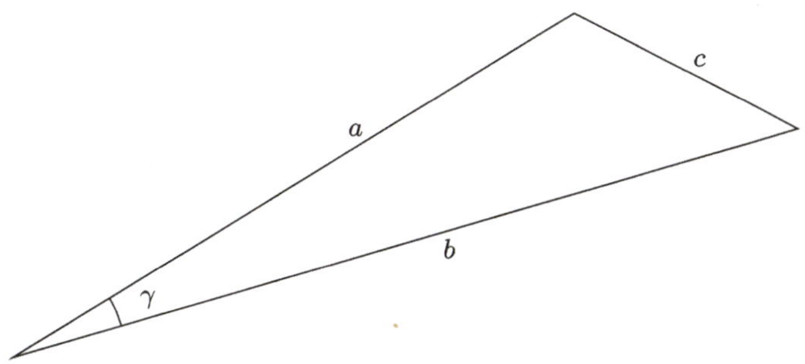

Abb. 8.2 Der Cosinussatz

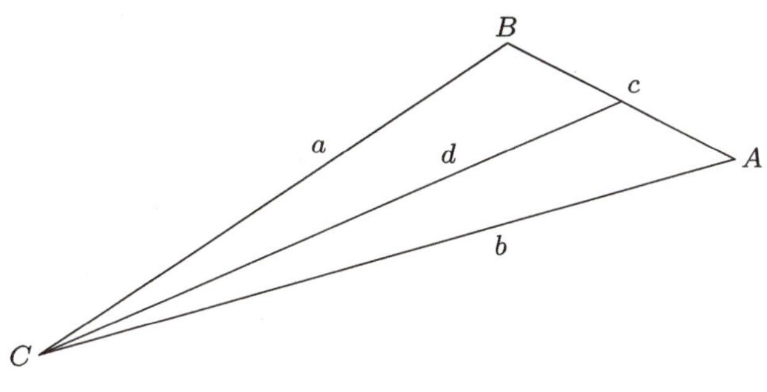

Abb. 8.3 Der Satz von Apollonios

8.2 Normierte Vektorräume

Wie wir gerade gesehen haben, erlaubt uns ein Skalarprodukt auf einem Vektorraum, von der euklidischen Norm eines Vektors zu sprechen. Wir wollen nun allgemeinere Normabbildungen $V \to \mathbb{R}$ betrachten, die die wesentlichen Eigenschaften der euklidischen Norm besitzen, aber nicht notwendigerweise von einem Skalarprodukt herrühren.

Definition 8.2.1

Eine **Norm** auf einem reellen Vektorraum V ist eine Abbildung

$$\begin{aligned} V &\longrightarrow \mathbb{R} \\ \mathbf{v} &\longmapsto |\mathbf{v}| \end{aligned}$$

mit folgenden Eigenschaften:

(i) $\forall\, \mathbf{v} \in V: \; |\mathbf{v}| \geq 0$, mit Gleichheit genau für $\mathbf{v} = 0$;
(ii) $\forall\, \lambda \in \mathbb{R}\; \forall\, \mathbf{v} \in V: \; |\lambda \mathbf{v}| = |\lambda| \cdot |\mathbf{v}|$;
(iii) $\forall\, \mathbf{v}, \mathbf{w} \in V: \; |\mathbf{v} + \mathbf{w}| \leq |\mathbf{v}| + |\mathbf{w}|$.

Ein Vektorraum mit einer Norm heißt **normierter Vektorraum.** ◀

Eigenschaft (iii) ist die sogenannte **Dreiecksungleichung;** s. Abb. 8.4. Beachten Sie, daß in (ii) mit $|\lambda|$ der gewöhnliche Betrag der reellen Zahl λ bezeichnet ist. Die Betragsfunktion auf $\mathbb{R}$ ist eine Norm im obigen Sinne. Manche Autoren schreiben zur besseren Unterscheidung $\| \,.\, \|$ für die Norm auf V. Solange keine Verwechslungsgefahr besteht, bevorzuge ich die Notation $|\,.\,|$ auch für die Norm auf V.

Das nächste Lemma besagt, daß die euklidische Norm aus Definition 8.1.3 tatsächlich eine Norm in diesem allgemeineren Sinne ist.

Lemma 8.2.2
Ist $\langle\, .\, ,\, .\, \rangle$ ein Skalarprodukt, so definiert

$$|\mathbf{v}| := \sqrt{\langle \mathbf{v}, \mathbf{v} \rangle}$$

eine Norm im Sinne von Definition 8.2.1.

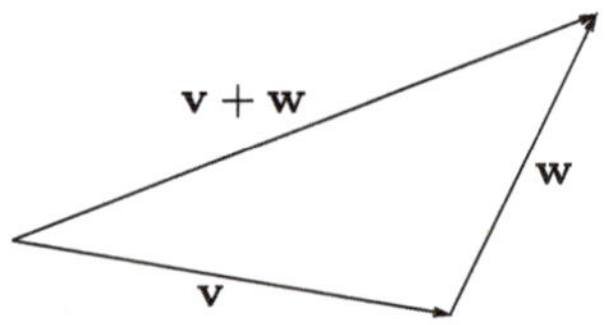

Abb. 8.4 Die Dreiecksungleichung

Beweis Bedingung (i) folgt aus der positiven Definitheit des Skalarproduktes, Bedingung (ii) aus der Bilinearität. Für die Dreiecksungleichung rechnen wir nach:

$$\begin{aligned}|\mathbf{v}+\mathbf{w}|^2 &= \langle \mathbf{v}+\mathbf{w}, \mathbf{v}+\mathbf{w}\rangle \\ &= |\mathbf{v}|^2 + 2\langle \mathbf{v}, \mathbf{w}\rangle + |\mathbf{w}|^2 \\ &\leq |\mathbf{v}|^2 + 2|\mathbf{v}|\cdot|\mathbf{w}| + |\mathbf{w}|^2 \\ &= \big(|\mathbf{v}|+|\mathbf{w}|\big)^2,\end{aligned}$$

wobei wir die Cauchy–Schwarzsche Ungleichung verwendet haben. □

Ein Vektor $\mathbf{v}$ in einem normierten Vektorraum mit $|\mathbf{v}| = 1$ heißt **Einheitsvektor.** Aus einem Vektor $\mathbf{v} \neq 0$ erhält man durch **Normierung,** d. h. den Übergang zu $\mathbf{v}/|\mathbf{v}|$, einen Einheitsvektor.

8.3 Orthogonalität

In Abschn. 1.3 hatten wir das Skalarprodukt auf dem $\mathbb{R}^2$ aus dem Begriff der Orthogonalität heraus motiviert. Hier gehen wir nun den umgekehrten Weg und erklären Orthogonalität in einem euklidischen Vektorraum mittels des Skalarproduktes.

Definition 8.3.1

Zwei Vektoren $\mathbf{v}, \mathbf{w}$ eines euklidischen Vektorraumes $\big(V, \langle\,.\,,\,.\,\rangle\big)$ heißen **orthogonal** zueinander, wenn $\langle \mathbf{v}, \mathbf{w}\rangle = 0$. Wir schreiben dann $\mathbf{v} \perp \mathbf{w}$. ◄

Nach unserer Definition des Winkels $\angle(\mathbf{v}, \mathbf{w})$ ist die Aussage $\mathbf{v} \perp \mathbf{w}$ äquivalent dazu, daß entweder einer der beiden Vektoren $\mathbf{v}, \mathbf{w}$ der Nullvektor ist, oder $\angle(\mathbf{v}, \mathbf{w}) = \pi/2$.

8.3.1 Euklidische Normen

In diesem Abschnitt wollen wir einige geometrische Aussagen über euklidische Normen beweisen. Damit können wir zeigen, daß es tatsächlich Normen gibt, die *nicht* über ein Skalarprodukt definiert werden können, also nicht euklidisch sind.

Im folgenden sei $|\,.\,|$ stets die durch das Skalarprodukt $\langle\,.\,,\,.\,\rangle$ definierte euklidische Norm. Für $\mathbf{v}, \mathbf{w} \in V$ gilt dann

$$|\mathbf{v} \pm \mathbf{w}|^2 = \langle \mathbf{v} \pm \mathbf{w}, \mathbf{v} \pm \mathbf{w}\rangle = |\mathbf{v}|^2 \pm 2\langle \mathbf{v}, \mathbf{w}\rangle + |\mathbf{w}|^2$$

Daraus lassen sich unmittelbar die folgenden Aussagen herleiten.

Satz 8.3.2 (Pythagoras)
Für Vektoren $\mathbf{v}$, $\mathbf{w}$ *eines euklidischen Vektorraumes gilt die Äquivalenz*

$$\mathbf{v} \perp \mathbf{w} \Longleftrightarrow |\mathbf{v} + \mathbf{w}|^2 = |\mathbf{v}|^2 + |\mathbf{w}|^2;$$

s. Abb. 8.5. □

Aufgabe 8.3.3
Zeigen Sie, daß für Vektoren $\mathbf{v}$, $\mathbf{w}$ eines euklidischen Vektorraumes die Äquivalenz

$$\mathbf{v} + \mathbf{w} \perp \mathbf{v} - \mathbf{w} \Longleftrightarrow |\mathbf{v}| = |\mathbf{w}|$$

gilt. Machen Sie sich klar, daß dies geometrisch interpretiert genau der Satzes des Thales ist. ◇

Die folgenden Polarisationsformeln erlauben es, aus einer euklidischen Norm das Skalarprodukt zu rekonstruieren. Geometrisch bedeutet dies, daß man allein aus der Kenntnis von Längen auch Winkel (und damit Polarkoordinaten) bestimmen kann. Die Terminologie „Polarisation" geht aber vermutlich auf den Zusammenhang mit den Begriffen „Pol" und „Polare" aus der Theorie der Quadriken zurück, die wir in Abschn. 17.7 des zweiten Bandes behandeln werden.

Satz 8.3.4 (Polarisationsformeln)
Für Vektoren $\mathbf{v}$, $\mathbf{w}$ *eines euklidischen Vektorraumes gelten die Identitäten*

$$\langle \mathbf{v}, \mathbf{w} \rangle = \frac{1}{2}\big(|\mathbf{v} + \mathbf{w}|^2 - |\mathbf{v}|^2 - |\mathbf{w}|^2\big)$$

und

$$\langle \mathbf{v}, \mathbf{w} \rangle = \frac{1}{4}\big(|\mathbf{v} + \mathbf{w}|^2 - |\mathbf{v} - \mathbf{w}|^2\big).$$

□

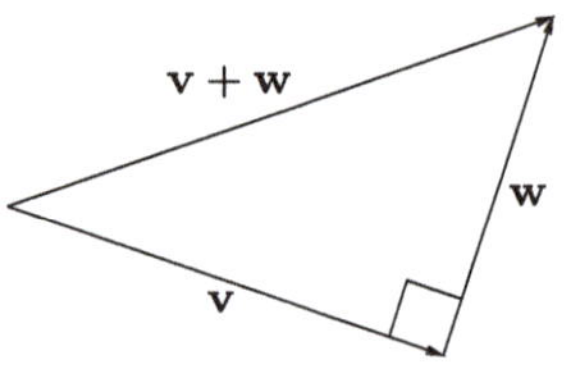

Abb. 8.5 Der Satz des Pythagoras

Die nächste geometrische Aussage über euklidische Normen ist, wie wir sehen werden, eine hinreichende Bedingung dafür, daß eine gegebene Norm tatsächlich von einem Skalarprodukt herrührt.

Satz 8.3.5 (Parallelogrammgleichung)
Für Vektoren $\mathbf{v}, \mathbf{w}$ *eines euklidischen Vektorraumes gilt die Identität*

$$|\mathbf{v}+\mathbf{w}|^2 + |\mathbf{v}-\mathbf{w}|^2 = 2\big(|\mathbf{v}|^2 + |\mathbf{w}|^2\big);$$

s. Abb. 8.6. □

Aufgabe 8.3.6
Beweisen Sie die folgenden elementargeometrischen Aussagen über Parallelogramme:

(a) Ein Parallelogramm hat genau dann gleich lange Seiten (ist also ein **Rhombus**), wenn die beiden Diagonalen orthogonal zueinander sind.
(b) Ein Parallelogramm ist genau dann ein Rechteck, wenn beide Diagonalen gleich lang sind. ◇

Eine Norm, die der Parallelogrammgleichung *nicht* genügt, kann nach Satz 8.3.5 nicht euklidisch sein.

Aufgabe 8.3.7
(a) Für $\mathbf{x} = (x_1, \ldots, x_n) \in \mathbb{R}^n$, $n \geq 2$, definieren wir

$$|\mathbf{x}|_\infty := \max\{|x_i|\colon\ i = 1, \ldots, n\}.$$

(i) Überprüfen Sie, daß $|\,.\,|_\infty$ eine Norm auf dem $\mathbb{R}^n$ definiert.
(ii) Zeigen Sie, daß diese Norm nicht euklidisch ist, d. h. es gibt kein Skalarprodukt $\langle\,.\,,\,.\,\rangle$ auf dem $\mathbb{R}^n$, für das $\langle\mathbf{x}, \mathbf{x}\rangle = |\mathbf{x}|_\infty^2$ für alle $\mathbf{x} \in \mathbb{R}^n$ gilt. Insbesondere definiert die rechte Seite der Polarisationsformeln für diese Norm kein Skalarprodukt.

(b) Für p eine reelle Zahl ≥ 1 und $\mathbf{x} = (x_1, x_2) \in \mathbb{R}^2$ definieren wir

$$|\mathbf{x}|_p = \big(|x_1|^p + |x_2|^p\big)^{1/p}.$$

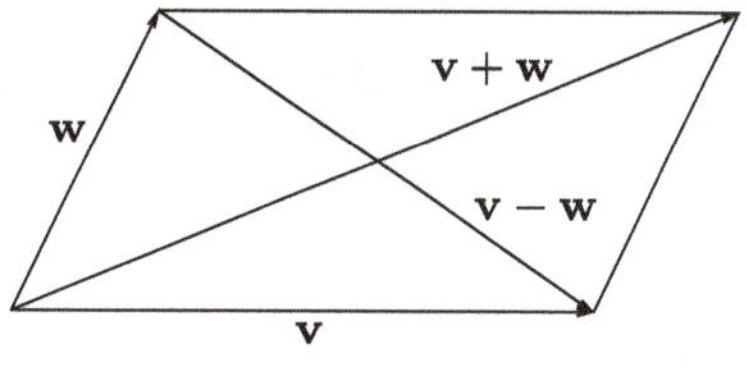

Abb. 8.6 Die Parallelogrammgleichung

Dies erfüllt die Bedingungen (i) und (ii) einer Norm (Definition 8.2.1). Die Dreiecksungleichung für $|\,.\,|_p$ trägt den Namen *Minkowskische Ungleichung* und kann mittels der Hölderschen Ungleichung aus der Analysis bewiesen werden; s. [13]. Zeigen Sie, daß die Norm $|\,.\,|_p$ nur für $p = 2$ euklidisch ist. ◇

Hingegen ist jede Norm, die der Parallelogrammgleichung genügt, eine euklidische Norm. Dies ist als Satz von Jordan und v. Neumann bekannt. In dem sehr gut lesbaren Artikel [18] beweisen der deutsche theoretische Physiker Pascual Jordan und der ungarisch-amerikanische Universalgelehrte John von Neumann diesen Satz für komplexe Vektorräume; s. Abschn. 14.4 des zweiten Bandes für die Definition eines Skalarproduktes und die Polarisationsformel im komplexen Fall. In der folgenden Aufgabe betrachten wir den einfacheren reellen Fall.

Aufgabe 8.3.8

Auf einem reellen Vektorraum V sei eine Norm $|\,.\,|$ erklärt, die der Parallelogrammgleichung genügt. Wir wollen zeigen, daß durch

$$\langle \mathbf{v}, \mathbf{w} \rangle := \frac{1}{4}\left(|\mathbf{v} + \mathbf{w}|^2 - |\mathbf{v} - \mathbf{w}|^2\right)$$

ein Skalarprodukt definiert ist, für das dann $\langle \mathbf{v}, \mathbf{v} \rangle = |\mathbf{v}|^2$ gilt. Überlegen Sie sich dazu insbesondere die folgenden Schritte:

(i) $\langle \mathbf{v} + \mathbf{v}', \mathbf{w} \rangle = \langle \mathbf{v}, \mathbf{w} \rangle + \langle \mathbf{v}', \mathbf{w} \rangle$.

(ii) $\langle \lambda\mathbf{v}, \mathbf{w} \rangle = \lambda\langle \mathbf{v}, \mathbf{w} \rangle$ für $\lambda \in \mathbb{Q}$.

(iii) Benutzen Sie die Eigenschaften einer Norm, um für $\lambda \in \mathbb{R}$ und eine Folge (q_ν) rationaler Zahlen mit $\lim_{\nu\to\infty} q_\nu = \lambda$ zu zeigen, daß $\lim_{\nu\to\infty}\langle q_\nu\mathbf{v}, \mathbf{w} \rangle = \langle \lambda\mathbf{v}, \mathbf{w} \rangle$ gilt. ◇

8.3.2 Orthonormalbasen

In Kap. 5 hatten wir gesehen, daß es bis auf Isomorphie nur einen $\mathbb{K}$-Vektorraum der Dimension n gibt (Beispiel 5.1.13 und Notiz 5.2.13). Ganz ähnlich wollen wir hier zeigen, daß es auf einem n-dimensionalen reellen Vektorraum im wesentlichen nur ein einziges Skalarprodukt gibt. Den Äquivalenzbegriff, der sich hinter dem „im wesentlichen" versteckt, werden wir in Abschn. 8.4 einführen.

Definition 8.3.9

Ein Tupel $(\mathbf{v}_1, \ldots, \mathbf{v}_k)$ von Vektoren in einem euklidischen Vektorraum $\big(V, \langle\,.\,,\,.\,\rangle\big)$ heißt **Orthonormalsystem,** falls

$$\langle \mathbf{v}_i, \mathbf{v}_j \rangle = \delta_{ij} \quad \text{für } i, j = 1, \ldots, k,$$

wobei δ_{ij} das Kroneckersymbol ist. Mit anderen Worten, die $\mathbf{v}_i$ haben Norm 1 und stehen paarweise orthogonal zueinander. Ein Orthonormalsystem, das auch eine Basis von V ist, heißt **Orthonormalbasis** (ONB). ◀

Beispiel 8.3.10
Die kanonische Basis $\mathbf{e}_1, \ldots, \mathbf{e}_n$ des $\mathbb{R}^n$ ist eine ONB bezüglich des Standardskalarproduktes.

Lemma 8.3.11

(a) *Ein Orthonormalsystem* $(\mathbf{v}_1, \ldots, \mathbf{v}_k)$ *ist stets linear unabhängig.*
(b) *Ist* $(\mathbf{b}_1, \ldots, \mathbf{b}_n)$ *eine ONB von* V*, so läßt sich jeder Vektor* $\mathbf{v} \in V$ *schreiben als*

$$\mathbf{v} = \sum_{i=1}^{n} \langle \mathbf{v}, \mathbf{b}_i \rangle \mathbf{b}_i .$$

Beweis
(a) Es gelte $\lambda_1 \mathbf{v}_1 + \cdots + \lambda_k \mathbf{v}_k = 0$. Dann folgt

$$0 = \langle \lambda_1 \mathbf{v}_1 + \cdots + \lambda_k \mathbf{v}_k, \mathbf{v}_i \rangle = \lambda_i$$

für jedes $i = 1, \ldots, k$.
(b) Schreibe $\mathbf{v} \in V$ eindeutig als $\mathbf{v} = \lambda_1 \mathbf{b}_1 + \cdots + \lambda_n \mathbf{b}_n$. Dann gilt

$$\lambda_i = \langle \lambda_1 \mathbf{b}_1 + \cdots + \lambda_n \mathbf{b}_n, \mathbf{b}_i \rangle = \langle \mathbf{v}, \mathbf{b}_i \rangle .$$ □

Der folgende Satz liefert einen Algorithmus, wie man sich ausgehend von einem Tupel von linear unabhängigen Vektoren (bzw. einer Basis) stets ein Orthonormalsystem (bzw. eine ONB) verschaffen kann. Gelegentlich wird dieser Algorithmus auch als Gram–Schmidtsches Verfahren bezeichnet.

Satz 8.3.12 (Erhard Schmidtsches Orthonormalisierungsverfahren)
Gegeben sei ein linear unabhängiges n-Tupel $(\mathbf{v}_1, \ldots, \mathbf{v}_n)$ *in einem euklidischen Vektorraum. Definiere die Vektoren* $\mathbf{b}_1, \ldots, \mathbf{b}_n$ *wie folgt:*

$$\mathbf{b}_1 := \mathbf{v}_1/|\mathbf{v}_1|;$$

sind $\mathbf{b}_1, \ldots, \mathbf{b}_{k-1}$ $(k \geq 2)$ *schon definiert, so setze*

$$\mathbf{b}'_k := \mathbf{v}_k - \sum_{i=1}^{k-1} \langle \mathbf{v}_k, \mathbf{b}_i \rangle \mathbf{b}_i$$

und

$$\mathbf{b}_k := \mathbf{b}'_k/|\mathbf{b}'_k|.$$

Dann ist $(\mathbf{b}_1, \ldots, \mathbf{b}_n)$ *eine ONB von* $\mathrm{Lin}(\mathbf{v}_1, \ldots, \mathbf{v}_n)$.

Beweis Beachten Sie, daß dieser Algorithmus durch Teil (b) des obigen Lemmas nahegelegt wird. Induktiv zeigen wir für $k = 1, \ldots, n$:

(i) $\langle \mathbf{b}_i, \mathbf{b}_j \rangle = \delta_{ij}$ für $i, j = 1, \ldots, k$;
(ii) $\mathrm{Lin}(\mathbf{b}_1, \ldots, \mathbf{b}_k) = \mathrm{Lin}(\mathbf{v}_1, \ldots, \mathbf{v}_k)$.

Für $k = 1$ ist die Aussage richtig; für $k = n$ ergibt sich die Behauptung des Satzes.

Für den Induktionsschritt von $k - 1$ nach k bemerken wir zunächst, daß $\mathbf{b}'_k \neq 0$, denn andernfalls würde $\mathbf{v}_k \in \mathrm{Lin}(\mathbf{b}_1, \ldots, \mathbf{b}_{k-1})$ gelten, nach Induktionsvoraussetzung also $\mathbf{v}_k \in \mathrm{Lin}(\mathbf{v}_1, \ldots, \mathbf{v}_{k-1})$, d. h. $(\mathbf{v}_1, \ldots, \mathbf{v}_k)$ wäre linear abhängig.

Daher können wir aus $\mathbf{b}'_k$ durch Normierung den Einheitsvektor $\mathbf{b}_k$ erhalten. Weiter folgt

$$\mathrm{Lin}(\mathbf{b}_1, \ldots, \mathbf{b}_k) = \mathrm{Lin}(\mathbf{b}_1, \ldots, \mathbf{b}_{k-1}, \mathbf{v}_k) = \mathrm{Lin}(\mathbf{v}_1, \ldots, \mathbf{v}_{k-1}, \mathbf{v}_k);$$

hier gilt die erste Gleichheit nach Definition von $\mathbf{b}_k$, die zweite nach Induktionsvoraussetzung.

Aufgrund der Gleichungen

$$\langle \mathbf{b}'_k, \mathbf{b}_j \rangle = \langle \mathbf{v}_k, \mathbf{b}_j \rangle - \sum_{i=1}^{k-1} \langle \mathbf{v}_k, \mathbf{b}_i \rangle \delta_{ij} = 0 \quad \text{für } j = 1, \ldots, k-1$$

ist $\mathbf{b}'_k$ (und damit auch $\mathbf{b}_k$) orthogonal zu $\mathbf{b}_1, \ldots, \mathbf{b}_{k-1}$. □

Hier ist die erste Notiz mit Details zu der Konstruktion, mit der wir auf S. 139 argumentiert haben, daß die positiv orientierten Basen des $\mathbb{R}^3$ genau die rechtshändigen Dreibeine sind.

Notiz 8.3.13 Dank der Norm auf einem euklidischen Vektorraum V können wir sinnvoll von stetigen Abbildungen $\mathbf{v}\colon [0,1] \to V$, $t \mapsto \mathbf{v}(t)$, sprechen, ganz analog zur Stetigkeit von reellwertigen Funktionen: Wir nennen $\mathbf{v}$ **stetig in** $t_0 \in [0,1]$, falls zu jedem $\varepsilon > 0$ ein $\delta > 0$ existiert, so daß $|\mathbf{v}(t) - \mathbf{v}(t_0)| < \varepsilon$ für $|t - t_0| < \delta$; die Abbildung $t \mapsto \mathbf{v}(t)$ heißt **stetig,** wenn sie in jedem Punkt $t_0 \in [0,1]$ stetig ist.

Sei $(\mathbf{v}_1, \ldots, \mathbf{v}_n)$ ein linear unabhängiges n-Tupel in V, und $(\mathbf{b}_1, \ldots, \mathbf{b}_n)$ das orthonormale n-Bein, das uns das Schmidtsche Orthonormalisierungsverfahren liefert. Wir wollen zeigen, daß es eine stetige Familie von linear unabhängigen n-Tupeln $(\mathbf{v}_1(t), \ldots, \mathbf{v}_n(t))$, $t \in [0,1]$, gibt, beginnend für $t = 0$ mit $(\mathbf{v}_1, \ldots, \mathbf{v}_n)$, und endend für $t = 1$ mit $(\mathbf{b}_1, \ldots, \mathbf{b}_n)$. Auf das konkrete Parameterintervall kommt es hier nicht an. Die Zusammensetzung von stetigen Wegen $[0,1] \to V$ ist wieder stetig, wenn der Endpunkt des ersten Weges gleich dem Anfangspunkt des zweiten Weges ist.

Es genügt, dies für den k-ten Iterationsschritt zu zeigen, d. h. wir wollen einen stetigen Weg $t \mapsto \mathbf{v}_k(t)$ von $\mathbf{v}_k$ nach $\mathbf{b}_k$ finden, so daß

$$\mathrm{Lin}(\mathbf{b}_1, \ldots, \mathbf{b}_{k-1}, \mathbf{v}_k(t)) = \mathrm{Lin}(\mathbf{b}_1, \ldots, \mathbf{b}_{k-1}, \mathbf{v}_k)$$

für alle t gilt. Ein möglicher Weg von $\mathbf{v}_k$ nach $\mathbf{b}'_k$ ist gegeben durch

$$\mathbf{v}_k(t) := \mathbf{v}_k - t\sum_{i=1}^{k-1} \langle \mathbf{v}_k, \mathbf{b}_i \rangle \mathbf{b}_i, \quad t \in [0,1].$$

Von $\mathbf{b}'_k$ gelangen wir dann zu $\mathbf{b}_k$ auf dem stetigen Weg

$$\mathbf{v}_k(t) := \frac{\mathbf{b}'_k}{2 - t + (t-1)|\mathbf{b}'_k|}, \quad t \in [1,2].$$

Aufgabe 8.3.14

Man bestimme mit dem Schmidtschen Orthonormalisierungsverfahren eine ONB des Unterraumes $U \subset \mathbb{R}^4$, der von den Vektoren

$$(-3,-3,3,3), \quad (-5,-5,7,7) \quad \text{und} \quad (4,-2,0,6)$$

aufgespannt wird. Hierbei ist $\mathbb{R}^4$ mit dem Standardskalarprodukt versehen. ◇

Aufgabe 8.3.15

Es sei V der Vektorraum der reellen polynomialen Funktionen $[-1,1] \to \mathbb{R}$ vom Grad ≤ 3. Mit dem Skalarprodukt

$$\langle f, g\rangle := \int_{-1}^{1} f(x)g(x)\,\mathrm{d}x$$

ist V ein euklidischer Vektorraum. Wenden Sie das Schmidtsche Orthonormalisierungsverfahren auf die Basis $(1, x, x^2, x^3)$ an, um eine ONB von V zu konstruieren. ◇

Bezüglich einer ONB $(\mathbf{b}_1, \dots, \mathbf{b}_n)$ sieht ein gegebenes Skalarprodukt auf einem n-dimensionalen reellen Vektorraum V wie das Standardskalarprodukt auf dem $\mathbb{R}^n$ aus. Damit ist folgendes gemeint: Wenn wir $\mathbf{x}, \mathbf{y} \in V$ als Linearkombinationen in den Basisvektoren schreiben,

$$\mathbf{x} = \sum_{i=1}^{n} x_i \mathbf{b}_i, \quad \mathbf{y} = \sum_{j=1}^{n} y_j \mathbf{b}_j,$$

so gilt

$$\langle \mathbf{x}, \mathbf{y}\rangle = \left\langle \sum_{i=1}^{n} x_i \mathbf{b}_i, \sum_{j=1}^{n} y_j \mathbf{b}_j \right\rangle = \sum_{i,j=1}^{n} x_i y_j \delta_{ij} = \sum_{i=1}^{n} x_i y_i .$$

8.3.3 Das orthogonale Komplement

In Notiz 4.3.9 hatten wir bemerkt, daß jeder Unterraum U eines endlich-dimensionalen Vektorraumes V einen komplementären Unterraum $U' \subset V$ besitzt, so daß $V = U \oplus U'$. Dieses Komplement ist nicht eindeutig bestimmt.

Wir wollen zeigen, daß in jedem *euklidischen* Vektorraum $\big(V, \langle\,.\,,\,.\,\rangle\big)$ zu jedem Unterraum U ein eindeutiges **orthogonales Komplement**

$$U^\perp := \big\{\mathbf{v} \in V :\ \mathbf{v} \perp \mathbf{u} \text{ für alle } \mathbf{u} \in U\big\}$$

existiert, sofern lediglich $\dim U < \infty$ gilt; der ambiente Raum V darf also unendlich-dimensional sein. In der Tat gilt diese Aussage auch für $\dim U = \infty$, vorausgesetzt, der Unterraum U ist abgeschlossen in V im Sinne der mengentheoretischen Topologie. Dies werde ich hier allerdings nicht weiter ausführen; Sie werden das in einer Vorlesung über Funktionalanalysis lernen.

Aufgabe 8.3.16
Das orthogonale Komplement $U^\perp \subset V$ ist ein Unterraum, und es gilt $U \cap U^\perp = \{0\}$. Daher ist die Summe der Unterräume $U, U^\perp$ direkt. ◇

Der Beweis, daß der Unterraum $U^\perp$ im Falle $\dim U < \infty$ tatsächlich ein Komplement zu U ist, beruht ganz wesentlich auf der Lösung der folgenden elementargeometrischen Aufgabe. Gegeben sei ein Vektor $\mathbf{v} \in V$. Wir suchen einen Vektor $\mathbf{u}_\mathbf{v} \in U$ mit der Eigenschaft, daß $|\mathbf{v} - \mathbf{u}_\mathbf{v}|$ minimal ist, d. h. es soll

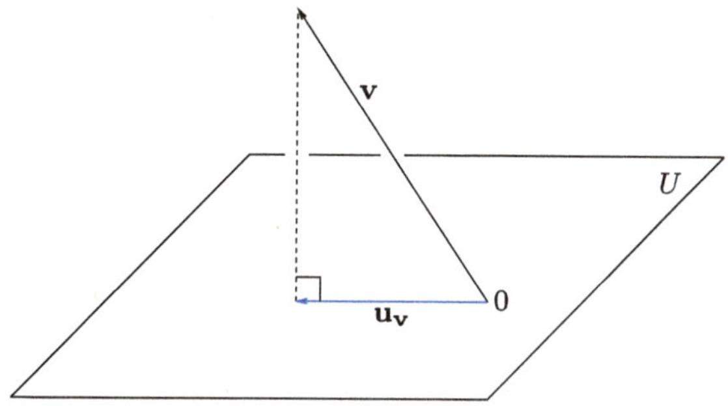

Abb. 8.7 Die Orthogonalprojektion von $\mathbf{v}$ auf $\mathbf{u_v} \in U$

$$|\mathbf{v} - \mathbf{u_v}| \leq |\mathbf{v} - \mathbf{u}| \quad \text{für alle } \mathbf{u} \in U$$

gelten. Unsere Anschauung suggeriert, daß dieser Vektor $\mathbf{u_v}$, sofern er überhaupt existiert, durch die Bedingung $\mathbf{v} - \mathbf{u_v} \perp U$ festgelegt sein sollte; s. Abb. 8.7. Man nennt die Abbildung $\mathbf{v} \mapsto \mathbf{u_v}$ die **Orthogonalprojektion** von V auf U; mehr dazu in Abschn. 10.1.2.

Satz 8.3.17 (Zerlegungssatz)
Falls $\dim U < \infty$, *so gilt:*

(i) $V = U \oplus U^{\perp}$.

(ii) *Zu jedem* $\mathbf{v} \in V$ *existiert genau ein* $\mathbf{u_v} \in U$ *mit*

$$|\mathbf{v} - \mathbf{u_v}| \leq |\mathbf{v} - \mathbf{u}| \quad \textit{für alle } \mathbf{u} \in U;$$

insbesondere gilt hier Gleichheit nur für $\mathbf{u} = \mathbf{u_v}$. *Ist* $(\mathbf{b}_1, \dots, \mathbf{b}_n)$ *eine ONB von* U, *so besitzt* $\mathbf{u_v}$ *die Darstellung*

$$\mathbf{u_v} = \sum_{i=1}^{n} \langle \mathbf{v}, \mathbf{b}_i \rangle \mathbf{b}_i .$$

Beweis Wähle eine ONB $(\mathbf{b}_1, \dots, \mathbf{b}_n)$ von U und definiere, zu gegebenem $\mathbf{v} \in V$, den Vektor $\mathbf{u_v}$ durch die angegebene Formel. Dann gilt für $k = 1, \dots, n$

$$\langle \mathbf{v} - \mathbf{u_v}, \mathbf{b}_k \rangle = \langle \mathbf{v}, \mathbf{b}_k \rangle - \sum_{i=1}^{n} \langle \mathbf{v}, \mathbf{b}_i \rangle \delta_{ik} = 0,$$

d. h. $\mathbf{v} - \mathbf{u_v} \in U^{\perp}$.

(i) Jeder Vektor $\mathbf{v} \in V$ läßt sich schreiben als

$$\mathbf{v} = \mathbf{u_v} + (\mathbf{v} - \mathbf{u_v}) \in U \oplus U^\perp,$$

also $V \subset U \oplus U^\perp \subset V$.

(ii) Für $\mathbf{u} \in U$ gilt mit dem Satz des Pythagoras

$$\begin{aligned} |\mathbf{v} - \mathbf{u}|^2 &= |(\mathbf{v} - \mathbf{u_v}) + (\mathbf{u_v} - \mathbf{u})|^2 \\ &= |\mathbf{v} - \mathbf{u_v}|^2 + |\mathbf{u_v} - \mathbf{u}|^2 \\ &\geq |\mathbf{v} - \mathbf{u_v}|^2, \end{aligned}$$

mit Gleichheit genau für $\mathbf{u} = \mathbf{u_v}$. □

Aufgabe 8.3.18

Es sei V der Vektorraum der beschränkten reellen Zahlenfolgen, mit der komponentenweisen Addition und Skalarmultiplikation, d. h.

$$V = \left\{ \mathbf{x} = (x_\nu)_{\nu \in \mathbb{N}} \colon x_\nu \in \mathbb{R}, \text{ und es gibt ein } c \in \mathbb{R} \text{ mit } |x_\nu| < c \text{ für alle } \nu \in \mathbb{N} \right\}.$$

Beachten Sie, daß c hier von der Folge $\mathbf{x}$ abhängt.

(a) Zeigen Sie, daß durch

$$\langle \mathbf{x}, \mathbf{y} \rangle := \sum_{\nu=1}^{\infty} \frac{x_\nu y_\nu}{\nu^2}$$

ein Skalarprodukt auf V definiert ist.

(b) Finden Sie einen Unterraum $U \subsetneq V$ mit $U^\perp = \{0\}$. Nach dem Zerlegungssatz muß ein solcher Unterraum notwendigerweise unendlich-dimensional sein.

(c) Zeigen Sie, daß der Unterraum U aus (b) im topologischen Sinne nicht abgeschlossen ist in V, d. h. es existiert ein Element $\mathbf{x}^\infty \in V \setminus U$ und eine Folge $(\mathbf{x}^\mu)_{\mu \in \mathbb{N}}$ in U mit der Eigenschaft, daß $\lim_{\mu \to \infty} |\mathbf{x}^\mu - \mathbf{x}^\infty| = 0$, wobei $|\,.\,|$ die durch das Skalarprodukt definierte Norm bezeichnet. ◇

Die folgende Aufgabe greift einigen Begrifflichkeiten der Analysis des zweiten Semesters vor, aber ich habe mich bemüht, die Fragestellung so zu formulieren, daß Kenntnisse aus der Analysis in mehreren Variablen nicht vorausgesetzt werden.

Aufgabe 8.3.19

Es sei $(V, \langle\,.\,,\,.\,\rangle)$ ein euklidischer Vektorraum, $U \subset V$ ein endlich-dimensionaler Unterraum mit ONB $(\mathbf{b}_1, \ldots, \mathbf{b}_n)$, und $\mathbf{v} \in V$ sei gegeben. Wir wollen uns ein analytisches Argument dafür überlegen, daß es ein $\mathbf{u_v} \in U$ gibt mit $|\mathbf{v} - \mathbf{u_v}| < |\mathbf{v} - \mathbf{u}|$ für alle $\mathbf{u} \in U \setminus \{\mathbf{u_v}\}$.
Betrachten Sie dazu die reellwertige Funktion $f\colon \mathbb{R}^n \to \mathbb{R}$, definiert durch

$$f(\lambda_1, \ldots, \lambda_n) := |\mathbf{v} - (\lambda_1 \mathbf{b}_1 + \cdots + \lambda_n \mathbf{b}_n)|^2.$$

(a) Berechnen Sie die partiellen Ableitungen $\frac{\partial f}{\partial \lambda_i}$ für $i = 1, \ldots, n$. (Dazu denkt man sich die λ_j mit $j \neq i$ als feste Parameter und leitet im gewöhnlichen Sinne nach λ_i ab.)
(b) Finden Sie den (eindeutigen) Punkt $(\lambda_1^0, \ldots, \lambda_n^0)$, wo alle diese partiellen Ableitungen verschwinden.
(c) Berechnen Sie die sogenannte **Hessesche Matrix**

$$H := \left(\frac{\partial^2 f}{\partial \lambda_i \, \partial \lambda_j}\right)_{i,j=1,\ldots,n} := \left(\frac{\partial}{\partial \lambda_i}\left(\frac{\partial f}{\partial \lambda_j}\right)\right)_{i,j=1,\ldots,n}$$

im Punkt $(\lambda_1^0, \ldots, \lambda_n^0)$ – im konkreten Beispiel hängt H nicht vom Punkt ab —, und verifizieren Sie, daß die bilineare Abbildung $(\mathbf{x}, \mathbf{y}) \mapsto \mathbf{x}^{\mathrm{t}} H \mathbf{y}$ (für $\mathbf{x}, \mathbf{y} \in \mathbb{R}^n$) symmetrisch und positiv definit ist.

In der Analysis werden Sie lernen, daß das Verschwinden der partiellen Ableitungen notwendig dafür ist, daß f im Punkt $(\lambda_1^0, \ldots, \lambda_n^0)$ ein Minimum besitzt, und die positive Definitheit der Hesseschen ist dann hinreichend dafür, daß es sich um ein isoliertes lokales Minimum handelt. Begründen Sie, warum im konkreten Fall $(\lambda_1^0, \ldots, \lambda_n^0)$ tatsächlich der Punkt ist, wo f sein *globales* Minimum annimmt. ◇

8.4 Isometrien und die orthogonale Gruppe

In einem euklidischen Vektorraum sind insbesondere diejenigen Endomorphismen relevant, die das gegebene Skalarprodukt erhalten. Hier wollen wir solche Endomorphismen geometrisch charakterisieren. Für den $\mathbb{R}^2$ mit dem Standardskalarprodukt haben wir diese Endomorphismen in Satz 5.4.4 bereits vollständig klassifiziert.

Definition 8.4.1

Eine lineare Abbildung $f\colon V \to W$ zwischen zwei euklidischen Vektorräumen $(V, \langle .\,, .\rangle_V)$ und $(W, \langle .\,, .\rangle_W)$ heißt **isometrisch,** falls gilt:

$$\forall \mathbf{v}_1, \mathbf{v}_2 \in V\colon \; \langle f(\mathbf{v}_1), f(\mathbf{v}_2)\rangle_W = \langle \mathbf{v}_1, \mathbf{v}_2\rangle_V. \; ◂$$

Notiz 8.4.2 Für einen isometrischen Homomorphismus f gilt insbesondere

$$|f(\mathbf{v})|_W = |\mathbf{v}|_V \quad \text{für alle } \mathbf{v} \in V,$$

was die Injektivität von f impliziert. Wir nennen einen isometrischen Homomorphismus daher auch eine **isometrische Einbettung.**

Außerdem erhält eine isometrische Abbildung den Winkel zwischen je zwei Vektoren:

$$\forall \mathbf{v}_1, \mathbf{v}_2 \in V \setminus \{0\}\colon \; \angle_W\big(f(\mathbf{v}_1), f(\mathbf{v}_2)\big) = \angle_V(\mathbf{v}_1, \mathbf{v}_2).$$

Mit den Polarisationsformeln (Satz 8.3.4) folgt, daß umgekehrt ein längentreuer (d. h. normerhaltender) Homomorphismus bereits isometrisch ist.

Für $\dim V = \dim W < \infty$ ist eine isometrische Abbildung nach Satz 5.2.11 sogar ein Isomorphismus.

Definition 8.4.3

Einen isometrischen Isomorphismus bezeichnen wir als **Isometrie.** ◄

Aufgabe 8.4.4
Beschreiben Sie einen isometrischen Endomorphismus des euklidischen Vektorraumes ℓ_2, s. Beispiel 8.1.2 (2), der kein Isomorphismus ist. ◇

Aufgabe 8.4.5
Es sei $\big(V, \langle\,.\,,\,.\,\rangle\big)$ ein euklidischer Vektorraum und $f\colon V \to V$ eine längentreue Abbildung mit $f(0) = 0$. Wir setzen *nicht* voraus, daß f linear ist, daher ist Längentreue zu verstehen als

$$|f(\mathbf{v}) - f(\mathbf{w})| = |\mathbf{v} - \mathbf{w}| \quad \text{für alle } \mathbf{v}, \mathbf{w} \in V.$$

Mit $f(0) = 0$ impliziert dies insbesondere $|f(\mathbf{v})| = |\mathbf{v}|$ für alle $\mathbf{v} \in V$.
Wir wollen nun zeigen, daß eine solche Abbildung f notwendigerweise linear und damit eine isometrische Abbildung im obigen Sinne ist. Überlegen Sie sich dazu die folgenden Schritte.

(i) Für alle $\mathbf{v}, \mathbf{w} \in V$ gilt $\langle f(\mathbf{v}), f(\mathbf{w})\rangle = \langle \mathbf{v}, \mathbf{w}\rangle$.
(ii) Für $\mathbf{v}_1, \dots, \mathbf{v}_n \in V$ und $\lambda_1, \dots, \lambda_n \in \mathbb{R}$ gilt

$$\left|\sum_{i=1}^{n} \lambda_i f(\mathbf{v}_i)\right| = \left|\sum_{i=1}^{n} \lambda_i \mathbf{v}_i\right|.$$

(iii) Zeigen Sie durch geeignete Wahl von $\mathbf{v}_1, \mathbf{v}_2, \mathbf{v}_3$ und $\lambda_1, \lambda_2, \lambda_3$ in (ii), daß f linear ist. ◇

Wir betrachten jetzt den $\mathbb{R}^n$ mit dem Standardskalarprodukt und wollen uns fragen, wie die Matrixdarstellung einer Isometrie bezüglich der kanonischen Basis $(\mathbf{e}_1, \dots, \mathbf{e}_n)$ aussieht. Aufgrund unserer Beobachtung am Ende des Abschn. 8.3.2 läßt sich die Behandlung von Isometrien endlich-dimensionaler Vektorräume immer auf diesen Spezialfall zurückführen.

Wir schreiben die Elemente des $\mathbb{R}^n$ als Spaltenvektoren. Dann läßt sich das Standardskalarprodukt als Matrixprodukt lesen:

$$\langle \mathbf{x}, \mathbf{y}\rangle = x_1 y_1 + \cdots + x_n y_n = (x_1, \dots, x_n) \begin{pmatrix} y_1 \\ \vdots \\ y_n \end{pmatrix} = \mathbf{x}^{\mathrm{t}} \mathbf{y}.$$

Für $A \in \mathbb{R}^{n\times n}$ und die dadurch definierte lineare Abbildung $A\colon \mathbb{R}^n \to \mathbb{R}^n$ gilt demnach (mit Lemma 6.4.4)

$$\langle A\mathbf{x}, A\mathbf{y}\rangle = (A\mathbf{x})^{\mathsf{t}} A\mathbf{y} = \mathbf{x}^{\mathsf{t}} A^{\mathsf{t}} A\mathbf{y}.$$

Außerdem halten wir fest, daß für

$$B = (b_{ij}) = \begin{pmatrix} | & & | \\ \mathbf{b}_1 & \cdots & \mathbf{b}_n \\ | & & | \end{pmatrix} \in \mathbb{R}^{n\times n}$$

die Beziehung

$$\mathbf{e}_i^{\mathsf{t}} B\mathbf{e}_j = \langle \mathbf{e}_i, B\mathbf{e}_j\rangle = \langle \mathbf{e}_i, \mathbf{b}_j\rangle = b_{ij}$$

gilt.

Satz 8.4.6

Für $A \in \mathbb{R}^{n\times n}$ sind die folgenden Aussagen äquivalent:

(i) *Die Abbildung $A\colon \mathbb{R}^n \to \mathbb{R}^n$ ist eine Isometrie.*

(ii) *Es gilt $A^{\mathsf{t}} A = E$.*

(iii) *Die Spalten von A bilden eine ONB des $\mathbb{R}^n$.*

Beweis Mit unserer Vorüberlegung übersetzt sich (i) in die Aussage

$$\forall\, \mathbf{x}, \mathbf{y} \in \mathbb{R}^n\colon\ \mathbf{x}^{\mathsf{t}} A^{\mathsf{t}} A\mathbf{y} = \mathbf{x}^{\mathsf{t}} \mathbf{y}.$$

Wegen der Bilinearität der Abbildung $(\mathbf{x}, \mathbf{y}) \mapsto \mathbf{x}^{\mathsf{t}} A^{\mathsf{t}} A\mathbf{y}$ ist dies äquivalent zu der Aussage

$$\forall\, i, j = 1, \dots, n\colon\ \mathbf{e}_i^{\mathsf{t}} A^{\mathsf{t}} A\mathbf{e}_j = \mathbf{e}_i^{\mathsf{t}} \mathbf{e}_j = \delta_{ij}.$$

Dies bedeutet nichts anderes als

$$(A^{\mathsf{t}} A)_{ij} = \delta_{ij}, \quad \text{d.h. } A^{\mathsf{t}} A = E,$$

also (ii). Diese Matrixgleichung wiederum können wir äquivalent lesen als

$$E = \begin{pmatrix} \text{—}\ \mathbf{a}_1\ \text{—} \\ \vdots \\ \text{—}\ \mathbf{a}_n\ \text{—} \end{pmatrix} \begin{pmatrix} | & & | \\ \mathbf{a}_1 & \cdots & \mathbf{a}_n \\ | & & | \end{pmatrix} = \big(\langle \mathbf{a}_i, \mathbf{a}_j\rangle\big),$$

was genau Aussage (iii) über die Spalten $\mathbf{a}_1, \dots, \mathbf{a}_n$ von A ist. □

Definition 8.4.7

Eine Matrix $A \in \mathbb{R}^{n \times n}$ heißt **orthogonal,** falls sie eine der äquivalenten Bedingungen aus Satz 8.4.6 erfüllt. ◀

Nach Lemma 6.2.2 ist die Aussage (ii) äquivalent zur Invertierbarkeit von A mit $A^{-1} = A^{\mathrm{t}}$. Diese inverse Matrix ist dann auch wieder orthogonal, da

$$(A^{-1})^{\mathrm{t}} A^{-1} = (A^{\mathrm{t}})^{\mathrm{t}} A^{-1} = AA^{-1} = E.$$

Aufgabe 8.4.8
Zeigen Sie, daß eine Matrix $A \in \mathbb{R}^{n \times n}$ genau dann orthogonal ist, wenn die Zeilen von A eine ONB des $\mathbb{R}^n$ bilden. ◇

Sind $A, B \in \mathbb{R}^{n \times n}$ orthogonal, so auch AB, da

$$(AB)^{\mathrm{t}} AB = B^{\mathrm{t}} A^{\mathrm{t}} AB = B^{\mathrm{t}} EB = B^{\mathrm{t}} B = E.$$

Nach Lemma 7.2.5 gilt $\det A^{\mathrm{t}} = \det A$ für jede $(n \times n)$-Matrix A. Für eine orthogonale Matrix A folgt daher mit der Multiplikativität der Determinante (s. Notiz 7.1.22) die Gleichung

$$1 = \det E = \det(A^{\mathrm{t}} A) = \det(A^{\mathrm{t}}) \det(A) = (\det A)^2,$$

also $\det A \in \{\pm 1\}$. Damit haben wir den folgenden Satz gezeigt, der die Begrifflichkeiten aus Abschn. 5.4 verallgemeinert.

Satz 8.4.9
Die orthogonalen $(n \times n)$-Matrizen bilden eine Untergruppe der allgemeinen linearen Gruppe $\mathrm{GL}(n, \mathbb{R})$, die sogenannte ***orthogonale Gruppe***

$$\mathrm{O}(n) := \left\{A \in \mathbb{R}^{n \times n} \colon\ A^{\mathrm{t}} A = E\right\}.$$

Die ***spezielle orthogonale Gruppe***

$$\mathrm{SO}(n) := \left\{A \in \mathrm{O}(n) \colon\ \det A = 1\right\}$$

ist eine Untergruppe von $\mathrm{O}(n)$. □

In Satz 5.4.4 hatten wir gezeigt, daß die Elemente von O(2) genau die Drehungen und Spiegelungen des $\mathbb{R}^2$ sind; die Untergruppe SO(2) besteht allein aus den Drehungen. In Abschn. 9.4 werden wir sehen, daß auch die Gruppe SO(3) aus Drehungen besteht, und zwar aus allen Drehungen des $\mathbb{R}^3$ um Ursprungsgeraden. In Kap. 15 des zweiten Bandes werden wir Normalformen für die Matrizen in $\mathrm{O}(n)$ und $\mathrm{SO}(n)$ für alle $n \in \mathbb{N}$ diskutieren.

Aufgabe 8.4.10
Sei $A \in \mathbb{R}^{n\times n}$. Zeigen Sie:

(a) Ist A orthogonal, so bildet die lineare Abbildung $A\colon \mathbb{R}^n \to \mathbb{R}^n$ jede ONB des $\mathbb{R}^n$ wieder auf eine ONB ab.
(b) Gibt es umgekehrt eine ONB des $\mathbb{R}^n$, die durch A wieder auf eine ONB abgebildet wird, so ist A orthogonal. ◇

Der folgende Satz faßt die wesentlichen Erkenntnisse unserer Diskussion zusammen.

Satz 8.4.11
Sei $(V, \langle\,.\,,\,.\,\rangle_V)$ ein euklidischer Vektorraum der Dimension n, und $\langle\,.\,,\,.\,\rangle_{\mathbb{R}^n}$ bezeichne das Standardskalarprodukt auf dem $\mathbb{R}^n$.

(a) *Der durch die Wahl einer ONB $(\mathbf{b}_1, \ldots, \mathbf{b}_n)$ auf V definierte Isomorphismus $h\colon \mathbb{R}^n \to V$ ist eine Isometrie*

$$\left(\mathbb{R}^n, \langle\,.\,,\,.\,\rangle_{\mathbb{R}^n}\right) \longrightarrow \left(V, \langle\,.\,,\,.\,\rangle_V\right).$$

(b) *Sei $A \in \mathbb{R}^{n\times n}$ die Matrixdarstellung eines Endomorphismus $f\colon V \to V$ bezüglich einer ONB von V. Dann gilt: f ist Isometrie genau dann, wenn $A \in \mathrm{O}(n)$.*

Beweis

(a) Wenn wir $\mathbf{v}, \mathbf{w} \in V$ als

$$\mathbf{v} = \sum_{i=1}^{n} x_i \mathbf{b}_i \quad \text{und} \quad \mathbf{w} = \sum_{i=1}^{n} y_i \mathbf{b}_i$$

schreiben und

$$\mathbf{x} = \begin{pmatrix} x_1 \\ \vdots \\ x_n \end{pmatrix}, \ \mathbf{y} = \begin{pmatrix} y_1 \\ \vdots \\ y_n \end{pmatrix} \in \mathbb{R}^n$$

setzen, also $\mathbf{v} = h(\mathbf{x})$ und $\mathbf{w} = h(\mathbf{y})$, so gilt

$$\langle h(\mathbf{x}), h(\mathbf{y})\rangle_V = \langle \mathbf{v}, \mathbf{w}\rangle_V = \sum_{i=1}^{n} x_i y_i = \langle \mathbf{x}, \mathbf{y}\rangle_{\mathbb{R}^n}.$$

(b) Wir betrachten das durch die Wahl der ONB definierte kommutative Diagramm

$$\begin{array}{ccc} V & \xrightarrow{\ f\ } & V \\ h \big\uparrow \cong & & \cong \big\uparrow h \\ \mathbb{R}^n & \xrightarrow{\ A\ } & \mathbb{R}^n. \end{array}$$

Mit (a) gilt

$$\langle f(\mathbf{v}), f(\mathbf{w})\rangle_V = \langle f(h(\mathbf{x})), f(h(\mathbf{y}))\rangle_V = \langle h(A\mathbf{x}), h(A\mathbf{y})\rangle_V = \langle A\mathbf{x}, A\mathbf{y}\rangle_{\mathbb{R}^n}.$$

Daraus folgt die behauptete Aussage. □

Das folgende Korollar ergibt sich unmittelbar aus Teil (a) des Satzes.

Korollar 8.4.12
Je zwei euklidische Vektorräume der gleichen endlichen Dimension sind isometrisch zueinander. □

8.5 Die geometrische Bedeutung der Determinante

In diesem Abschnitt wollen wir die Überlegungen aus Abschn. 1.6 auf höhere Dimensionen verallgemeinern. Dazu betrachten wir das von $k \leq n$ gegebenen Vektoren $\mathbf{a}_1, \ldots, \mathbf{a}_k \in \mathbb{R}^n$ aufgespannte **Parallelotop**

$$\left\{ \sum_{i=1}^{k} \lambda_i \mathbf{a}_i \colon \ 0 \leq \lambda_i \leq 1 \text{ für } i = 1, \ldots, k \right\};$$

s. Abb. 8.8.

Das elementargeometrische **k-dimensionale Volumen** $\mathrm{Vol}(\mathbf{a}_1, \ldots, \mathbf{a}_k)$ dieses Parallelotops ist iterativ definiert durch „Grundfläche mal Höhe“, d. h.

$$\mathrm{Vol}_1(\mathbf{a}_1) := |\mathbf{a}_1|$$

und

$$\mathrm{Vol}_k(\mathbf{a}_1, \ldots, \mathbf{a}_k) := \mathrm{Vol}_{k-1}(\mathbf{a}_1, \ldots, \mathbf{a}_{k-1}) \cdot |\mathbf{a}'_k|,$$

wobei $\mathbf{a}'_k$ mittels der in Abschn. 8.3.3 beschriebenen Orthogonalprojektion

$$P_{k-1} \colon \mathbb{R}^n \longrightarrow \mathrm{Lin}(\mathbf{a}_1, \ldots, \mathbf{a}_{k-1})$$

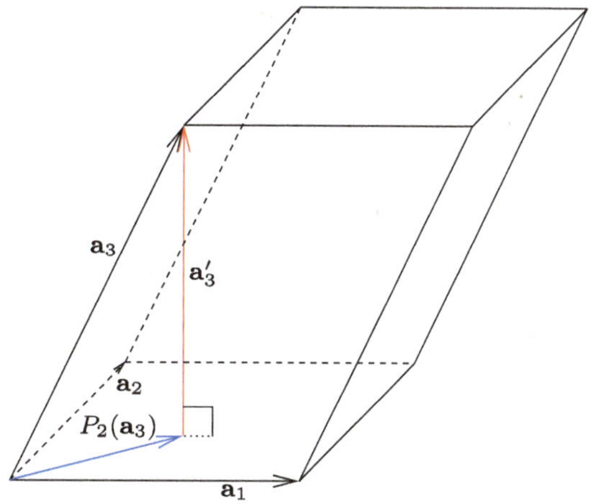

Abb. 8.8 Volumenberechnung von Parallelotopen

definiert wird durch

$$\mathbf{a}'_k := \mathbf{a}_k - P_{k-1}(\mathbf{a}_k) \perp \operatorname{Lin}(\mathbf{a}_1, \ldots, \mathbf{a}_{k-1}).$$

Das Skalarprodukt dieser definierenden Gleichung mit $\mathbf{a}'_k$ liefert

$$|\mathbf{a}'_k|^2 = \langle \mathbf{a}_k, \mathbf{a}'_k \rangle.$$

Definition 8.5.1

Die **Gramsche Determinante** von $\mathbf{a}_1, \ldots, \mathbf{a}_k \in \mathbb{R}^n$ ist

$$\mathrm{G}(\mathbf{a}_1, \ldots, \mathbf{a}_k) := \det\Big(\big(\langle \mathbf{a}_i, \mathbf{a}_j \rangle\big)_{i,j=1,\ldots,k}\Big). \quad ◀$$

Notiz 8.5.2 Für die Matrix $A \in \mathbb{R}^{n\times k}$ mit den Spalten $\mathbf{a}_1, \ldots, \mathbf{a}_k$ gilt

$$A^{\mathrm{t}}A = \begin{pmatrix} — \mathbf{a}_1 — \\ \vdots \\ — \mathbf{a}_k — \end{pmatrix} \begin{pmatrix} | & & | \\ \mathbf{a}_1 & \cdots & \mathbf{a}_k \\ | & & | \end{pmatrix} = \big(\langle \mathbf{a}_i, \mathbf{a}_j \rangle\big) \in \mathbb{R}^{k\times k}.$$

Der folgende Satz über den Zusammenhang zwischen $\mathrm{Vol}_k(\mathbf{a}_1, \ldots, \mathbf{a}_k)$ und $\mathrm{G}(\mathbf{a}_1, \ldots, \mathbf{a}_k)$ spielt eine wichtige Rolle in der Integrationstheorie auf k-dimensionalen Untermannigfaltigkeiten im $\mathbb{R}^n$. Er liefert insbesondere die versprochene Interpretation der Determinante als das Volumen eines von n Vektoren im $\mathbb{R}^n$ aufgespannten Parallelotops. Die Formel aus der Notiz wird nur für den Fall $k = n$ benötigt.

Satz 8.5.3
Die Gramsche Determinante ist stets nichtnegativ, und das k-dimensionale Volumen des von $\mathbf{a}_1, \ldots, \mathbf{a}_k \in \mathbb{R}^n$ aufgespannten Parallelotops ist

$$\mathrm{Vol}_k(\mathbf{a}_1, \ldots, \mathbf{a}_k) = \sqrt{\mathrm{G}(\mathbf{a}_1, \ldots, \mathbf{a}_k)}.$$

Insbesondere gilt im Falle $k = n$:

$$\mathrm{Vol}_n(\mathbf{a}_1, \ldots, \mathbf{a}_n) = \sqrt{\det(A^{\mathrm{t}} A)} = \sqrt{\det A^{\mathrm{t}} \cdot \det A} = |\det A|.$$

Beweis Wir beweisen die Aussage zunächst beispielhaft für die Fälle $k = 1$ und $k = 2$. Im ersten Fall gilt

$$\mathrm{G}(\mathbf{a}_1) = |\mathbf{a}_1|^2 = \big(\mathrm{Vol}_1(\mathbf{a}_1)\big)^2;$$

für den zweiten rechnen wir, ganz analog zu Abschn. 1.6,

$$\begin{aligned} \mathrm{G}(\mathbf{a}_1, \mathbf{a}_2) &= \begin{vmatrix} \langle \mathbf{a}_1, \mathbf{a}_1 \rangle & \langle \mathbf{a}_1, \mathbf{a}_2 \rangle \\ \langle \mathbf{a}_2, \mathbf{a}_1 \rangle & \langle \mathbf{a}_2, \mathbf{a}_2 \rangle \end{vmatrix} \\ &= |\mathbf{a}_1|^2 |\mathbf{a}_2|^2 - \langle \mathbf{a}_1, \mathbf{a}_2 \rangle^2 \\ &= |\mathbf{a}_1|^2 |\mathbf{a}_2|^2 \big(1 - \cos^2 \angle(\mathbf{a}_1, \mathbf{a}_2)\big) \\ &= |\mathbf{a}_1|^2 |\mathbf{a}_2|^2 \sin^2 \angle(\mathbf{a}_1, \mathbf{a}_2) \\ &= \big(\mathrm{Vol}_2(\mathbf{a}_1, \mathbf{a}_2)\big)^2. \end{aligned}$$

Notiz 8.5.4 Durch Vergleich mit Aufgabe 7.4.5 ergibt sich, wie dort behauptet, daß die Norm $|\mathbf{a}_1 \times \mathbf{a}_2|$ des Kreuzproduktes gleich dem Flächeninhalt

$$|\mathbf{a}_1| \cdot |\mathbf{a}_2| \cdot \sin \angle(\mathbf{a}_1, \mathbf{a}_2)$$

des von $\mathbf{a}_1$ und $\mathbf{a}_2$ aufgespannten Parallelogramms ist.

Daher bleibt für den Induktionsschritt von $k - 1$ nach k dank der iterativen Formel für das Volumen nur zu zeigen, daß

$$\mathrm{G}(\mathbf{a}_1, \ldots, \mathbf{a}_k) = \mathrm{G}(\mathbf{a}_1, \ldots, \mathbf{a}_{k-1}) \cdot |\mathbf{a}'_k|^2.$$

Dazu beachten wir, daß sich $\mathbf{a}'_k$ von $\mathbf{a}_k$ nur um den Summanden $P_{k-1}(\mathbf{a}_k) \in \mathrm{Lin}(\mathbf{a}_1, \ldots, \mathbf{a}_{k-1})$ unterscheidet. Daher unterscheiden sich auch die Spaltenvektoren

$$\begin{pmatrix} \langle \mathbf{a}_1, \mathbf{a}'_k \rangle \\ \vdots \\ \langle \mathbf{a}_{k-1}, \mathbf{a}'_k \rangle \\ \langle \mathbf{a}_k, \mathbf{a}'_k \rangle \end{pmatrix} = \begin{pmatrix} 0 \\ \vdots \\ 0 \\ |\mathbf{a}'_k|^2 \end{pmatrix} \quad \text{und} \quad \begin{pmatrix} \langle \mathbf{a}_1, \mathbf{a}_k \rangle \\ \vdots \\ \langle \mathbf{a}_{k-1}, \mathbf{a}_k \rangle \\ \langle \mathbf{a}_k, \mathbf{a}_k \rangle \end{pmatrix}$$

nur um eine Linearkombination der ersten $k-1$ Spalten der Gramschen Matrix. Aufgrund der Linearität und der alternierenden Eigenschaft der Determinante folgt also

$$\mathrm{G}(\mathbf{a}_1, \ldots, \mathbf{a}_k) = \begin{vmatrix} \langle \mathbf{a}_1, \mathbf{a}_1 \rangle & \cdots & \langle \mathbf{a}_1, \mathbf{a}_{k-1} \rangle & 0 \\ \vdots & & \vdots & \vdots \\ \langle \mathbf{a}_{k-1}, \mathbf{a}_1 \rangle & \cdots & \langle \mathbf{a}_{k-1}, \mathbf{a}_{k-1} \rangle & 0 \\ \langle \mathbf{a}_k, \mathbf{a}_1 \rangle & \cdots & \langle \mathbf{a}_k, \mathbf{a}_{k-1} \rangle & |\mathbf{a}'_k|^2 \end{vmatrix}.$$

Entwicklung dieser Determinante nach der letzten Spalte liefert die behauptete iterative Formel. □

Für $k = n$ können wir mit unseren Überlegungen aus Abschn. 7.4 sinnvoll vom **orientierten** Volumen $\det A$ des Parallelotops sprechen. Dieses orientierte Volumen ist positiv (bzw. negativ), wenn $(\mathbf{a}_1, \ldots, \mathbf{a}_n)$ eine positive (bzw. negative) Basis des $\mathbb{R}^n$ ist. Das n-dimensionale Volumen ist 0 genau dann, wenn das Parallelotop degeneriert, d. h. in einem echten Unterraum enthalten ist.

8.6 Geometrie der Ebene

Wir haben bereits einige elementargeometrische Anwendungen des euklidischen Skalarproduktes gesehen, wie den Satz des Thales oder den pythagoreischen Lehrsatz. In diesem Abschnitt wollen wir einige weitere Anwendungen analytisch-geometrischer Methoden betrachten, beginnend bei Sätzen, die sich ebenfalls schon in den *Elementen* von Euklid [10] finden. Die hier vorgestellten Beweise sind nicht unbedingt eleganter als die der Alten Meister, aber sie illustrieren doch die Kraft der neuen Methoden. Insbesondere erlaubt uns die Theorie der euklidischen Vektorräume, an der einen oder anderen Stelle auf Fallunterscheidungen zu verzichten, die bei den klassischen und am Bild orientierten Argumenten notwendig sind.

8.6.1 Klassische euklidische Geometrie

Wir beginnen mit den Lehrsätzen 29 und 30 aus dem dritten Buch der *Elemente* [10, Drittes Buch, §§ 35 und 36], dem Zwei-Sehnen-Satz und dem Sehnen-Tangenten-Satz, wobei bei Euklid die Fallunterscheidung im Beweis des Zwei-Sehnen-Satzes unvollständig ist.

Zunächst eine Vorbemerkung: Die Lösungen

$$\lambda_\pm = -\frac{p}{2} \pm \sqrt{\left(\frac{p}{2}\right)^2 - q}$$

der quadratischen Gleichung $x^2 + px + q = 0$ $(p, q \in \mathbb{C})$ genügen den Bedingungen

$$\lambda_+ + \lambda_- = -p \quad \text{und} \quad \lambda_+ \cdot \lambda_- = q,$$

wie man sofort nachrechnet oder sich an der Faktorisierung

$$(x - \lambda_+) \cdot (x - \lambda_-) = x^2 - (\lambda_+ + \lambda_-)x + \lambda_+ \cdot \lambda_-$$

klar macht. Diese Aussage ist als Wurzelsatz von Vieta[1] bekannt; für den Begriff „Wurzel“ in diesem Zusammenhang s. Abschn. 9.2.3.

Satz 8.6.1

(a) *(Zwei-Sehnen-Satz) Sei P ein Punkt im Inneren eines Kreises $C \subset \mathbb{R}^2$. Sei AB eine Sehne von C durch P; s. Abb. 8.9. Das Produkt der Längen $|AP| \cdot |BP|$ hängt nur von P ab, nicht von der Wahl der Sehne, d. h. für jede andere Sehne $A'B'$ durch P gilt $|AP| \cdot |BP| = |A'P| \cdot |B'P|$.*

(b) *(Sehnen-Tangenten-Satz) Sei P ein Punkt außerhalb von C. Sei $T \in C$ der Berührpunkt einer der beiden Tangenten von P an C, und AB eine Sehne, deren Verlängerung durch P geht; s. Abb. 8.10. Dann gilt $|AP| \cdot |BP| = |TP|^2$.*

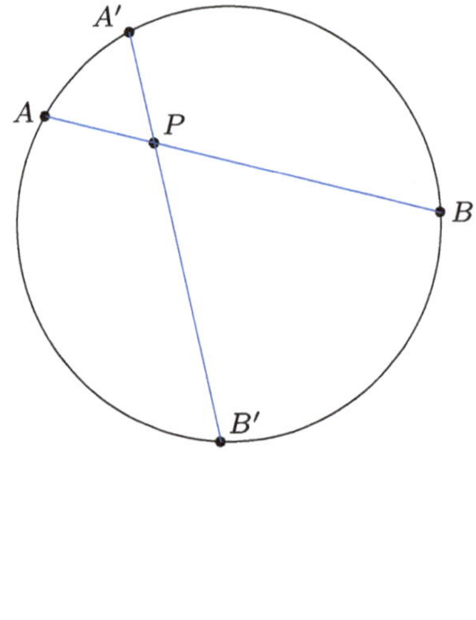

Abb. 8.9 Der Zwei-Sehnen-Satz: $|AP| \cdot |BP| = |A'P| \cdot |B'P|$

[1] François Viète, latinisiert Franciscus Vieta.

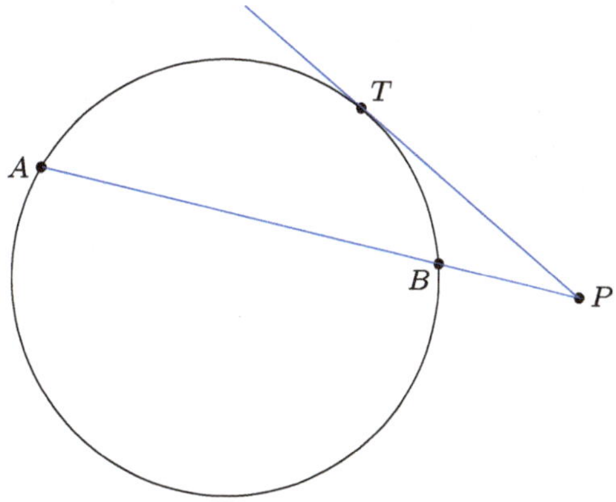

Abb. 8.10 Der Sehnen-Tangenten-Satz: $|AP| \cdot |BP| = |TP|^2$

Beweis Beide Aussagen lassen sich – ein Vorteil gegenüber den klassischen Beweisen – im wesentlichen mit ein und demselben Argument behandeln. Wir fassen alle Punkte als Vektoren im $\mathbb{R}^2$ auf. Der Abstand $|AP|$ zum Beispiel ist also gleich der Länge $|A - P|$ des Vektors $A - P$. Wir betrachten beide Notationen für die Länge als gleichwertig.

Der gegebene Kreis $\mathcal{C}$ habe den Mittelpunkt M und Radius r. Dann gilt

$$\mathcal{C} = \left\{X \in \mathbb{R}^2 \colon |X - M|^2 = r^2\right\}.$$

(a) Schreibe $\mathbf{v} = (A - P)/|A - P|$ für den Richtungsvektor der Sehne AB durch P. Dann sind $\lambda_1 = |A - P|$ und $\lambda_2 = -|B - P|$ die beiden Lösungen der quadratischen Gleichung

$$r^2 = |P + x\mathbf{v} - M|^2 = \langle P + x\mathbf{v} - M, P + x\mathbf{v} - M\rangle,$$

d. h.

$$x^2 + 2x\langle P - M, \mathbf{v}\rangle + |P - M|^2 - r^2 = 0.$$

Nach dem Wurzelsatz von Vieta gilt

$$|AP| \cdot |BP| = -\lambda_1\lambda_2 = r^2 - |PM|^2,$$

was nur noch von P abhängt.

(b) Für die Sehne sind hier die Lösungen derselben quadratischen Gleichung gegeben durch $\lambda_1 = |A - P|$ und $\lambda_2 = |B - P|$, daher gilt

$$|AP| \cdot |BP| = \lambda_1\lambda_2 = |PM|^2 - r^2.$$

Beachten Sie, daß in (a) die Ungleichung $|PM| < r$ galt, wohingegen hier $|PM| > r$ gilt.

Die Tangente hat den Richtungsvektor $\mathbf{w} = (T - P)/|T - P|$, und $|TP|$ ist dann die doppelte Lösung $\lambda_1 = \lambda_2$ der formal identischen quadratischen Gleichung, in der wir $\mathbf{v}$ durch $\mathbf{w}$ ersetzt haben. Dies ändert nichts am konstanten Term $|PM|^2 - r^2$ der Gleichung, so daß auch $|TP|^2 = |PM|^2 - r^2$ gilt. □

Die folgende Aufgabe ist eine Anwendung dieses Satzes, die in Abschn. 17.9 für die Diskussion des Cayley–Klein-Modells der hyperbolischen Geometrie relevant sein wird.

Aufgabe 8.6.2

Gegeben seien zwei konzentrische Kreise $\mathcal{C}_1, \mathcal{C}_2 \subset \mathbb{R}^2$, wobei $\mathcal{C}_1$ im Inneren von $\mathcal{C}_2$ liegen soll. Der gemeinsame Mittelpunkt der Kreise sei mit M bezeichnet. Wir betrachten zwei Geraden ℓ, ℓ' durch einen Punkt $A \in \mathcal{C}_1$; s. Abb. 8.11. Wir nehmen an, daß

$$0 < \angle AMB < \angle AMB' \leq \pi$$

gilt, so daß mittels des Cosinussatzes $|AB'| > |AB|$ folgt. Für die folgenden Überlegungen ist eine Beobachtung relevant, die sich unmittelbar aus der Drehsymmetrie ergibt: Sei $T \in \mathcal{C}_1$ der Berührpunkt einer Tangente an $\mathcal{C}_1$ und $P \in \mathcal{C}_2$ einer der Schnittpunkte dieser Tangente mit $\mathcal{C}_2$. Dann ist die Länge $|TP|$ unabhängig von der Wahl der Tangente.
Zeigen Sie die folgenden Identitäten und Ungleichungen:

(i) $|AX| \cdot |BX| = |AX'| \cdot |B'X'|$;
(ii) $|AX| > |AX'|$ und $|AY| < |AY'|$;
(iii) $|BX| \cdot |AY| < |B'X'| \cdot |AY'|$ und $|AX| \cdot |BY| > |AX'| \cdot |B'Y'|$.

Insgesamt gilt also in Abb. 8.11

$$\frac{|BX| \cdot |AY|}{|AX| \cdot |BY|} < \frac{|B'X'| \cdot |AY'|}{|AX'| \cdot |B'Y'|},$$

und in dieser Form wird die Abschätzung in Abschn. 17.9 benötigt. ◇

Als nächstes betrachten wir den Umfangswinkelsatz, den Lehrsatz 18 aus dem dritten Buch der *Elemente* [10, Drittes Buch, § 20]. Dazu seien drei paarweise verschiedene Punkte A, B, C (in dieser Reihenfolge im Gegenuhrzeigersinn) auf einem Kreis in der Ebene $\mathbb{R}^2$ gegeben; s. Abb. 8.12. Ohne Einschränkung wählen wir diesen Kreis als den Einheitskreis mit Mittelpunkt $O = (0, 0)$. Wir betrachten die Winkel

$$2\alpha := \angle BOC, \quad 2\beta := \angle COA, \quad 2\gamma := \angle AOB.$$

Weiter ohne Einschränkung wählen wir den Punkt A als $A = (1, 0)$, so daß

$$B = (\cos 2\gamma, \sin 2\gamma) \quad \text{und} \quad C = (\cos 2\beta, -\sin 2\beta).$$

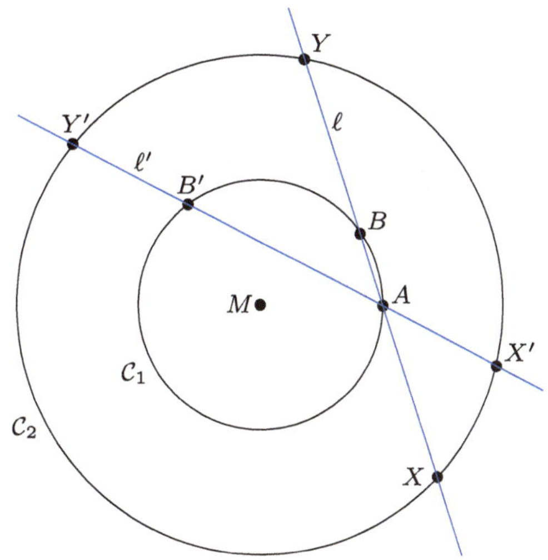

Abb. 8.11 Zu Aufgabe 8.6.2

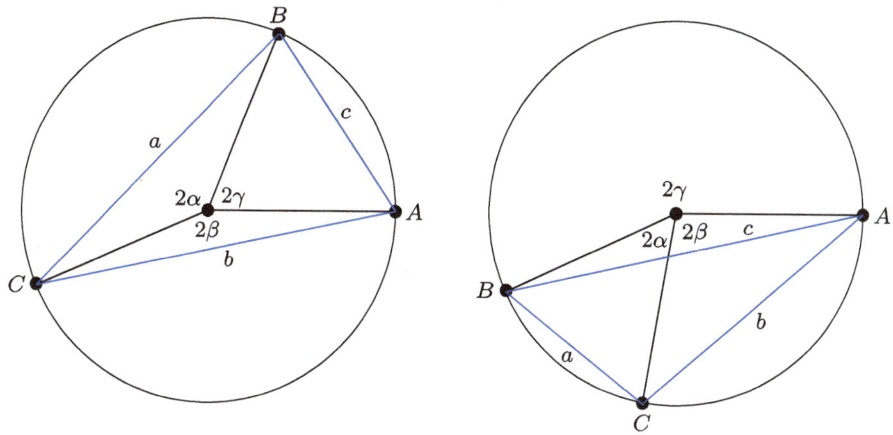

Abb. 8.12 Zum Umfangswinkelsatz und Sinussatz

Satz 8.6.3 (Umfangswinkelsatz)
Der Umfangswinkel $\angle BAC$ über der Sehne BC des Kreises ist halb so groß wie der Mittelpunktswinkel $\angle BOC$.

Aufgabe 8.6.4
Beweisen Sie diese Aussage, also $\angle BAC = \alpha$, indem Sie nachrechnen, daß der Cosinus des Umfangswinkels,

$$\cos\angle BAC = \frac{\langle B - A, C - A\rangle}{|B - A| \cdot |C - A|},$$

gleich $\cos\alpha$ ist. Da α (wegen $2\alpha < 2\pi$) und $\angle BAC$ (als Innenwinkel eines Dreiecks) im Intervall $(0, \pi)$ liegen, folgt hieraus $\angle BAC = \alpha$. ◇

8.6.2 Der Sinussatz

Als nächstes behandeln wir den Sinussatz. Dieser wird dem persischen Mathematiker Nasir al-Din al-Tusi zugeschrieben und findet sich in der europäischen Literatur zuerst bei dem bereits in Kap. 3 erwähnten Regiomontanus.

Gegeben sei ein nicht-entartetes Dreieck ABC in der Ebene, d. h. die drei Ecken A, B, C sollen nicht auf einer Geraden liegen. Ein solches Dreieck besitzt stets einen **Umkreis,** d. h. einen Kreis, auf dem die Ecken A, B, C liegen: die Mittelsenkrechte der Strecke AB besteht aus den Punkten, die von A und B jeweils den gleichen Abstand haben; der Schnittpunkt mit der Mittelsenkrechten der Strecke BC ist der Mittelpunkt des Umkreises.

Wir nehmen wieder ohne Einschränkung an, daß der Mittelpunkt des Umkreises im Ursprung liegt, erlauben aber einen beliebigen Umkreisradius R, um die Bedeutung des Umkreisradius im Sinussatz deutlich werden zu lassen.

Wir verwenden die Bezeichnung der Winkel 2α, 2β, 2γ wie oben. Nach dem Umfangswinkelsatz wissen wir also schon, daß die Winkel

$$\angle A := \angle BAC, \quad \angle B := \angle CBA, \quad \angle C := \angle ACB$$

gleich α, β bzw. γ sind. Da wir den Umfangswinkelsatz aber im Anschluß als Korollar des Sinussatzes erneut beweisen wollen, belassen wir es zunächst bei der neuen Notation. Außerdem schreiben wir

$$\mathbf{a} := C - B, \quad \mathbf{b} := A - C, \quad \mathbf{c} := B - A$$

für die orientierten Seiten des Dreiecks, und a, b, c für deren Längen.

Satz 8.6.5 (Sinussatz)
Im Dreieck ABC mit Umkreisradius R gilt

$$\frac{a}{\sin\angle A} = \frac{b}{\sin\angle B} = \frac{c}{\sin\angle C} = 2R.$$

Beweis Bis auf die letzte Identität folgt der Sinussatz am einfachsten aus der Beobachtung, daß $\mathbf{a} + \mathbf{b} + \mathbf{c} = 0$. Denn damit ergibt sich für die Kreuzprodukte der Seiten, wenn wir den $\mathbb{R}^2$ als $\mathbb{R}^2 \times \{0\} \subset \mathbb{R}^3$ auffassen,

$$\mathbf{a} \times \mathbf{b} = \mathbf{a} \times (-\mathbf{c} - \mathbf{a}) = \mathbf{c} \times \mathbf{a},$$

und durch zyklische Vertauschung insgesamt

$$\mathbf{a} \times \mathbf{b} = \mathbf{b} \times \mathbf{c} = \mathbf{c} \times \mathbf{a}.$$

Durch Übergang zur Norm dieser Kreuzprodukte ergibt sich mit Notiz 8.5.4

$$ab \sin \angle C = bc \sin \angle A = ca \sin \angle B,$$

also nach Teilen durch abc die behauptete Aussage.

Sei C' der Mittelpunkt der Strecke AB. Falls $0 < \gamma < \pi/2$, so ist OAC' ein rechtwinkliges Dreieck mit Hypotenuse OA der Länge R und Gegenkathete AC' zum Winkel γ von der Länge $c/2$; s. Abb. 8.13. Es folgt $\sin \gamma = c/2R$. Falls $\gamma = \pi/2$, so ist AB ein Durchmesser des Umkreises, also $c/2R = 1 = \sin(\pi/2)$. Falls $\pi/2 < \gamma < \pi$, so gilt analog zum ersten Fall $c/2R = \sin(\pi - \gamma) = \sin \gamma$. Es gilt also in allen drei Fällen die gleiche Formel, und ganz analog

$$\frac{a}{\sin \alpha} = \frac{b}{\sin \beta} = \frac{c}{\sin \gamma} = 2R.$$

Wenn wir uns hier gestatten, den Umfangswinkelsatz zu zitieren, ist der Sinussatz vollständig bewiesen. □

Aufgabe 8.6.6
In dieser Aufgabe wollen wir uns einen alternativen Beweis des Sinussatzes überlegen, der ohne den Umfangswinkelsatz auskommt und diesen vielmehr als Korollar liefert.
Es gilt $A \times B = R^2 \sin 2\gamma \cdot (0, 0, 1)$. Wir fassen

$$F(A, B) := R^2 \sin 2\gamma \in \mathbb{R}$$

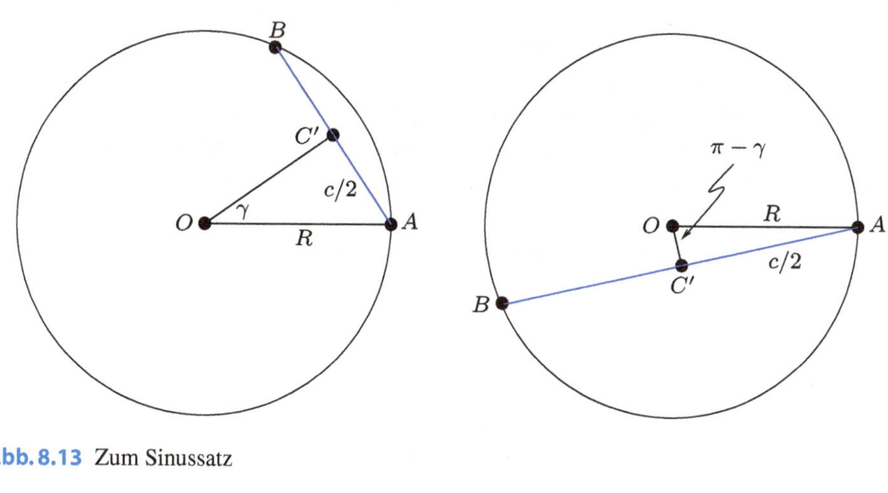

Abb. 8.13 Zum Sinussatz

als den *orientierten* Flächeninhalt des von den Vektoren A und B aufgespannten Parallelogramms auf.
Wir betrachten nun den Flächeninhalt $F(ABC)$ des Dreiecks ABC.

(a) Zeigen Sie, daß
$$2F(ABC) = F(A, B) + F(B, C) + F(C, A)$$
gilt, und zwar sowohl im Fall $0 < \alpha, \beta, \gamma < \pi/2$, als auch in den Fällen $\gamma = \pi/2$ oder $\pi/2 < \gamma < \pi$.

(b) Folgern Sie mit Aufgabe 3.2.7, daß
$$2F(ABC) = \frac{abc}{2R}.$$

(c) Andererseits gilt
$$F(ABC) = \frac{1}{2} ab \sin \angle C = \frac{1}{2} bc \sin \angle A = \frac{1}{2} ca \sin \angle B.$$
Folgern Sie aus dem Vergleich der Formeln für $F(ABC)$ den Sinussatz und die Identitäten $\sin \angle A = \sin \alpha$, $\sin \angle B = \sin \beta$, $\sin \angle C = \sin \gamma$.

(d) Begründen Sie mit dem Satz des Thales, warum $0 < \gamma < \pi/2$, $\gamma = \pi/2$ bzw. $\pi/2 < \gamma < \pi$ genau dann gilt, wenn die entsprechende Bedingung von $\angle C$ erfüllt ist. Folgern Sie dann mit (c) den Umfangswinkelsatz. ◇

8.6.3 Euler-Gerade und Feuerbach-Kreis

In diesem Abschnitt beweisen wir zwei weitere elementargeometrische Sätze über Dreiecke in der euklidischen Ebene, die wesentlich jüngeren Ursprungs sind als die in den vorigen Abschnitten behandelten Aussagen. Der Satz von Euler (1763, publiziert 1767) über die nach ihm benannte Gerade ist vermutlich die erste nicht-triviale Aussage über Dreiecke, die nicht schon den alten Griechen bekannt war. Eulers Publikation trägt den entzückenden Titel *Solutio facilis problematum quorundam geometricorum difficillimorum* — „Einfache Lösung für einige schwierigste geometrische Probleme". Der Satz von Feuerbach (1822) wurde in der hier vorgestellten Fassung schon durch Brianchon und Poncelet (1821) bewiesen. Die Terminologie „Feuerbach-Kreis" (statt einfach nur „9-Punkte-Kreis") hat sich – jedenfalls im deutschen Sprachraum – durchgesetzt, da Feuerbach weitere erstaunliche Eigenschaften dieses Kreises gefunden hat. Mehr zur Geschichte dieser Sätze finden Sie in [6, 8, 20, 28].

Mit $\Delta \subset \mathbb{R}^2$ sei hier stets ein nicht-entartetes Dreieck mit Ecken $\mathbf{a}, \mathbf{b}, \mathbf{c}$ bezeichnet; dies bedeutet, daß die Vektoren $\mathbf{b} - \mathbf{a}$ und $\mathbf{c} - \mathbf{a}$ linear unabhängig sein sollen. Wir werden oft ausnutzen, daß sich die Geometrie von Δ unter einer Translation nicht ändert, wenn wir also $\mathbf{a}, \mathbf{b}, \mathbf{c}$ durch $\mathbf{a} + \mathbf{q}, \mathbf{b} + \mathbf{q}, \mathbf{c} + \mathbf{q}$ ersetzen. So können wir z. B. ohne Einschränkung annehmen, daß eine der Ecken unseres Dreiecks im Ursprung des $\mathbb{R}^2$ liegt.

▶ **Bemerkung 8.6.7** Beachten Sie, daß ich hier im Gegensatz zum vorangehenden Abschnitt mit $\mathbf{a}, \mathbf{b}, \mathbf{c}$ die *Ecken* des Dreiecks (aufgefaßt als Vektoren im $\mathbb{R}^2$) bezeichne, nicht wie dort die Seiten. Da wir hier mehr mit den Ecken als mit den Seiten „rechnen" wollen, lesen sich dann die Formeln schöner.

Definition 8.6.8

Eine **Seitenhalbierende** von Δ ist die Verbindungsstrecke einer Ecke mit dem Mittelpunkt der gegenüberliegenden Seite. ◀

Lemma 8.6.9
Die Seitenhalbierenden von Δ *schneiden sich im* ***Schwerpunkt***

$$\mathbf{s} := \frac{1}{3}(\mathbf{a} + \mathbf{b} + \mathbf{c}),$$

und $\mathbf{s}$ *teilt die Seitenhalbierenden im Verhältnis* $2 : 1$*; s. Abb.* 8.14.

Beweis Wir rechnen

$$\mathbf{s} = \frac{1}{3}(\mathbf{a} + \mathbf{b} + \mathbf{c}) = \frac{1}{3}\mathbf{a} + \frac{2}{3}\,\frac{\mathbf{b}+\mathbf{c}}{2} = \mathbf{a} + \frac{2}{3}\Big(\frac{\mathbf{b}+\mathbf{c}}{2} - \mathbf{a}\Big);$$

ebenso mit zyklischer Vertauschung von $\mathbf{a}, \mathbf{b}, \mathbf{c}$. □

Notiz 8.6.10 Für die Gerade durch zwei verschiedene Punkte $\mathbf{p}_0, \mathbf{p}_1 \in \mathbb{R}^2$ benutzen wir oft die Parametrisierung $t \mapsto (1-t)\mathbf{p}_0 + t\mathbf{p}_1$, $t \in \mathbb{R}$. Für $t \in (0, 1)$ teilt der Punkt $(1-t)\mathbf{p}_0 + t\mathbf{p}_1$ die Verbindungsstrecke von $\mathbf{p}_0$ und $\mathbf{p}_1$ im Verhältnis $t/(1-t)$.

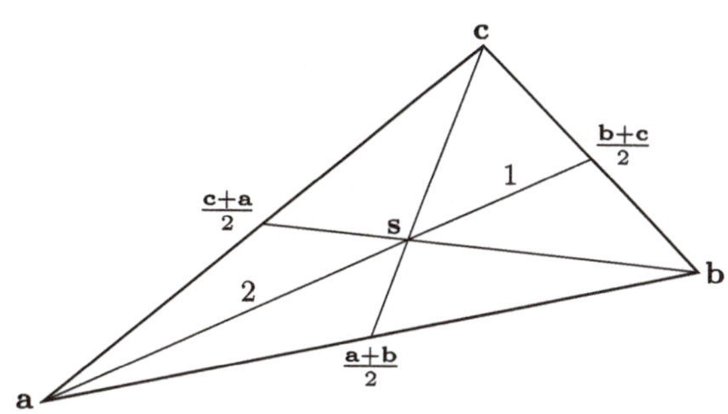

Abb. 8.14 Der Schwerpunkt von Δ

Definition 8.6.11

Eine **Höhe** von Δ ist die Gerade durch eine Ecke, die senkrecht zur gegenüberliegenden Seite steht. ◄

Lemma 8.6.12

Die drei Höhen von Δ schneiden sich in einem Punkt **h**; *s. Abb.* 8.15.

Beweis Ohne Einschränkung dürfen wir $\mathbf{c} = 0$ annehmen. Dann sind die drei Höhen durch die Gleichungen

$$\langle \mathbf{x} - \mathbf{a}, \mathbf{b} \rangle = 0, \quad \langle \mathbf{x} - \mathbf{b}, \mathbf{a} \rangle = 0, \quad \langle \mathbf{x}, \mathbf{a} - \mathbf{b} \rangle = 0$$

gegeben; beispielsweise definiert die erste Gleichung die Gerade durch **a** orthogonal zu **b**. Aus jeweils zwei dieser Gleichungen folgt die dritte, also existiert eine eindeutige gemeinsame Lösung **h** aller drei Gleichungen. □

Nun wenden wir uns der Abb. 8.16 zu. Neben dem Schwerpunkt **s** und dem Höhenschnittpunkt **h** von Δ betrachten wir als dritten wichtigen Punkt den Mittelpunkt **m** des Umkreises; s. Abschn. 8.6.2.

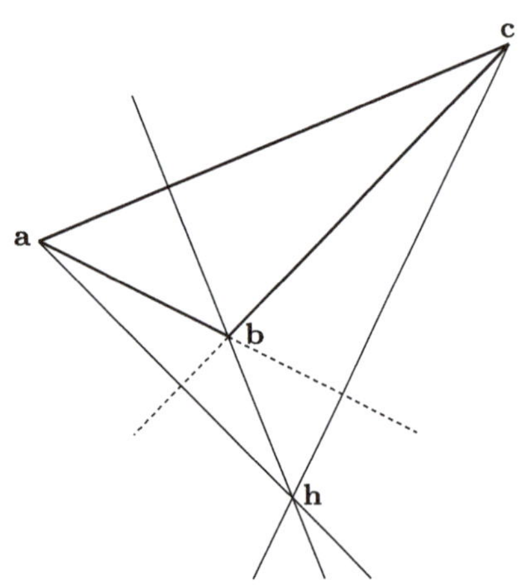

Abb. 8.15 Der Höhenschnittpunkt

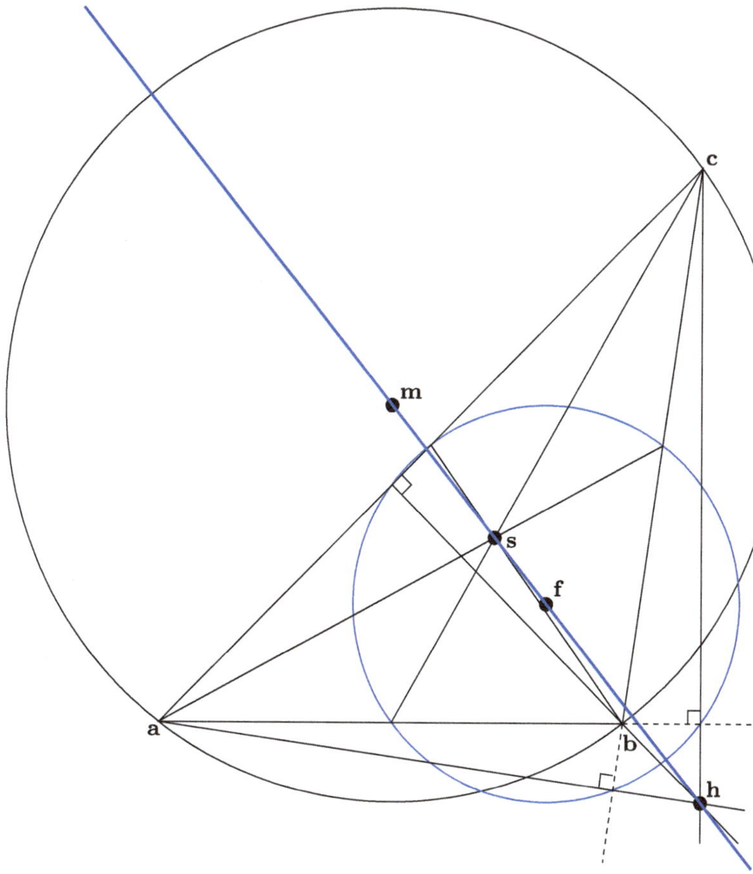

Abb. 8.16 Euler-Gerade und Feuerbach-Kreis

Satz 8.6.13 (Euler)
Die Punkte $\mathbf{s}$, $\mathbf{h}$ *und* $\mathbf{m}$ *liegen auf einer Geraden, und* $\mathbf{s}$ *teilt die Verbindungsstrecke von* $\mathbf{h}$ *und* $\mathbf{m}$ *im Verhältnis* $2:1$ *(oder die drei Punkte fallen zusammen).*

Beweis Dazu müssen wir lediglich die sogenannte **Euler-Gleichung**

$$3\mathbf{s} = \mathbf{h} + 2\mathbf{m} \tag{E}$$

beweisen, denn diese ist äquivalent zu $\mathbf{s} = \mathbf{h} + \frac{2}{3}(\mathbf{m} - \mathbf{h})$. Die Gleichung (E) ist invariant unter Translationen: wenn man $\mathbf{a}$, $\mathbf{b}$, $\mathbf{c}$ durch $\mathbf{a}+\mathbf{q}$, $\mathbf{b}+\mathbf{q}$, $\mathbf{c}+\mathbf{q}$ ersetzt, so ändern sich auch $\mathbf{s}$, $\mathbf{h}$, $\mathbf{m}$ zu $\mathbf{s}+\mathbf{q}$, $\mathbf{h}+\mathbf{q}$, $\mathbf{m}+\mathbf{q}$, und das eine Tripel von Punkten erfüllt (E) genau dann, wenn es das andere Tripel tut. Daher dürfen wir ohne Einschränkung $\mathbf{m} = 0$ annehmen,

d. h. $|\mathbf{a}| = |\mathbf{b}| = |\mathbf{c}|$. Unter dieser Annahme müssen wir also nur noch die Gleichung $3\mathbf{s} = \mathbf{h}$ verifizieren. Dazu müssen wir zeigen, daß $3\mathbf{s}$ auf allen drei Höhen liegt.

Die Höhe durch $\mathbf{c}$ wird beschrieben durch die Gleichung

$$\langle \mathbf{x} - \mathbf{c}, \mathbf{a} - \mathbf{b} \rangle = 0.$$

Der Punkt $3\mathbf{s}$ ist eine Lösung dieser Gleichung, denn

$$\langle 3\mathbf{s} - \mathbf{c}, \mathbf{a} - \mathbf{b} \rangle = \langle \mathbf{a} + \mathbf{b}, \mathbf{a} - \mathbf{b} \rangle = |\mathbf{a}|^2 - |\mathbf{b}|^2 = 0.$$

Durch zyklisches Vertauschen der drei Punkte $\mathbf{a}$, $\mathbf{b}$, $\mathbf{c}$ sehen wir, daß $3\mathbf{s}$ auch auf den beiden anderen Höhen liegt. □

Aufgabe 8.6.14
Zeigen Sie, daß zwei (und damit alle drei) der Punkte $\mathbf{s}$, $\mathbf{h}$, $\mathbf{m}$ genau dann übereinstimmen, wenn Δ gleichseitig ist. ◇

Definition 8.6.15

Die **Euler-Gerade** eines nicht gleichseitigen Dreiecks Δ ist die eben beschriebene Gerade durch $\mathbf{s}$, $\mathbf{h}$ und $\mathbf{m}$. ◀

Aufgabe 8.6.16
Zeigen Sie die folgenden Aussagen über die Euler-Gerade eines nicht gleichseitigen Dreiecks.

(a) Die Euler-Gerade fällt nie mit einer der Dreiecksseiten zusammen.
(b) Die Euler-Gerade ist orthogonal zu einer Dreiecksseite genau dann, wenn das Dreieck gleichschenklig ist. ◇

Aufgabe 8.6.17
(a) Das Δ zugeordnete **Mittendreieck** Δ' ist das Dreieck mit den Eckpunkten

$$\mathbf{a}' := (\mathbf{b} + \mathbf{c})/2, \quad \mathbf{b}' := (\mathbf{c} + \mathbf{a})/2 \quad \text{und} \quad \mathbf{c}' := (\mathbf{a} + \mathbf{b})/2.$$

Zeigen Sie, daß die Euler-Geraden von Δ und Δ' übereinstimmen.
(b) Zeigen Sie, daß der Höhenschnittpunkt $\mathbf{h}'$ von Δ' mit $\mathbf{m}$ übereinstimmt. Benutzen Sie dies für einen neuerlichen Beweis, daß sich die drei Höhen eines Dreiecks in einem Punkt schneiden. Dieser Beweis geht auf Carl Friedrich Gauß[2] zurück. ◇

[2] *Die merkwürdigen Punkte eines Dreieckes* (1810), in [15]. Der Beweis von Gauß endet mit dieser hübschen Bemerkung: „Puissant gibt in seinem *Recueil des propositions de Géométrie* einen zierlichen analytischen Beweis, und fügt einen geometrischen bei, der nicht dasselbe Verdienst hat.“

Definition 8.6.18

Der **Feuerbach-Kreis** von Δ ist der Kreis durch die Seitenmitten

$$\frac{\mathbf{a}+\mathbf{b}}{2}, \quad \frac{\mathbf{b}+\mathbf{c}}{2}, \quad \frac{\mathbf{c}+\mathbf{a}}{2}. \blacktriangleleft$$

Satz 8.6.19 (Feuerbach)
Der Mittelpunkt **f** *des Feuerbach-Kreises ist der Mittelpunkt zwischen* **h** *und* **m**; *s. Abb. 8.17. Daher liegt* **f** *auf der Euler-Geraden; falls* Δ *gleichseitig ist, fällt* **f** *mit* **s**, **h** *und* **m** *zusammen.*

Auf dem Feuerbach-Kreis liegen neben den drei Seitenmitten auch die drei Mitten der Höhenabschnitte, d. h. die Punkte

$$\frac{\mathbf{h}+\mathbf{a}}{2}, \quad \frac{\mathbf{h}+\mathbf{b}}{2}, \quad \frac{\mathbf{h}+\mathbf{c}}{2},$$

sowie die drei Fußpunkte der Höhen.

Beweis

(i) Wir wollen zunächst die **Feuerbach-Gleichung**

$$3\mathbf{s} = \mathbf{m} + 2\mathbf{f} \tag{F}$$

beweisen, die impliziert, daß die Punkte **s**, **m** und **f** kollinear sind, und daß **s** die Verbindungsstrecke von **f** und **m** im Verhältnis 1 : 2 teilt. Dazu dürfen wir, ähnlich wie beim Beweis der Euler-Gleichung, ohne Einschränkung annehmen, daß $\mathbf{s} = 0$, d.h. $\mathbf{a} + \mathbf{b} + \mathbf{c} = 0$. Es bleibt dann zu zeigen, daß $\mathbf{m} + 2\mathbf{f} = 0$.
Unter der gemachten Annahme gilt

$$\frac{\mathbf{a}+\mathbf{b}}{2} = -\frac{\mathbf{c}}{2}, \quad \frac{\mathbf{b}+\mathbf{c}}{2} = -\frac{\mathbf{a}}{2}, \quad \frac{\mathbf{c}+\mathbf{a}}{2} = -\frac{\mathbf{b}}{2}.$$

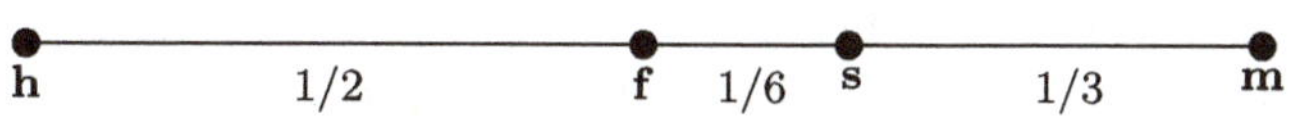

Abb. 8.17 Die relative Lage der Punkte **s**, **h**, **m** und **f**

Dies bedeutet, daß unter der Abbildung $\mathbf{x} \mapsto -\mathbf{x}/2$ des $\mathbb{R}^2$ der Umkreis auf den Feuerbach-Kreis abgebildet wird, also auch $\mathbf{f} = -\mathbf{m}/2$.

Aufgabe 8.6.20
Machen Sie sich klar, daß das Bild eines Kreises im $\mathbb{R}^2$ unter der Abbildung $\mathbf{x} \mapsto -\mathbf{x}/2$ tatsächlich wieder ein Kreis ist. ◇

(ii) Aus (E) und (F) folgt $\mathbf{h} + 2\mathbf{m} = \mathbf{m} + 2\mathbf{f}$, also $\mathbf{f} = (\mathbf{h} + \mathbf{m})/2$.

(iii) Wir zeigen, daß $(\mathbf{h}+\mathbf{c})/2$ auf dem Feuerbach-Kreis liegt. Durch zyklische Vertauschung von $\mathbf{a}$, $\mathbf{b}$, $\mathbf{c}$ ergibt sich die Aussage für die Mitten der beiden anderen Höhenabschnitte.

Die Gleichung 2(F) − (E) hat die Gestalt

$$3\mathbf{s} = 4\mathbf{f} - \mathbf{h},$$

oder $\mathbf{a} + \mathbf{b} + \mathbf{c} = 4\mathbf{f} - \mathbf{h}$. Dies läßt sich umformen zu

$$\frac{\mathbf{h} + \mathbf{c}}{2} - \mathbf{f} = \mathbf{f} - \frac{\mathbf{a} + \mathbf{b}}{2}.$$

Insbesondere gilt

$$\left|\frac{\mathbf{h} + \mathbf{c}}{2} - \mathbf{f}\right| = \left|\mathbf{f} - \frac{\mathbf{a} + \mathbf{b}}{2}\right|,$$

und letzteres ist genau der Radius des Feuerbach-Kreises.

(iv) Abschließend wollen wir zeigen, daß auch die Fußpunkte der drei Höhen auf dem Feuerbach-Kreis liegen. Für Δ gleichseitig ist dies klar, da in diesem Fall die Fußpunkte der Höhen mit den Seitenmitten zusammenfallen.
Wir betrachten den Fußpunkt der Höhe durch $\mathbf{c}$ auf der Geraden durch $\mathbf{a}$ und $\mathbf{b}$. Falls Δ gleichschenklig ist bezüglich der durch $\mathbf{a}$ und $\mathbf{b}$ bestimmten Grundseite, d. h. $|\mathbf{c} - \mathbf{a}| = |\mathbf{c} - \mathbf{b}|$, so fällt dieser Fußpunkt mit der Seitenmitte $(\mathbf{a} + \mathbf{b})/2$ zusammen, und es ist nichts weiter zu zeigen. In diesem Fall ist die Euler-Gerade gleich der Höhe durch $\mathbf{c}$.
Andernfalls haben wir nach Aufgabe 8.6.16 eine Situation wie in Abb. 8.18. Dabei kann die Euler-Gerade auch parallel zur Geraden durch $\mathbf{a}$ und $\mathbf{b}$ sein (s. Aufgabe 8.6.22 unten), oder die beiden Geraden können sich in einem Punkt zwischen $\mathbf{m}$ und $\mathbf{h}$ schneiden.
Es gilt $|\mathbf{f} - \mathbf{m}| = |\mathbf{f} - \mathbf{h}|$ nach (ii). Mit dem Strahlensatz aus der Schulgeometrie folgt $s_1 = s_2$, und damit nach dem Satz des Pythagoras (oder dem Kongruenzsatz SWS) $r_1 = r_2$. Da $(\mathbf{a} + \mathbf{b})/2$ auf dem Feuerbach-Kreis liegt, ist r_1 der Radius dieses Kreises; also liegt auch der Fußpunkt der Höhe durch $\mathbf{c}$ auf dem Feuerbach-Kreis.
Für die anderen beiden Höhen argumentiert man vollkommen analog. □

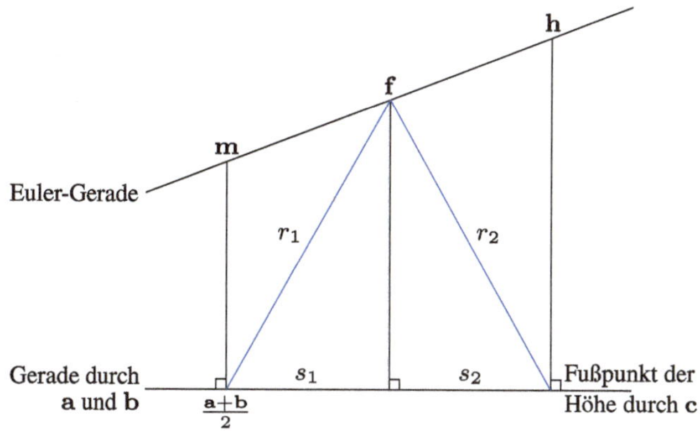

Abb. 8.18 Zum Beweis des Satzes von Feuerbach

Aufgabe 8.6.21
Beweisen Sie die relevante Version des Strahlensatzes mit den Methoden der Vektorrechnung. ◇

Aufgabe 8.6.22
Es seien α, β die Innenwinkel des Dreiecks Δ bei $\mathbf{a}$ bzw. $\mathbf{b}$. Zeigen Sie, daß die Euler-Gerade genau dann parallel zur Dreiecksseite durch $\mathbf{a}$ und $\mathbf{b}$ ist, wenn $\tan\alpha \tan\beta = 3$ gilt. Für $\tan\alpha = \tan\beta = \sqrt{3}$ ist Δ gleichseitig.
Hinweis: Wir dürfen o. E. annehmen, daß $\mathbf{a} = (0, 0)$ und $\mathbf{b} = (1, 0)$. Berechnen Sie die Koordinaten von $\mathbf{c}$ als Funktion von α und β. Bestimmen Sie dann die parametrische Beschreibung der Mittelsenkrechten von $\mathbf{a}$ und $\mathbf{c}$, um anschließend die Koordinaten von $\mathbf{m}$ zu finden. Vergleichen Sie die y-Koordinate von $\mathbf{m}$ mit der von $\mathbf{s}$. ◇

Eigenwerttheorie 9

Ein erster Zugang zum Verständnis eines physikalischen Systems, typischerweise beschrieben durch Differentialgleichungen, ist oftmals die Frage nach stationären Lösungen dieser Gleichungen, was einem Gleichgewichtszustand des Systems entspricht. Eine ähnlich wichtige Rolle in Geometrie und Analysis spielen Fixpunkte von Selbstabbildungen $f\colon X \to X$ eines topologischen Raumes X, d. h. Punkte $x \in X$ mit $f(x) = x$. Oft lassen sich Existenzprobleme, beispielsweise für Lösungen von Differentialgleichungen, als Fixpunktprobleme formulieren, woraus die Bedeutung von allgemeinen Aussagen über die Existenz von Fixpunkten resultiert, wie etwa dem Banachschen Fixpunktsatz.

In der Linearen Algebra spielen die Eigenwerte von Endomorphismen eine ähnliche Rolle, nicht nur als erster Zugang zum geometrischen Verständnis eines Endomorphismus, sondern auch als Mittel zur Lösung konkreter Anwendungsfragen mittels linear algebraischer Methoden. Ein Beispiel sind die Hauptkrümmungsrichtungen von Flächen im Raum, wie sie in der elementaren Differentialgeometrie studiert werden; dies sind die Richtungen auf einer Fläche, längs derer sich der Normalenvektor zur Fläche in die Bewegungsrichtung selbst ändert. Aber auch der *page rank* von Internetsuchmaschinen basiert auf der Lösung eines Eigenwertproblems.

9.1 Eigenwerte und Eigenvektoren

Es sei V ein $\mathbb{K}$-Vektorraum.

Definition 9.1.1

Ein **Eigenvektor** von $f \in \mathrm{End}(V)$ zum **Eigenwert** $\lambda \in \mathbb{K}$ ist ein Vektor $\mathbf{v} \in V \setminus \{0\}$ mit der Eigenschaft

H. Geiges, *Lineare Algebra und Geometrie I*, Mathematik Kompakt,
https://doi.org/10.1007/978-3-032-21683-0_9

$$f(\mathbf{v}) = \lambda \mathbf{v}.$$

Ist λ ein Eigenwert, so heißt der Unterraum

$$\begin{aligned} V_\lambda &:= \{\mathbf{v} \in V \colon\ f(\mathbf{v}) = \lambda \mathbf{v}\} \\ &= \mathrm{Kern}(\lambda \mathrm{id}_V - f) \\ &= \{\text{Eigenvektoren zum Eigenwert } \lambda\} \cup \{0\} \end{aligned}$$

Eigenraum von f zum Eigenwert λ. Die Dimension $\dim V_\lambda$ nennt man die **geometrische Vielfachheit** des Eigenwertes. ◀

Notiz 9.1.2 Nach Satz 5.2.11 ist für $\dim V < \infty$ der Kern von $\lambda \mathrm{id}_V - f$ genau dann nicht-trivial, d. h. nicht gleich $\{0\}$, wenn $\lambda \mathrm{id}_V - f$ kein Isomorphismus ist. Mit Satz 7.3.1 gilt daher:

$$\lambda \text{ ist Eigenwert von } f \iff \det(\lambda \mathrm{id}_V - f) = 0.$$

Ist $A \in \mathbb{K}^{n\times n}$ eine Matrixdarstellung von $f\colon V \to V$, wobei $n = \dim V$, so ist $\lambda E - A$ eine Matrixdarstellung von $\lambda \mathrm{id}_V - f$. Per definitionem, s. Abschn. 7.5, gilt $\det(\lambda \mathrm{id}_V - f) = \det(\lambda E - A)$. Daher sind die Eigenwerte von f genau die Eigenwerte von $A\colon \mathbb{K}^n \to \mathbb{K}^n$.

Dies kann man aber auch ganz ohne die Verwendung der Determinante einsehen und darüber hinaus auch noch einen Isomorphismus angeben zwischen den Eigenräumen V_λ von f auf der einen Seite, und den Eigenräumen $\mathcal{E}_\lambda := \mathrm{Kern}(\lambda E - A)$ von A auf der anderen. Dazu die folgende Überlegung.

Um eine Matrixdarstellung von f zu erhalten, wählen wir eine Basis von V und damit einen Isomorphismus $h\colon \mathbb{K}^n \to V$. Wieder einmal betrachten wir das zugehörige kommutative Diagramm von linearen Abbildungen:

$$\begin{array}{ccc} V & \xrightarrow{\ f\ } & V \\ h \uparrow \cong & & \cong \uparrow h \\ \mathbb{K}^n & \xrightarrow{\ A\ } & \mathbb{K}^n. \end{array}$$

Ich behaupte, daß der Isomorphismus h den Eigenraum $\mathcal{E}_\lambda$ isomorph auf V_λ abbildet, d. h.

$$h|_{\mathcal{E}_\lambda}\colon \mathcal{E}_\lambda \xrightarrow{\cong} V_\lambda.$$

In der Tat, dies ist eine Konsequenz dieser Folge von Äquivalenzen:

$$\begin{aligned} \mathbf{x} \in \mathcal{E}_\lambda &\Leftrightarrow A\mathbf{x} = \lambda\mathbf{x} \\ &\Leftrightarrow (h^{-1} f h)(\mathbf{x}) = \lambda\mathbf{x} \\ &\Leftrightarrow f\big(h(\mathbf{x})\big) = h(\lambda\mathbf{x}) = \lambda h(\mathbf{x}) \\ &\Leftrightarrow h(\mathbf{x}) \in V_\lambda. \end{aligned}$$

Daher können wir uns für die Eigenwerttheorie von Endomorphismen endlichdimensionaler Vektorräume auf die Diskussion von durch Matrizen $A \in \mathbb{K}^{n\times n}$ definierten Endomorphismen $A\colon \mathbb{K}^n \to \mathbb{K}^n$ beschränken.

Notiz 9.1.3 Wie wir in Abschn. 6.3 gesehen hatten, sind zwei Matrizen $A, B \in \mathbb{K}^{n\times n}$ genau dann ähnlich, wenn sie Matrixdarstellungen ein und desselben Endomorphismus bezüglich verschiedener Basen sind. Damit folgt, daß ähnliche Matrizen die gleichen Eigenwerte und Eigenräume besitzen. Wir können dies auch elementar nachrechnen. Gilt für $A, B \in \mathbb{K}^{n\times n}$ nämlich $B = T^{-1}AT$ mit $T \in \mathrm{GL}(n, \mathbb{K})$, so ist $\mathbf{x} \in \mathbb{K}^n$ genau dann ein Eigenvektor von A zum Eigenwert λ, wenn $T^{-1}\mathbf{x}$ ein Eigenvektor von B zum gleichen Eigenwert ist.

Aufgabe 9.1.4
Es sei $f\colon V \to V$ ein Endomorphismus eines $\mathbb{K}$-Vektorraumes V. Ein Unterraum $U \subset V$ heißt **invariant** unter f, falls $f(U) \subset U$. Zeigen Sie, daß für jedes $n \in \mathbb{N}$ die Eigenräume von $f^n := f \circ \cdots \circ f$ (n Faktoren) invariant unter f sind. ◇

Definition 9.1.5

Es gelte $\dim V = n < \infty$. Ein Endomorphismus $f\colon V \to V$ heißt **diagonalisierbar,** falls V eine Basis $(\mathbf{v}_1, \ldots, \mathbf{v}_n)$ aus Eigenvektoren zu Eigenwerten $\lambda_1, \ldots, \lambda_n \in \mathbb{K}$ besitzt. Bezüglich dieser Basis hat f die Matrixdarstellung

$$\begin{pmatrix} \lambda_1 & & 0 \\ & \ddots & \\ 0 & & \lambda_n \end{pmatrix}.$$

Entsprechend heißt $A \in \mathbb{K}^{n\times n}$ **diagonalisierbar,** falls A ähnlich zu einer Diagonalmatrix ist. ◀

Beispiele 9.1.6
Wir betrachten Endomorphismen des $\mathbb{R}^2$.

(1) Die Spiegelung S in der durch $\mathbf{v}_1 \in \mathbb{R}^2 \setminus \{0\}$ gegebenen Achse hält den Vektor $\mathbf{v}_1$ fest und schickt einen Vektor $\mathbf{v}_2$ orthogonal zu $\mathbf{v}_1$ auf $-\mathbf{v}_2$. Für $\mathbf{v}_2 \neq 0$ ist $(\mathbf{v}_1, \mathbf{v}_2)$ eine Basis des $\mathbb{R}^2$, bezüglich der die Spiegelung die Diagonalgestalt

$$\begin{pmatrix} 1 & 0 \\ 0 & -1 \end{pmatrix}$$

hat; s. Abb. 9.1.

(2) Die Drehung D_α um einen Winkel $\alpha \in (0, \pi)$ besitzt keine Eigenvektoren; s. Abb. 9.2.

(3) Unter einer **Scherung** des $\mathbb{R}^2$ versteht man eine Abbildung, die eine Ursprungsgerade (die sogenannte Achse der Scherung) punktweise fest läßt, und jeden anderen Punkt der Ebene parallel zur Achse verschiebt, wobei die Länge des Verschiebungsvektors proportional zum Abstand des gegebenen Punktes von der Achse ist. Abb. 9.3 zeigt die Scherung mit der x-Achse als Scherungsachse, und dem Proportionalitätsfaktor 1.

Zur Bestimmung der Eigenwerte dieser Scherung müssen wir die $\lambda \in \mathbb{R}$ finden, für die das Gleichungssystem

$$\begin{cases} x + y = \lambda x \\ \quad\;\; y = \lambda y \end{cases}$$

eine nicht-triviale Lösung $(x, y) \neq (0, 0)$ besitzt. Für $y \neq 0$ impliziert die zweite Gleichung $\lambda = 1$, und aus der ersten Gleichung würde dann $y = 0$ folgen; dies ist also nicht möglich. Daher muß $y = 0$ gelten; aus der ersten Gleichung folgt dann $\lambda = 1$ und x beliebig. Es ist daher 1 der einzige Eigenwert der Scherung, und der zugehörige Eigenraum ist die Achse der Scherung: $\mathcal{E}_1 = \mathbb{R} \times \{0\} \subset \mathbb{R}^2$.

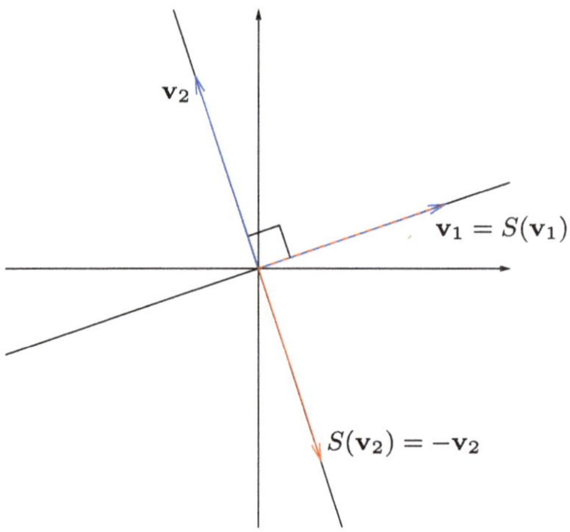

Abb. 9.1 Die Eigenwerte einer Spiegelung S

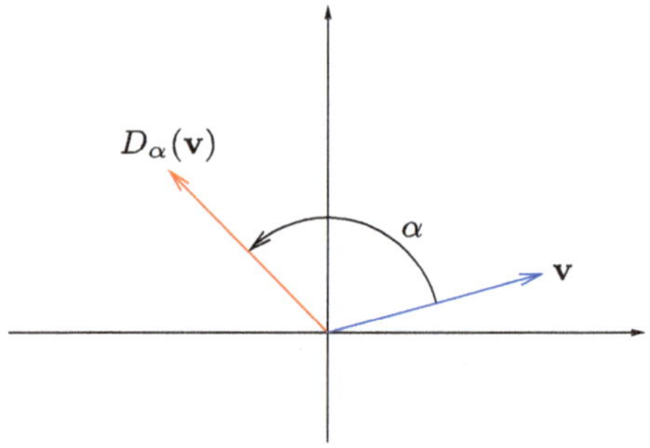

Abb. 9.2 Die Drehung D_α, $0 < \alpha < \pi$, hat keine Eigenvektoren

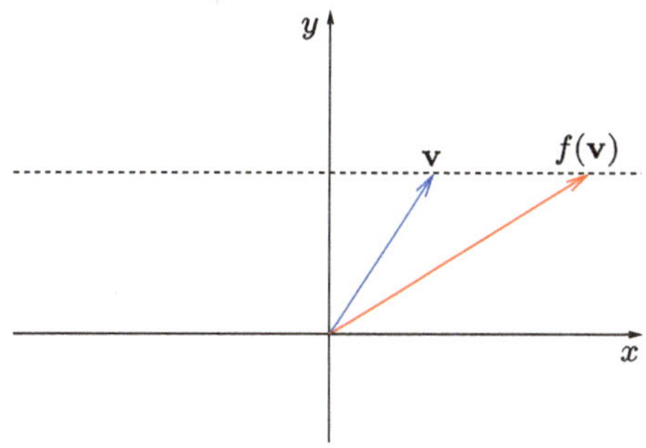

Abb. 9.3 Die Scherung $(x, y) \mapsto (x + y, y)$

Aufgabe 9.1.7
Zeigen Sie, daß jede Scherung, die verschieden von $\mathrm{id}_{\mathbb{R}^2}$ ist, den Eigenwert 1 mit geometrischer Vielfachheit 1 besitzt. Zeigen Sie weiter, daß eine Scherung jedes Parallelogramm in der Ebene auf ein Parallelogramm gleichen Flächeninhaltes abbildet. ◇

Aufgabe 9.1.8
In dieser Aufgabe wollen wir sehen, daß die Wahl des zugrundeliegenden Körpers entscheidend für die Eigenraumtheorie ist.

(a) Wir haben gesehen, daß die Drehung D_α des $\mathbb{R}^2$ um den Ursprung durch einen Winkel $0 < \alpha < \pi$ keine Eigenwerte besitzt. Wir können diese Drehung auch als $\mathbb{C}$-lineare Abbildung $\mathbb{C} \to \mathbb{C}$ lesen. Hat sie dann (komplexe) Eigenwerte?
(b) Die reellen (2×2)-Matrizen

$$\begin{pmatrix} \cos\alpha & \sin\alpha \\ \sin\alpha & -\cos\alpha \end{pmatrix}, \quad \begin{pmatrix} 0 & -1 \\ 1 & 0 \end{pmatrix} \quad \text{und} \quad \begin{pmatrix} 0 & 1 \\ -5 & 4 \end{pmatrix}$$

können sowohl als $\mathbb{R}$-lineare Abbildungen $\mathbb{R}^2 \to \mathbb{R}^2$ als auch als $\mathbb{C}$-lineare Abbildungen $\mathbb{C}^2 \to \mathbb{C}^2$ aufgefaßt werden. Berechnen Sie für beide Interpretationen die Eigenwerte und die zugehörigen Eigenräume. ◇

Ist ein Endomorphismus $f\colon V \to V$ diagonalisierbar, so läßt sich V als direkte Summe der Eigenräume von f schreiben. Auch im nicht-diagonalisierbaren Fall bleibt diese Eigenschaft der Eigenräume erhalten, daß ihre Summe direkt ist, wie wir uns nun überlegen wollen.

Lemma 9.1.9
Sind $\mathbf{v}_1, \ldots, \mathbf{v}_k$ Eigenvektoren von f zu paarweise verschiedenen Eigenvektoren $\lambda_1, \ldots, \lambda_k$, so ist das Tupel $(\mathbf{v}_1, \ldots, \mathbf{v}_k)$ linear unabhängig.

Beweis Wir zeigen dies durch Induktion nach k. Für $k = 1$ ist die Sache klar, da $\mathbf{v}_1 \neq 0$ nach der Definition von Eigenvektoren.

Sei nun $k \geq 2$ und die Aussage für $k - 1$ Eigenvektoren schon bewiesen. Es gelte

$$\mu_1 \mathbf{v}_1 + \cdots + \mu_k \mathbf{v}_k = 0; \tag{9.1}$$

wir müssen $\mu_1 = \ldots = \mu_k = 0$ zeigen. Durch Anwenden von f auf (9.1) erhalten wir

$$\mu_1 \lambda_1 \mathbf{v}_1 + \cdots + \mu_k \lambda_k \mathbf{v}_k = 0.$$

Andererseits liefert Multiplikation von (9.1) mit λ_k die Gleichung

$$\mu_1 \lambda_k \mathbf{v}_1 + \cdots + \mu_k \lambda_k \mathbf{v}_k = 0.$$

Die Differenz dieser beiden letzten Gleichungen ist

$$\mu_1(\lambda_1 - \lambda_k)\mathbf{v}_1 + \cdots + \mu_{k-1}(\lambda_{k-1} - \lambda_k)\mathbf{v}_{k-1} = 0.$$

Mit der Induktionsvoraussetzung folgt

$$\mu_1(\lambda_1 - \lambda_k) = \ldots = \mu_{k-1}(\lambda_{k-1} - \lambda_k) = 0.$$

Wegen $\lambda_i \neq \lambda_k$ für $i = 1, \ldots, k-1$ folgt hieraus $\mu_1 = \ldots = \mu_{k-1} = 0$, und mit (9.1) und $\mathbf{v}_k \neq 0$ dann auch $\mu_k = 0$. □

Notiz 9.1.10 Im wesentlichen mit dem gleichen Argument folgt, daß die Summe $V_{\lambda_1} + \cdots + V_{\lambda_k}$ von Eigenräumen (mit $\lambda_1, \ldots, \lambda_k$ paarweise verschieden) direkt ist, d. h. jeder Vektor $\mathbf{v}$ in dieser Summe besitzt eine eindeutige Darstellung als $\mathbf{v} = \mathbf{v}_1 + \cdots + \mathbf{v}_k$ mit $\mathbf{v}_i \in V_{\lambda_i}$, $i = 1, \ldots, k$. Zum Begriff der direkten Summe s. Bemerkung 4.3.6.

Insbesondere gilt

$$\dim\bigl(V_{\lambda_1} \oplus \cdots \oplus V_{\lambda_k}\bigr) = \sum_{i=1}^{k} \bigl(\text{geom. Vielfachheit von } \lambda_i\bigr);$$

s. dazu auch Abschn. 11.1 im zweiten Band. Für $\dim V = n$ ist diese Summe der geometrischen Vielfachheiten, genommen über alle Eigenwerte von f, demnach $\leq n$, mit Gleichheit genau dann, wenn f diagonalisierbar ist.

9.2 Polynome

Wie wir in Abschn. 9.3 sehen werden, reduziert sich die Suche nach Eigenwerten einer quadratischen Matrix auf die Bestimmung von Nullstellen eines Polynoms. Daher vertiefen wir zunächst die Theorie der Polynome. Wir folgen der in Abschn. 3.3.3 beschriebenen Konvention und schreiben $\mathbb{K}[x]$ für den Polynomring über $\mathbb{K}$.

9.2.1 Teilen mit Rest

Im Ring $\mathbb{K}[x]$ kann man mit Rest teilen, ganz ähnlich wie im Ring der ganzen Zahlen.

Satz 9.2.1
Seien $p, q \in \mathbb{K}[x]$, $q \neq 0$. Dann existieren eindeutig bestimmte $u, r \in \mathbb{K}[x]$ mit

$$p = uq + r \quad \text{und} \quad \operatorname{Grad} r < \operatorname{Grad} q.$$

Beweis

(i) Für die Eindeutigkeit bemerken wir, daß aus $u_1 q + r_1 = u_2 q + r_2$ die Gleichung $(u_1 - u_2)q = r_2 - r_1$ folgt. Wegen $\operatorname{Grad}(r_2 - r_1) < \operatorname{Grad} q$ ist dies nur möglich für $u_1 - u_2 = 0$ und damit $r_2 - r_1 = 0$.

(ii) Die Existenz ist klar für $\operatorname{Grad} q = 0$, d.h. $q \in \mathbb{K}^* = \mathbb{K} \setminus \{0\}$, da man dann u aus p durch Teilen aller Koeffizienten durch q erhält (und $r = 0$).
Für $\operatorname{Grad} q \geq 1$ beweisen wir die Existenz mittels Induktion nach $\operatorname{Grad} p$. Falls $\operatorname{Grad} p < \operatorname{Grad} q$, so setzen wir $u := 0$ und $r := p$. Insbesondere gilt die Existenz für $\operatorname{Grad} p \leq 0$.
Sei jetzt $\operatorname{Grad} p \geq \operatorname{Grad} q$, und die Existenzaussage sei schon für Polynome p_0 vom Grad $-\infty, 0, 1, \ldots, \operatorname{Grad}(p) - 1$ gezeigt. Schreibe

$$p(x) = a_{n+k}x^{n+k}x^{n+k} + \text{niedrigere Potenzen},$$
$$q(x) = b_n x^n + \text{niedrigere Potenzen},$$

wobei $k \in \mathbb{N}_0$ und $a_{n+k}, b_n \neq 0$. Das Polynom

$$p_0(x) := p(x) - a_{n+k}b_n^{-1}x^k q(x)$$

hat kleineren Grad als p. Nach Induktionsvoraussetzung gibt es $u_0, r \in \mathbb{K}[x]$ mit $\operatorname{Grad} r < \operatorname{Grad} q$, so daß $p_0 = u_0 q + r$. Es folgt

$$p(x) = \big(u_0(x) + a_{n+k}b_n^{-1}x^k\big)q(x) + r(x). \qquad \square$$

Beispiel 9.2.2
Für die Polynomdivision mit Rest rechnet man wie bei der „langen" Division ganzer Zahlen:

$$
\begin{array}{l}
(x^5 - 2x^4 + 5x^3 + \quad 3) : (x^2 - 1) = x^3 - 2x^2 + 6x - 2 =: u(x) \\
\underline{x^5 - \quad x^3} \\
\quad - 2x^4 + 6x^3 + \quad 3 \\
\quad \underline{- 2x^4 + 2x^2} \\
\qquad 6x^3 - 2x^2 + \quad 3 \\
\qquad \underline{6x^3 - \quad 6x} \\
\qquad\quad - 2x^2 + \; 6x + \; 3 \\
\qquad\quad \underline{- 2x^2 + \quad 2} \\
\qquad\qquad 6x + \quad 1 =: r(x)
\end{array}
$$

Aufgabe 9.2.3
Teilen Sie mit Rest in $\mathbb{R}[x]$:

(a) $2x^4 - 3x^3 - 4x^2 - 5x + 6$ durch $x^2 - 3x + 1$,
(b) $x^4 - 2x^3 + 4x^2 - 6x + 8$ durch $x - 1$. ◇

Hier ist nach Aufgabe 6.1.5 eine zweite explizite Realisierung des Körpers der Ordnung 4.

Aufgabe 9.2.4
Im Ring $\mathbb{F}_2[x]$ der Polynome über dem Körper $\mathbb{F}_2$ rechnen wir modulo das Polynom $1 + x + x^2$ und schreiben den resultierenden Ring als

$$\mathbb{F}_2[x]/\langle 1 + x + x^2 \rangle.$$

In diesem Restklassenring stellen zwei Polynome $p(x), q(x)$ über $\mathbb{F}_2$ also genau dann das gleiche Element dar, wenn sie sich um ein (polynomiales) Vielfaches von $1 + x + x^2$ unterscheiden, d. h., falls

$$p(x) - q(x) = (1 + x + x^2) \cdot a(x) \quad \text{mit} \quad a(x) \in \mathbb{F}_2[x].$$

Insbesondere gilt in diesem Restklassenring $1 + x + x^2 = 0$. (Das sollte Erinnerungen an Aufgabe 3.3.12 wecken.) Weiter gilt beispielsweise $x + x = 2x = 0$, da wir ja über $\mathbb{F}_2$ arbeiten, und

$$x \cdot x^2 = x \cdot (-(1 + x)) = x \cdot (1 + x) = x + x^2 = -1 = 1.$$

Betrachten Sie die vier Polynome $0, 1, x, x^2$, und stellen Sie die vollständige Additions- und Multiplikationstabelle (modulo $1 + x + x^2$) auf. Verifizieren sie damit, daß der Restklassenring $\mathbb{F}_2[x]/\langle 1 + x + x^2 \rangle$ ein Körper mit genau diesen vier Elementen (genauer: deren Restklassen) ist.◇

9.2.2 Der Einsetzungshomomorphismus

Wir formulieren hier eine harmlos erscheinende Notiz über das Auswerten eines Polynoms $p \in \mathbb{K}[x]$ an einer Stelle $\lambda \in \mathbb{K}$. Im Rahmen der Normalformentheorie im zweiten Band werden wir auch quadratische Matrizen oder Endomorphismen in Polynome einsetzen – beispielhaft werden wir dies bereits hier in einer Aufgabe tun. Darüber hinaus kann man auch Polynome mit Koeffizienten aus einem Ring betrachten; bei diesen sind einige Fallstricke zu beachten.

Sie können diesen Abschnitt gerne erst einmal überschlagen und zu ihm zurückkehren, sobald er im zweiten Band relevant wird.

Notiz 9.2.5 Für jedes $\lambda \in \mathbb{K}$ ist die Abbildung

$$\begin{aligned} \mathbb{K}[x] &\longrightarrow \mathbb{K} \\ p &\longmapsto p(\lambda), \end{aligned}$$

das heißt

$$\sum_{i=0}^{n} a_i x^i \longmapsto \sum_{i=0}^{n} a_i \lambda^i,$$

ein Ringhomomorphismus, der sogenannte **Einsetzungshomomorphismus.**

Aufgabe 9.2.6
Auch wenn diese Aussage recht offensichtlich erscheint, ist es sinnvoll, sich dies anhand der formalen Definition der Addition und Multiplikation in $\mathbb{K}[x]$ klarzumachen. ◇

Wie wir auf S. 92 gesehen hatten, ist $(\mathbb{K}^{n\times n}, +, \cdot)$ ein Ring mit Einselement. Allgemeiner bilden die Endomorphismen eines $\mathbb{K}$-Vektorraumes einen Ring $(\mathrm{End}(V), +, \circ)$ mit Einselement; s. Aufgabe 5.1.12.

Für jeden Endomorphismus $f \in \mathrm{End}(V)$ können wir erneut einen Einsetzungshomomorphismus definieren durch

$$\begin{aligned} \mathbb{K}[x] &\longrightarrow \mathrm{End}(V) \\ p &\longmapsto p(f), \end{aligned}$$

wobei $p(f)$ für $p(x) = a_0 + a_1 x + \cdots + a_n x^n$ definiert ist als

$$p(f) = a_0 \mathrm{id}_V + a_1 f + \cdots + a_n f^n;$$

zur Definition von f^k für $k \in \mathbb{N}$ siehe Aufgabe 9.1.4.

Im endlich-dimensionalen Fall und bei der Verwendung von Matrizen haben wir entsprechend für $A \in \mathbb{K}^{n\times n}$ den Einsetzungshomomorphismus

$$\begin{aligned} \mathbb{K}[x] &\longrightarrow \mathbb{K}^{n\times n} \\ p &\longmapsto p(A). \end{aligned}$$

Aufgabe 9.2.7
Machen Sie sich klar, daß durch $p \mapsto p(f)$ bzw. $p \mapsto p(A)$ in der Tat ein Ringhomomorphismus definiert ist. Beachten Sie dabei die Bedeutung der Tatsache, daß wir *lineare* Abbildungen in das Polynom einsetzen. Zum Beispiel erhalten wir beim Einsetzen von f in $x(a_0 + a_1 x)$ die Abbildung $f \circ (a_0 \mathrm{id}_V + a_1 f) = a_0 f + a_1 f^2$, genau wie beim Einsetzen von f in $a_0 x + a_1 x^2$. Für $p \mapsto p(A)$ folgt die Homomorphismus-Eigenschaft etwas direkter aus der Beobachtung, daß man dank der Ring- und $\mathbb{K}$-Vektorraumstruktur von $\mathbb{K}^{n\times n}$ (s. Aufgabe 6.1.1) mit Polynomen in A (und Koeffizienten in $\mathbb{K}$) wie mit Polynomen in der Variablen x rechnen darf. ◇

In der Praxis werden wir diese Homomorphismuseigenschaft vor allem für das Produkt von Polynomen benutzen: Faktorisiert ein Polynom $p \in \mathbb{K}[x]$ als Produkt zweier Polynome, $p = p_1 p_2$, so gilt auch $p(f) = p_1(f) \circ p_2(f)$.

Aufgabe 9.2.8
Wir betrachten die Beziehung zwischen den Eigenwerten von $f \in \mathrm{End}(V)$ und denen von $p(f)$ für $p \in \mathbb{K}[x]$.

(a) Zeigen Sie: Ist $\lambda \in \mathbb{K}$ Eigenwert von f, so ist $p(\lambda)$ Eigenwert von $p(f)$, und der zugehörige Eigenraum von f ist in dem von $p(f)$ enthalten.
(b) Geben Sie ein Beispiel eines Endomorphismus $f \in \mathrm{End}(\mathbb{R}^2)$ und eines nicht-trivialen Polynoms $p \in \mathbb{R}[x]$, so daß f keine Eigenwerte besitzt, aber $p(f)$ sehr wohl.
(c) Geben Sie ein Beispiel eines Endomorphismus $f \in \mathrm{End}(\mathbb{R}^3)$ und eines Polynoms $p \in \mathbb{R}[x]$, so daß f einen Eigenwert besitzt, für den der zugehörige Eigenraum eine echte Teilmenge des entsprechenden Eigenraumes von $p(f)$ ist. ◇

Bisher haben wir nur Polynomringe über einem Körper $\mathbb{K}$ betrachtet. Man kann aber ebenso Polynome mit Koeffizienten in einem Ring R zulassen. Beispielsweise werden wir $(n \times n)$-Matrizen mit Einträgen aus $\mathbb{K}[x]$ betrachten; diese Matrizen können äquivalent gelesen werden als Polynome mit Koeffizienten aus dem Matrizenring $R = \mathbb{K}^{n\times n}$, z. B.

$$\begin{pmatrix} 2 + x^2 & 1 + 2x \\ 3 + 2x - 2x^2 & x + 3x^2 \end{pmatrix} = \begin{pmatrix} 2 & 1 \\ 3 & 0 \end{pmatrix} + \begin{pmatrix} 0 & 2 \\ 2 & 1 \end{pmatrix} x + \begin{pmatrix} 1 & 0 \\ -2 & 3 \end{pmatrix} x^2.$$

Mit anderen Worten, wir haben die Identität

$$\left(\mathbb{K}[x]\right)^{n\times n} = \mathbb{K}^{n\times n}[x],$$

wenn auch zunächst nur auf dem Niveau von Mengen.

Mit den gleichen Definitionen für die Addition und die Multiplikation zweier Polynome wie in Abschn. 3.3.3 wird $R[x]$ selbst wieder zu einem Ring. Die Formel

$$\Big(\sum_{i=0}^{n} a_i x^i\Big) \cdot \Big(\sum_{j=0}^{m} b_j x^j\Big) = \sum_{k=0}^{n+m} \Big(\sum_{i+j=k} a_i b_j\Big) x^k$$

für das Produkt zweier Polynome besagt, daß man die Klammern ganz „naiv“ ausmultipliziert, wobei die Variable x mit den Koeffizienten der Polynome kommutiert. Stammen diese Koeffizienten aus einem nicht-kommutativen Ring R, kommt es allerdings entscheidend auf die Reihenfolge der Faktoren a_i, b_j in der Koeffizientenformel $c_k = \sum_{i+j=k} a_i b_j$ an.

Wenn R nicht kommutativ ist, d. h. wenn das Axiom (M2) nicht erfüllt ist, so ist für $\lambda \in R$ die Einsetzungsabbildung

$$\begin{aligned} R[x] &\longrightarrow R \\ p &\longmapsto p(\lambda), \end{aligned}$$

im allgemeinen *kein* Ringhomomorphismus.

Beispiel 9.2.9
In $\mathbb{K}^{n\times n}[x]$ und für $A, B \in \mathbb{K}^{n\times n}$ haben wir die Faktorisierung

$$x^2 - (A+B)x + AB = (x-A)(x-B).$$

Beim Einsetzen von A ergibt sich rechts die Nullmatrix, aber links $AB - BA$, was nur die Nullmatrix ist, wenn A mit B bei der Multiplikation kommutiert.

Aufgabe 9.2.10
Es gelte $p = p_1 p_2$ in $R[x]$. Zeigen Sie, daß für $\lambda \in R$ die Identität $p(\lambda) = p_1(\lambda)p_2(\lambda)$ im allgemeinen nur dann gilt, wenn λ mit den Koeffizienten von p_2 kommutiert. ◇

Aufgabe 9.2.11
Die Menge $(\mathbb{K}[x])^{n\times n}$ der $(n \times n)$-Matrizen mit polynomialen Einträgen besitzt eine Ringstruktur als Matrizenring; die Menge $\mathbb{K}^{n\times n}[x]$ der Polynome über $\mathbb{K}^{n\times n}$ besitzt eine Ringstruktur als Polynomring. Die Einheitsmatrix dient in beiden Ringen als Einselement. Zeigen Sie, daß die offensichtliche Abbildung

$$(\mathbb{K}[x])^{n\times n} \longrightarrow \mathbb{K}^{n\times n}[x]$$

ein Ringisomorphismus ist. ◇

9.2.3 Der Fundamentalsatz der Algebra

Unter einer **Wurzel** eines Polynoms $p \in \mathbb{K}[x]$ vom Grad ≥ 1 versteht man nichts anderes als eine Nullstelle beim Einsetzen von Elementen aus $\mathbb{K}$ für die Variable x, d. h. ein $\lambda \in \mathbb{K}$ mit $p(\lambda) = 0$. Die folgende Aussage, deren Beweis implizit den Einsetzungshomomorphismus verwendet, ist ein Korollar zum Teilen mit Rest.

Satz 9.2.12
Ist $\lambda \in \mathbb{K}$ eine Wurzel von $p \in \mathbb{K}[x]$, $\operatorname{Grad} p \geq 1$, so gibt es ein eindeutig bestimmtes Polynom $u \in \mathbb{K}[x]$ mit $\operatorname{Grad} u = \operatorname{Grad}(p) - 1$, so daß

$$p(x) = (x - \lambda)u(x).$$

Beweis Division von p durch $x - \lambda$ ergibt

$$p(x) = (x - \lambda)u(x) + r(x)$$

mit $\operatorname{Grad} r < \operatorname{Grad}(x - \lambda) = 1$, d. h. $r \in \mathbb{K}$. Wegen $p(\lambda) = 0$ muß $r = 0$ gelten. □

Aufgabe 9.2.13
Es sei $p \in \mathbb{K}[x]$ ein Polynom vom Grad $n \geq 1$. Wir wollen ohne Polynomdivision zeigen, daß $\lambda \in \mathbb{K}$ genau dann eine Wurzel von p ist, wenn sich p schreiben läßt als

$$p(x) = (x - \lambda)q(x)$$

mit einem Polynom q vom Grad $n - 1$.
Die eine Richtung ist offensichtlich: falls p so geschrieben werden kann, folgt durch Einsetzen $p(\lambda) = (\lambda - \lambda)q(\lambda) = 0$. Für die andere Richtung, überlegen Sie sich (mindestens) eines der folgenden Argumente.

(i) Jedes Polynom vom Grad n ist Linearkombination der $n + 1$ Polynome

$$1, x - \lambda, \ldots, (x - \lambda)^n.$$

Überlegen Sie sich dann weiter, was Sie aus $p(\lambda) = 0$ über diese Linearkombination folgern können.

(ii) Betrachten Sie das Polynom $p(x) - p(\lambda)$. Schreiben Sie das Polynom $x^k - \lambda^k$ explizit in der Form $(x - \lambda)u(x)$ mit einem Polynom $u(x)$ vom Grad $k - 1$. ◇

Durch Iteration des Verfahrens aus Satz 9.2.12 folgt, daß ein Polynom vom Grad n höchstens n Wurzeln (mit Vielfachheit gezählt) hat.

Beispiel 9.2.14
Das Polynom $x^2 + 1 \in \mathbb{R}[x]$ hat keine Wurzeln. Das Polynom

$$x^2 - 2x + 1 = (x - 1)^2 \in \mathbb{R}[x]$$

hat die Wurzel 1 mit Vielfachheit 2.

Für die Eigenwerttheorie über $\mathbb{K} = \mathbb{C}$ ist der folgende Satz von grundlegender Bedeutung.

Satz 9.2.15 (Fundamentalsatz der Algebra)
Der Körper $\mathbb{C}$ ist ***algebraisch abgeschlossen****, d. h. jedes nicht-konstante Polynom in $\mathbb{C}[x]$ hat eine Wurzel. Insbesondere faktorisiert jedes Polynom $p \in \mathbb{C}[x]$ vom Grad $n \geq 1$ in n Linearfaktoren:*

$$p(x) = a_n(x - \lambda_1) \cdots (x - \lambda_n)$$

mit $\lambda_1, \ldots, \lambda_n \in \mathbb{C}$. □

Beispiel 9.2.16
Das Polynom $x^2 + 1 \in \mathbb{C}[x]$ faktorisiert als $(x + \mathrm{i})(x - \mathrm{i})$.

Die bekannten Beweise des Fundamentalsatzes benötigen alle einen mehr oder weniger großen analytischen oder topologischen Anteil (Satz von Liouville, Windungszahl). Daher werden Sie einen Beweis typischerweise in einer Vorlesung über Funktionentheorie oder Topologie kennenlernen. Der „algebraischste" Beweis geht auf Pierre-Simon Laplace zurück; dieser benötigt an außer-algebraischen Methoden lediglich den Zwischenwertsatz der reellen Analysis. Eine ausführliche Darstellung der Geschichte des Fundamentalsatzes und eine Auswahl an Beweisen finden Sie in dem von Reinhold Remmert verfaßten Kap. 4 in [9].

Aufgabe 9.2.17
Zeigen Sie, daß sich jedes reelle Polynom $p \in \mathbb{R}[x]$ als ein Produkt von linearen und quadratischen reellen Polynomen schreiben läßt. ◇

9.2.4 Polynome vs. polynomiale Funktionen

Wie in Abschn. 3.3.3 versprochen, wollen wir hier folgende Aussage zeigen, die für *endliche* Körper nach dem dortigen Beispiel falsch ist.

Satz 9.2.18
Es sei $\mathbb{K}$ ein Körper mit unendlich vielen Elementen. Dann ist jedes Polynom $p \in \mathbb{K}[x]$ eindeutig bestimmt durch die zugehörige polynomiale Funktion

$$\begin{aligned} \mathbb{K} &\longrightarrow \mathbb{K} \\ \lambda &\longmapsto p(\lambda). \end{aligned}$$

Beweis Es sei $p(x) = a_0 + a_1 x + \cdots + a_n x^n$ ein Polynom vom Grad n. Wähle $n + 1$ paarweise verschiedene Elemente $\lambda_1, \ldots, \lambda_{n+1} \in \mathbb{K}$. Wir wollen zeigen, daß die Koeffizienten des Polynoms p durch die Funktionswerte $p(\lambda_1), \ldots, p(\lambda_{n+1})$ vollständig bestimmt sind. In der Tat können wir den Spaltenvektor $(a_0, \ldots, a_n)^t$ auffassen als Lösung des Gleichungssystems

$$\begin{pmatrix} 1 & \lambda_1 & \lambda_1^2 & \cdots & \lambda_1^n \\ 1 & \lambda_2 & \lambda_2^2 & \cdots & \lambda_2^n \\ \vdots & \vdots & \vdots & & \vdots \\ 1 & \lambda_{n+1} & \lambda_{n+1}^2 & \cdots & \lambda_{n+1}^n \end{pmatrix} \begin{pmatrix} x_0 \\ \vdots \\ x_n \end{pmatrix} = \begin{pmatrix} p(\lambda_1) \\ \vdots \\ p(\lambda_{n+1}) \end{pmatrix}.$$

Nach Beispiel 7.2.6 (Vandermondesche Determinante) ist diese Lösung eindeutig bestimmt; s. die Bemerkungen am Ende von Abschn. 6.7.1. □

9.3 Das charakteristische Polynom

Wie wir in Abschn. 9.1 gesehen haben, ist $\lambda \in \mathbb{K}$ ein Eigenwert von $A \in \mathbb{K}^{n\times n}$ genau dann, wenn $\det(\lambda E - A) = 0$ gilt.

Definition 9.3.1

Das normierte Polynom

$$\chi_A(x) := \det(xE - A) \in \mathbb{K}[x]$$

vom Grad n ist das **charakteristische Polynom** von A. ◄

Die Eigenwerte von $A \in \mathbb{K}^{n\times n}$ sind also genau die Wurzeln von χ_A in $\mathbb{K}$.

Notiz 9.3.2 Mit dem Argument wie in Abschn. 7.5 folgt, daß wir sinnvoll auch vom charakteristischen Polynom χ_f eines Endomorphismus $f\colon V \to V$ sprechen können, sofern V endlich-dimensional ist.

Beispiele 9.3.3

(1) Mit dem Fundamentalsatz der Algebra folgt, daß jede Matrix in $\mathbb{C}^{n\times n}$ einen Eigenwert besitzt.
(2) Für $n \in \mathbb{N}$ ungerade besitzt jede Matrix in $\mathbb{R}^{n\times n}$ einen reellen Eigenwert. Dies folgt aus $\lim_{x\to\pm\infty} \chi_A(x) = \pm\infty$ und dem Zwischenwertsatz.

Aufgabe 9.3.4

Zeigen Sie, daß jede Matrix $A \in \mathbb{C}^{n\times n}$ einen Eigenwert besitzt, *ohne* das charakteristische Polynom zu verwenden. Damit haben wir einen determinantenfreien Beweis der Existenz von Eigenwerten. Sei dazu $\mathbf{v} \in \mathbb{C}^n \setminus \{0\}$, und benutzen Sie die Tatsache, daß die $n + 1$ Vektoren

$$\mathbf{v}, A\mathbf{v}, \ldots, A^n\mathbf{v}$$

linear abhängig sein müssen. Dies liefert ein nicht-triviales Polynom $p \in \mathbb{C}[x]$, so daß $p(A)\mathbf{v} = 0$. Wenden Sie dann den Fundamentalsatz der Algebra an. ◇

Aufgabe 9.3.5
Seien $A, B \in \mathbb{C}^{n\times n}$ kommutierende Matrizen, d. h. $AB = BA$. Zeigen Sie:

(a) Ist $\mathcal{E}_\lambda \subset \mathbb{C}^n$ der Eigenraum von A zum Eigenwert λ, so gilt $B(\mathcal{E}_\lambda) \subset \mathcal{E}_\lambda$.
(b) Es gibt einen Vektor im $\mathbb{C}^n$, der zugleich Eigenvektor von A und von B ist (nicht notwendigerweise zum gleichen Eigenwert). ◇

Für $A = (a_{ij}) \in \mathbb{K}^{n\times n}$ gilt

$$\begin{aligned}\chi_A(x) &= \begin{vmatrix} x - a_{11} & -a_{12} & \cdots & -a_{1n} \\ -a_{21} & x - a_{22} & \cdots & -a_{2n} \\ \vdots & \vdots & \ddots & \vdots \\ -a_{n1} & -a_{n2} & \cdots & x - a_{nn}\end{vmatrix} \\ &= x^n - (a_{11} + \cdots + a_{nn})x^{n-1} + \cdots + (-1)^n \det A.\end{aligned}$$

Wir sehen, daß der konstante Term des charakteristischen Polynoms χ_A (bis auf das Vorzeichen) durch die Determinante von A gegeben ist. Da die Determinante eines Endomorphismus gleich der Determinante jeder darstellenden Matrix ist, ist auch der konstante Term im Polynom χ_f gleich $(-1)^n \det f$. Der Koeffizient von x^{n-1} spielt ebenfalls eine bedeutende Rolle in der Theorie der quadratischen Matrizen und Endomorphismen, weshalb wir ihm einen eigenen Namen geben wollen.

Definition 9.3.6

Die **Spur** von $A = (a_{ij}) \in \mathbb{K}^{n\times n}$ ist

$$\operatorname{Spur} A := \sum_{i=1}^{n} a_{ii}. \blacktriangleleft$$

Notiz 9.3.7 Für $A \in \mathbb{K}^{m\times n}$ und $B \in \mathbb{K}^{n\times m}$ gilt

$$\operatorname{Spur}(AB) = \operatorname{Spur}(BA).$$

Dazu schreiben wir

$$A = (a_{ij})_{\substack{i=1,\ldots,m \\ j=1,\ldots,n}} \quad \text{und} \quad B = (b_{ji})_{\substack{j=1,\ldots,n \\ i=1,\ldots,m}}$$

und rechnen

$$\mathrm{Spur}(AB) = \sum_{i=1}^{m}(AB)_{ii} = \sum_{i=1}^{m}\sum_{j=1}^{n} a_{ij}b_{ji} = \sum_{j=1}^{n}\sum_{i=1}^{m} b_{ji}a_{ij} = \sum_{j=1}^{n}(BA)_{jj} = \mathrm{Spur}(BA).$$

Insbesondere haben ähnliche Matrizen die gleiche Spur:

$$\mathrm{Spur}(T^{-1}AT) = \mathrm{Spur}(TT^{-1}A) = \mathrm{Spur}\, A$$

für $A \in \mathbb{K}^{n\times n}$ und $T \in \mathrm{GL}(n, \mathbb{K})$. Daher kann man sinnvoll von der Spur eines Endomorphismus sprechen.

Aufgabe 9.3.8

(a) Geben Sie ein Beispiel zweier Matrizen $A, B \in \mathbb{F}_2^{2\times 2}$ an mit der Eigenschaft, daß

$$AB - BA = E.$$

(b) Zeigen Sie, daß es keine Matrizen $A, B \in \mathbb{R}^{n\times n}$ geben kann, die dieser Gleichung genügen.

(c) Geben Sie ein Beispiel zweier Endomorphismen f, g des Vektorraumes $\mathcal{P}(\mathbb{R})$ der reellen Polynome an mit der Eigenschaft, daß

$$f \circ g - g \circ f = \mathrm{id}_{\mathcal{P}(\mathbb{R})}. \qquad \diamond$$

9.4 Die Isometrien des $\mathbb{R}^3$

Wir betrachten den $\mathbb{R}^3$ mit dem Standardskalarprodukt $\langle\,.\,,\,.\,\rangle$ und dem dadurch definierten euklidischen Längenbegriff. Es sei $f\colon \mathbb{R}^3 \to \mathbb{R}^3$ eine (nicht notwendig lineare) längentreue Abbildung; s. Aufgabe 8.4.5. Setze $\mathbf{b} := f(0)$. Die Translation $\mathbf{v} \mapsto \mathbf{v} - \mathbf{b}$ ist längentreu, und damit auch die Abbildung $\mathbf{v} \mapsto f(\mathbf{v}) - \mathbf{b}$. Nach Aufgabe 8.4.5 gilt daher

$$f(\mathbf{v}) = A\mathbf{v} + \mathbf{b}$$

mit $A \in \mathrm{O}(3)$. Ziel dieses Abschnittes ist es, die Geometrie der Abbildungen aus $\mathrm{O}(3)$ mittels der Eigenwerttheorie genauer zu verstehen.

Wir beginnen mit einer Aussage, die ganz allgemein für $\mathrm{O}(n)$ gilt.

Lemma 9.4.1

Ist $\lambda \in \mathbb{R}$ Eigenwert von $A \in \mathrm{O}(n)$, so gilt $\lambda = \pm 1$.

Beweis Sei $\mathbf{v} \in \mathbb{R}^n$ Eigenvektor zum Eigenwert λ. Dann gilt

$$\langle \mathbf{v}, \mathbf{v} \rangle = \langle A\mathbf{v}, A\mathbf{v} \rangle = \langle \lambda\mathbf{v}, \lambda\mathbf{v} \rangle = \lambda^2 \langle \mathbf{v}, \mathbf{v} \rangle.$$

Wegen $\langle \mathbf{v}, \mathbf{v} \rangle \neq 0$ folgt $\lambda = \pm 1$. □

Sei jetzt $A \in \mathrm{O}(3)$. Nach Beispiel 9.3.3 (2) besitzt A einen Eigenwert λ, der nach dem Lemma gleich ± 1 sein muß. Sei $\mathbf{v}$ ein Eigenvektor zu diesem Eigenwert; wir dürfen $|\mathbf{v}| = 1$ annehmen.

Lemma 9.4.2
Der Unterraum $U := \big(\mathrm{Lin}(\mathbf{v})\big)^\perp$ wird durch A isomorph auf sich selbst abgebildet: $A(U) = U$.

Beweis Sei $\mathbf{u} \in U$, d. h. $\langle \mathbf{u}, \mathbf{v} \rangle = 0$. Es folgt

$$\langle A\mathbf{u}, \mathbf{v} \rangle = \frac{1}{\lambda} \langle A\mathbf{u}, A\mathbf{v} \rangle = \frac{1}{\lambda} \langle \mathbf{u}, \mathbf{v} \rangle = 0,$$

also $A\mathbf{u} \in U$. Da A ein Isomorphismus des $\mathbb{R}^3$ ist, folgt die Behauptung. □

Satz 9.4.3
Die Elemente von $\mathrm{SO}(3)$ *sind genau die Drehungen des* $\mathbb{R}^3$ *um eine Ursprungsgerade.*

Beweis Die eine Richtung ist klar: Jede solche Drehung ist längentreu, fixiert den Ursprung, und erhält die Orientierung, ist also ein Element von $\mathrm{SO}(3)$. Ganz explizit kann man sich das klarmachen, wenn man einen Einheitsvektor $\mathbf{b}_1$ auf der Drehachse wählt und zu einem rechtshändigen orthonormalen Dreibein $\mathbf{b}_1, \mathbf{b}_2, \mathbf{b}_3$ erweitert. Die Drehung fixiert $\mathbf{b}_1$ und wirkt auf der durch $\mathbf{b}_2, \mathbf{b}_3$ aufgespannten Ebene als ebene Drehung D_α.

Sei umgekehrt $A \in \mathrm{SO}(3)$ und $A\mathbf{v} = \lambda\mathbf{v}$ mit $|\mathbf{v}| = 1$ und $\lambda = \pm 1$. Ergänze $\mathbf{v}$ zu einer positiven (also rechtshändigen) ONB $(\mathbf{v}, \mathbf{u}_1, \mathbf{u}_2)$. Nach Abschn. 7.4 ist

$$(\lambda\mathbf{v}, A\mathbf{u}_1, A\mathbf{u}_2) = (A\mathbf{v}, A\mathbf{u}_1, A\mathbf{u}_2)$$

wieder ein rechtshändiges orthonormales Dreibein. Setze $U := \mathrm{Lin}(\mathbf{u}_1, \mathbf{u}_2)$.

Falls $\lambda = 1$, so ist $A|_U$ eine ebene Drehung D_α, und damit A die Drehung um die durch $\mathbf{v}$ definierte Achse.

Falls $\lambda = -1$, so ist $A|_U$ eine Spiegelung. Nach Beispiel 9.1.6 (1) können wir $\mathbf{u}_1, \mathbf{u}_2$ so wählen, daß $A\mathbf{u}_1 = \mathbf{u}_1$ und $A\mathbf{u}_2 = -\mathbf{u}_2$. Dies bedeutet, daß A die Drehung um die durch $\mathbf{u}_1$ definierte Achse mit Drehwinkel π ist. □

Aufgabe 9.4.4
Charakterisieren Sie ganz analog die Elemente von $\mathrm{O}(3) \setminus \mathrm{SO}(3)$. ◇

Mit der folgenden Notiz vervollständigen wir das Argument von S. 139 zu positiver Orientierung und Rechtshändigkeit im $\mathbb{R}^3$.

Notiz 9.4.5 Sei $(\mathbf{b}_1, \mathbf{b}_2, \mathbf{b}_3)$ eine positive ONB des $\mathbb{R}^3$. Dann gilt

$$A := \begin{pmatrix} | & | & | \\ \mathbf{b}_1 & \mathbf{b}_2 & \mathbf{b}_3 \\ | & | & | \end{pmatrix} \in \mathrm{SO}(3).$$

Nach Satz 9.4.3 beschreibt A eine Drehung $D_{\mathbf{v},\alpha}$ um die durch einen Einheitsvektor $\mathbf{v}$ gegebene Achse um einen Winkel α, dessen Vorzeichen wir mit der Rechte-Hand-Regel festlegen können: der Daumen der rechten Hand zeige in die Richtung von $\mathbf{v}$, dann definieren die anderen Finger die positive Drehrichtung.

Beachten Sie, daß $D_{\mathbf{v},\alpha}(\mathbf{e}_i) = A\mathbf{e}_i = \mathbf{b}_i$ gilt für $i = 1, 2, 3$. Durch

$$\mathbf{v}_i(t) := D_{\mathbf{v},t\alpha}(\mathbf{e}_i), \quad t \in [0, 1]$$

ist daher ein stetiger Weg von der kanonischen Basis $(\mathbf{e}_1, \mathbf{e}_2, \mathbf{e}_3)$ des $\mathbb{R}^3$ zur Basis $(\mathbf{b}_1, \mathbf{b}_2, \mathbf{b}_3)$ definiert.

Die Hauptachsentransformation 10

Der Begriff der Hauptachsentransformation stammt aus der Theorie der Kegelschnitte, d. h. der Theorie ebener Kurven, die man als Schnittmenge eines Kegels im $\mathbb{R}^3$ mit einer affinen Ebene erhalten kann. Dies sind Kurven, die durch quadratische Gleichungen in zwei Variablen definiert werden können, wie beispielsweise Ellipsen. Die Hauptachsentransformation ist eine orthogonale Koordinatentransformation, durch welche die Hauptachsen der Ellipse auf den Koordinatenachsen des kartesischen Koordinatensystems zu liegen kommen.

Wir werden dieses klassische Beispiel in Abschn. 10.3 behandeln. Zunächst aber entwickeln wir die Theorie allgemeiner für sogenannte selbstadjungierte Endomorphismen von euklidischen Vektorräumen.

Im folgenden ist $\bigl(V, \langle\,.\,,\,.\,\rangle\bigr)$ stets ein euklidischer (also insbesondere reeller) Vektorraum. Für $V = \mathbb{R}^n$ bezeichnet $\langle\,.\,,\,.\,\rangle$ das Standardskalarprodukt. Wenn V und $\mathbb{R}^n$ gemeinsam in einem Argument auftreten, unterscheiden wir die Skalarprodukte als $\langle\,.\,,\,.\,\rangle_V$ bzw. $\langle\,.\,,\,.\,\rangle_{\mathbb{R}^n}$.

10.1 Selbstadjungierte Endomorphismen

Definition 10.1.1

Ein Endomorphismus $f\colon V \to V$ heißt **selbstadjungiert,** falls gilt:

$$\forall\, \mathbf{v}, \mathbf{w} \in V : \langle f(\mathbf{v}), \mathbf{w}\rangle = \langle \mathbf{v}, f(\mathbf{w})\rangle. \quad ◄$$

H. Geiges, *Lineare Algebra und Geometrie I*, Mathematik Kompakt,
https://doi.org/10.1007/978-3-032-21683-0_10

Aufgabe 10.1.2
Zeigen Sie, daß die Orthogonalprojektion

$$\begin{aligned} \mathbb{R}^2 &\longrightarrow \mathbb{R} \times \{0\} \subset \mathbb{R}^2 \\ (x_1, x_2) &\longmapsto (x_1, 0) \end{aligned}$$

selbstadjungiert ist. ◇

Eines der Hauptziele dieses Kapitels ist es, zu zeigen, daß jeder selbstadjungierte Endomorphismus eines endlich-dimensionalen euklidischen Vektorraumes diagonalisierbar ist; s. Definition 9.1.5. Falls überhaupt ein Eigenvektor existiert, was wir in Abschn. 10.2.1 zeigen werden, ergibt sich die ONB aus Eigenvektoren durch iterative Anwendung des folgenden Lemmas.

Lemma 10.1.3
Sei $f: V \to V$ selbstadjungiert. Dann gilt:
(a) *Eigenvektoren zu verschiedenen Eigenwerten stehen orthogonal zueinander.*
(b) *Ist $\mathbf{v}$ Eigenvektor von f, so ist das orthogonale Komplement*

$$\mathbf{v}^\perp := \{\mathbf{w} \in V : \mathbf{w} \perp \mathbf{v}\}$$

ein f-invarianter Unterraum, d. h. $f(\mathbf{v}^\perp) \subset \mathbf{v}^\perp$.

Beweis
(a) Es gelte $f(\mathbf{v}) = \lambda\mathbf{v}$ und $f(\mathbf{w}) = \mu\mathbf{w}$ mit $\lambda \neq \mu$. Dann folgt

$$\lambda\langle\mathbf{v}, \mathbf{w}\rangle = \langle\lambda\mathbf{v}, \mathbf{w}\rangle = \langle f(\mathbf{v}), \mathbf{w}\rangle = \langle\mathbf{v}, f(\mathbf{w})\rangle = \langle\mathbf{v}, \mu\mathbf{w}\rangle = \mu\langle\mathbf{v}, \mathbf{w}\rangle.$$

Es ergibt sich $(\lambda - \mu)\langle\mathbf{v}, \mathbf{w}\rangle = 0$, und damit $\langle\mathbf{v}, \mathbf{w}\rangle = 0$.
(b) Sei $\mathbf{v}$ Eigenvektor zum Eigenwert λ und $\mathbf{w} \in \mathbf{v}^\perp$. Dann folgt

$$\langle f(\mathbf{w}), \mathbf{v}\rangle = \langle\mathbf{w}, f(\mathbf{v})\rangle = \langle\mathbf{w}, \lambda\mathbf{v}\rangle = \lambda\langle\mathbf{w}, \mathbf{v}\rangle = 0,$$

d. h. $f(\mathbf{w}) \in \mathbf{v}^\perp$. □

10.1.1 Symmetrische Matrizen

In diesem Abschnitt wollen wir zeigen, daß die Matrixdarstellungen selbstadjungierter Endomorphismen bezüglich einer ONB genau die symmetrischen Matrizen sind. Dies ist ein Analogon zu Satz 8.4.11 über Isometrien und deren Darstellung durch orthogonale Matrizen.

Definition 10.1.4

Eine Matrix $A = (a_{ij}) \in \mathbb{R}^{n \times n}$ heißt **symmetrisch,** falls $A^{\mathrm{t}} = A$, also $a_{ij} = a_{ji}$ für $i, j = 1, \dots, n$. ◀

Notiz 10.1.5 Eine Matrix $A \in \mathbb{R}^{n \times n}$ ist symmetrisch genau dann, wenn die lineare Abbildung $A\colon \mathbb{R}^n \to \mathbb{R}^n$ selbstadjungiert ist. Dies folgt mit Überlegungen wie auf S. 158 ff.: Das Standardskalarprodukt auf dem $\mathbb{R}^n$ kann geschrieben werden als $\langle \mathbf{x}, \mathbf{y} \rangle = \mathbf{x}^{\mathrm{t}}\mathbf{y}$. Daher gilt

$$\langle A\mathbf{x}, \mathbf{y} \rangle = \mathbf{x}^{\mathrm{t}} A^{\mathrm{t}} \mathbf{y} \quad \text{und} \quad \langle \mathbf{x}, A\mathbf{y} \rangle = \mathbf{x}^{\mathrm{t}} A \mathbf{y}.$$

Diese beiden Ausdrücke sind gleich für alle $\mathbf{x}, \mathbf{y} \in \mathbb{R}^n$ genau dann, wenn $A^{\mathrm{t}} = A$.

Damit überträgt sich Lemma 10.1.3 auf symmetrische Matrizen: Die Eigenvektoren zu verschiedenen Eigenwerten sind orthogonal bezüglich des Standardskalarproduktes.

Satz 10.1.6

Sei $A \in \mathbb{R}^{n \times n}$ die Matrixdarstellung eines Endomorphismus $f\colon V \to V$, $\dim V = n$, bezüglich einer ONB von V. Dann gilt: f ist selbstadjungiert genau dann, wenn A symmetrisch ist.

Beweis Wir greifen die Notation des Beweises von Satz 8.4.11 wieder auf und rechnen

$$\langle f(\mathbf{v}), \mathbf{w} \rangle_V = \langle f(h(\mathbf{x})), h(\mathbf{y}) \rangle_V = \langle h(A\mathbf{x}), h(\mathbf{y}) \rangle_V = \langle A\mathbf{x}, \mathbf{y} \rangle_{\mathbb{R}^n},$$

und analog $\langle \mathbf{v}, f(\mathbf{w}) \rangle_V = \langle \mathbf{x}, A\mathbf{y} \rangle_{\mathbb{R}^n}$. Mit der obigen Notiz folgt der Satz. □

Aufgabe 10.1.7
Wir betrachten die Matrix

$$A := \frac{1}{15} \begin{pmatrix} 10 & 5 & 10 \\ 5 & -14 & 2 \\ 10 & 2 & -11 \end{pmatrix} \in \mathbb{R}^{3 \times 3}.$$

(a) Zeigen Sie, daß $A \in \mathrm{SO}(3)$.
(b) Berechnen Sie das charakteristische Polynom χ_A.
(c) Bestimmen Sie die Eigenwerte von A und geben Sie Orthonormalbasen der Eigenräume an. Zeigen Sie damit, daß A eine ONB aus Eigenvektoren besitzt.
(d) Geben Sie eine Matrix $T \in \mathrm{SO}(3)$ an, so daß $T^{-1}AT$ eine Diagonalmatrix ist. ◇

In Aufgabe 10.2.8 kehren wir noch einmal zu diesem Beispiel einer symmetrischen Matrix in SO(3) zurück.

10.1.2 Orthogonalprojektionen

Definition 10.1.8

Ein Endomorphismus $f\colon V \to V$ eines $\mathbb{K}$-Vektorraumes V heißt **Projektion,** falls

$$f^2 := f \circ f = f. \blacktriangleleft$$

Lemma 10.1.9
Für eine Projektion $f\colon V \to V$ gilt:
(a) $V = \operatorname{Kern} f \oplus \operatorname{Bild} f$ *und* $f|_{\operatorname{Bild} f} = \operatorname{id}_{\operatorname{Bild} f}$.
(b) *Ist V euklidisch, so ist f selbstadjungiert genau dann, wenn* $\operatorname{Kern} f \perp \operatorname{Bild} f$.

Beweis
(a) Jeder Vektor $\mathbf{v} \in V$ läßt sich schreiben als

$$\mathbf{v} = \big(\mathbf{v} - f(\mathbf{v})\big) + f(\mathbf{v}).$$

Wegen

$$f\big(\mathbf{v} - f(\mathbf{v})\big) = f(\mathbf{v}) - f^2(\mathbf{v}) = 0$$

gilt $\mathbf{v} - f(\mathbf{v}) \in \operatorname{Kern} f$. Die obige Darstellung von $\mathbf{v}$ besagt also, daß $V = \operatorname{Kern} f + \operatorname{Bild} f$.
Zu $\mathbf{v} \in \operatorname{Bild} f$ gibt es ein $\mathbf{w} \in V$ mit $\mathbf{v} = f(\mathbf{w})$. Es folgt

$$\mathbf{v} = f(\mathbf{w}) = f\big(f(\mathbf{w})\big) = f(\mathbf{v}).$$

Dies beweist die zweite Aussage. Außerdem zeigt es, daß $\operatorname{Kern} f \cap \operatorname{Bild} f = \{0\}$; die Summe ist also direkt.
(b) Angenommen, f ist selbstadjungiert. Sei $\mathbf{u} \in \operatorname{Kern} f$ und $\mathbf{v} = f(\mathbf{w}) \in \operatorname{Bild} f$. Es folgt

$$\langle \mathbf{u}, \mathbf{v}\rangle = \langle \mathbf{u}, f(\mathbf{w})\rangle = \langle f(\mathbf{u}), \mathbf{w}\rangle = \langle 0, \mathbf{w}\rangle = 0.$$

Umgekehrt gelte $\operatorname{Kern} f \perp \operatorname{Bild} f$. Schreibe $\mathbf{v}, \mathbf{w} \in V$ als

$$\mathbf{v} = \mathbf{v}_0 + \mathbf{v}_1, \quad \mathbf{w} = \mathbf{w}_0 + \mathbf{w}_1 \quad \text{mit } \mathbf{v}_0, \mathbf{w}_0 \in \operatorname{Kern} f \text{ und } \mathbf{v}_1, \mathbf{w}_1 \in \operatorname{Bild} f.$$

Dann rechnen wir

$$\begin{aligned}\langle f(\mathbf{v}), \mathbf{w}\rangle &= \langle \mathbf{v}_1, \mathbf{w}_0 + \mathbf{w}_1\rangle \\ &= \langle \mathbf{v}_1, \mathbf{w}_1\rangle \\ &= \langle \mathbf{v}_0 + \mathbf{v}_1, \mathbf{w}_1\rangle \\ &= \langle \mathbf{v}, f(\mathbf{w})\rangle,\end{aligned}$$

d. h. f ist selbstadjungiert. □

Für V euklidisch und $V = U \oplus U^\perp$ ist also die Orthogonalprojektion f auf den Unterraum U, gegeben durch

$$U \oplus U^\perp \ni \mathbf{u} + \mathbf{u}' \longmapsto \mathbf{u} \in U,$$

ein selbstadjungierter Endomorphismus, da $\operatorname{Kern} f = U^\perp \perp U = \operatorname{Bild} f$.

10.2 Hauptachsentransformation und Diagonalisierung

Wie wir gesehen haben, bleibt für die Diagonalisierbarkeit selbstadjungierter Endomorphismen von *endlich-dimensionalen* euklidischen Vektorräumen im wesentlichen nur noch zu zeigen, daß überhaupt ein Eigenwert existiert.

In diesem Abschnitt sei V stets ein euklidischer Vektorraum der Dimension $n \in \mathbb{N}$.

10.2.1 Existenz eines Eigenwertes

Lemma 10.2.1
Jeder selbstadjungierte Endomorphismus von V besitzt einen Eigenwert.

Beweis Nach Satz 10.1.6 und den Überlegungen aus Abschn. 9.1 genügt es, das Lemma für die durch eine symmetrische Matrix $A \in \mathbb{R}^{n\times n}$ gegebene lineare Abbildung $A\colon \mathbb{R}^n \to \mathbb{R}^n$ zu zeigen.

Wir können A auch als Matrix in $\mathbb{C}^{n\times n}$ auffassen. Als solche hat A nach Beispiel 9.3.3 (1) einen komplexen Eigenwert $a + \mathrm{i}b \in \mathbb{C}$, d. h. es existiert ein

$$\mathbf{z} = \mathbf{x} + \mathrm{i}\mathbf{y} \in \mathbb{R}^n \oplus \mathrm{i}\mathbb{R}^n = \mathbb{C}^n$$

verschieden von 0 mit

$$\begin{aligned} A\mathbf{z} &= (a + ib)\mathbf{z} \\ &= (a + ib)(\mathbf{x} + \mathrm{i}\mathbf{y}) \\ &= (a\mathbf{x} - b\mathbf{y}) + \mathrm{i}(a\mathbf{y} + b\mathbf{x}). \end{aligned}$$

Da A nur reelle Einträge hat, gilt auch

$$A\mathbf{z} = A(\mathbf{x} + \mathrm{i}\mathbf{y}) = A\mathbf{x} + \mathrm{i}A\mathbf{y} \in \mathbb{R}^n \oplus \mathrm{i}\mathbb{R}^n.$$

Es folgt

$$\begin{cases} A\mathbf{x} = a\mathbf{x} - b\mathbf{y}, \\ A\mathbf{y} = a\mathbf{y} + b\mathbf{x}. \end{cases} \tag{10.1}$$

Aufgrund der Symmetrie von A wissen wir aber auch, daß $\langle A\mathbf{x}, \mathbf{y}\rangle = \langle \mathbf{x}, A\mathbf{y}\rangle$, d. h.

$$\langle a\mathbf{x} - b\mathbf{y}, \mathbf{y}\rangle = \langle \mathbf{x}, a\mathbf{y} + b\mathbf{x}\rangle,$$

was äquivalent zu $b\big(|\mathbf{x}|^2 + |\mathbf{y}|^2\big) = 0$ ist. Dies impliziert $b = 0$, d. h. der Eigenwert $a + ib = a$ ist reell.

Da $0 \neq \mathbf{z} = \mathbf{x} + \mathrm{i}\mathbf{y}$ gilt, ist mindestens einer der Vektoren $\mathbf{x}, \mathbf{y} \in \mathbb{R}^n$ verschieden von 0, und nach (10.1) ein Eigenvektor von A zum Eigenwert a. □

Satz 10.2.2
Ist $f: V \to V$ selbstadjungiert, so faktorisiert das charakteristische Polynom über $\mathbb{R}$:

$$\chi_f(x) = (x - \lambda_1) \cdots (x - \lambda_n) \quad \text{mit } \lambda_1, \ldots, \lambda_n \in \mathbb{R}.$$

Beweis Das charakteristische Polynom faktorisiert über $\mathbb{C}$ in Linearfaktoren $x - \lambda_i$, und λ_i ist dann ein komplexer Eigenwert. Mit dem vorangehenden Beweis folgt $\lambda_i \in \mathbb{R}$. □

Aufgabe 10.2.3
In dieser Aufgabe wollen wir ohne den Umweg über die komplexen Zahlen zeigen, daß jeder selbstadjungierte Endomorphismus $A\colon \mathbb{R}^n \to \mathbb{R}^n$, definiert durch eine symmetrische Matrix $A \in \mathbb{R}^{n\times n}$, einen Eigenvektor besitzt.
Die Abbildung $h\colon \mathbb{R}^n \to \mathbb{R}$, definiert durch

$$h(\mathbf{v}) = \langle \mathbf{v}, A\mathbf{v}\rangle,$$

ist stetig, und nimmt daher auf der kompakten Menge

$$S^{n-1} := \{\mathbf{v} \in \mathbb{R}^n : |\mathbf{v}| = 1\}$$

(der sogenannten $(n-1)$-**Sphäre**) ein Maximum an, wie Sie in der Analysis lernen, d. h. es gibt ein $\mathbf{v}_0 \in S^{n-1}$ mit $\langle \mathbf{v}_0, A\mathbf{v}_0 \rangle \geq \langle \mathbf{v}, A\mathbf{v} \rangle$ für alle $\mathbf{v} \in S^{n-1}$.
Zeigen Sie, daß $\mathbf{v}_0$ Eigenvektor von A zum Eigenwert $\lambda_0 := \langle \mathbf{v}_0, A\mathbf{v}_0 \rangle$ ist, und daß λ_0 der größte Eigenwert von A ist.

Hinweis: Wählen Sie $\mathbf{w} \in S^{n-1}$ orthogonal zu $\mathbf{v}_0$, und überlegen Sie sich die folgenden Schritte:

(i) Für alle $t \in [0, 1]$ und $s := \sqrt{1-t^2}$ gilt

$$\mathbf{x} := s\mathbf{v}_0 + t\mathbf{w} \in S^{n-1}.$$

(ii) $\langle \mathbf{v}_0, A\mathbf{v}_0 \rangle \geq s^2 \langle \mathbf{v}_0, A\mathbf{v}_0 \rangle + 2st \langle \mathbf{w}, A\mathbf{v}_0 \rangle + t^2 \langle \mathbf{w}, A\mathbf{w} \rangle$.

(iii) $A\mathbf{v}_0$ ist orthogonal zu $\mathbf{w}$, denn die Annahme, daß $A\mathbf{v}_0$ *nicht* orthogonal zu $\mathbf{w}$ ist, würde mit (ii) zu einem Widerspruch führen.

Da dies für alle $\mathbf{w} \perp \mathbf{v}_0$ gilt, ist $A\mathbf{v}_0$ ein skalares Vielfaches von $\mathbf{v}_0$. ◇

10.2.2 Existenz einer ONB aus Eigenvektoren

Satz 10.2.4 (Hauptachsentransformation)
Ist $f: V \to V$ selbstadjungiert, so besitzt V eine ONB aus Eigenvektoren, d. h. f ist bezüglich einer ONB diagonalisierbar.

Beweis Wir führen den Beweis durch Induktion nach $n = \dim V$. Für $n = 1$ ist die Aussage klar. Sei also $n \geq 2$ und die Aussage für $n-1$ schon bewiesen.

Nach Lemma 10.2.1 besitzt f einen Eigenwert $\lambda \in \mathbb{R}$, und wir wählen einen zugehörigen Eigenvektor $\mathbf{v}$ mit $|\mathbf{v}| = 1$. Nach Lemma 10.1.3 ist das orthogonale Komplement $\mathbf{v}^\perp$ ein f-invarianter Unterraum, und

$$f|_{\mathbf{v}^\perp} : \mathbf{v}^\perp \longrightarrow \mathbf{v}^\perp$$

ist wieder selbstadjungiert. Mit der Induktionsvoraussetzung existiert eine ONB von $\mathbf{v}^\perp$ bestehend aus Eigenvektoren von f. Zusammen mit $\mathbf{v}$ bildet diese eine ONB von V. □

Aufgabe 10.2.5
Zeigen Sie die Umkehrung dieses Satzes: Besitzt V eine ONB aus Eigenvektoren von f, so ist f selbstadjungiert. ◇

Das folgende Korollar ist die Umformulierung von Satz 10.2.4 für symmetrische Matrizen. Es folgt im Prinzip direkt aus der allgemeinen Theorie und mit Satz 10.1.6, aber ein direkter Beweis ist auch nicht viel aufwendiger.

Korollar 10.2.6 (Diagonalisierung)
Ist $A \in \mathbb{R}^{n\times n}$ eine symmetrische Matrix, so existiert eine Transformationsmatrix $T \in \mathrm{SO}(n)$, so daß $T^{-1}AT$ eine Diagonalmatrix ist.

Beweis Die Abbildung $A\colon \mathbb{R}^n \to \mathbb{R}^n$ ist selbstadjungiert, daher existiert eine ONB $(\mathbf{v}_1, \dots, \mathbf{v}_n)$ des $\mathbb{R}^n$ bestehend aus Eigenvektoren: $A\mathbf{v}_i = \lambda_i \mathbf{v}_i$. Ohne Einschränkung dürfen wir annehmen, daß diese Basis positiv orientiert ist (s. Abschn. 7.4), indem wir gegebenenfalls $\mathbf{v}_1$ durch $-\mathbf{v}_1$ ersetzen.

Sei $T\colon \mathbb{R}^n \to \mathbb{R}^n$ der durch $T\mathbf{e}_i = \mathbf{v}_i$, $i = 1, \dots, n$, bestimmte Isomorphismus. Nach Aufgabe 8.4.10 gilt $T \in \mathrm{SO}(n)$, da T eine positive ONB auf eine positive ONB schickt. Alternativ kann man argumentieren, daß $\mathbf{v}_1, \dots, \mathbf{v}_n$ die Spalten von T sind, und dann auf Satz 8.4.6 verweisen.

Es folgt dann

$$T^{-1}AT\mathbf{e}_i = T^{-1}A\mathbf{v}_i = T^{-1}(\lambda_i\mathbf{v}_i) = \lambda_i T^{-1}\mathbf{v}_i = \lambda_i\mathbf{e}_i,$$

was bedeutet, daß $T^{-1}AT$ eine Diagonalmatrix ist. □

Aufgabe 10.2.7
Zeigen Sie die Umkehrung dieses Satzes: Ist $A \in \mathbb{R}^{n\times n}$ eine Matrix, die sich mittels einer Transformationsmatrix $T \in \mathrm{SO}(n)$ diagonalisieren läßt, so ist A symmetrisch. ◇

Aufgabe 10.2.8
Können Sie mit dem Wissen über orthogonale und symmetrische Matrizen, das wir uns inzwischen erarbeitet haben, für die Matrix aus Aufgabe 10.1.7 die Eigenwerte und deren geometrische Vielfachheiten auch ohne Rechnung bestimmen? ◇

Aufgabe 10.2.9
Es seien $A, B \in \mathbb{R}^{n\times n}$ symmetrische Matrizen, die kommutieren: $AB = BA$. Zeigen Sie, daß man A und B simultan diagonalisieren kann, d. h. es existiert eine Transformationsmatrix $T \in \mathrm{SO}(n)$, so daß $T^{-1}AT$ und $T^{-1}BT$ Diagonalmatrizen sind. ◇

Sind $\lambda_1, \dots, \lambda_\ell$ die *verschiedenen* Eigenwerte eines selbstadjungierten Endomorphismus $f\colon V \to V$ und $V_{\lambda_1}, \dots, V_{\lambda_\ell}$ die entsprechenden Eigenräume, so gilt nach Satz 10.2.4 und Notiz 9.1.10, daß

$$V = V_{\lambda_1} \oplus \dots \oplus V_{\lambda_\ell}.$$

Darüber hinaus gilt $V_{\lambda_j} \perp V_{\lambda_k}$ für $j \neq k$ dank Lemma 10.1.3.

Korollar 10.2.10 (Spektraldarstellung selbstadjungierter Endomorphismen)
Mit Notation wie oben gilt

$$f = \sum_{j=1}^{\ell} \lambda_j f_j,$$

wobei $f_j : V \to V$ *die Orthogonalprojektion auf* V_{λ_j} *bezeichnet.*

Beweis Beide Seiten der behaupteten Identität haben den gleichen Effekt auf V_{λ_j}, $j = 1, \ldots, \ell$. □

Der Name dieses Korollars rührt daher, daß man die Gesamtheit der Eigenwerte von f auch als das **Spektrum** von f bezeichnet.

10.3 Anwendungen in Geometrie und Analysis

10.3.1 Kegelschnitte

Eine **Ellipse** ist eine ebene Kurve der Form

$$\mathcal{E} = \left\{(x, y) \in \mathbb{R}^2 \colon \frac{x^2}{a^2} + \frac{y^2}{b^2} = 1\right\},$$

mit $a, b \in \mathbb{R}^+$ gegeben; s. Abb. 10.1, wo der Fall $a > b$ dargestellt ist. In diesem Fall heißt a die große Halbachse von $\mathcal{E}$, und b die kleine Halbachse.

Allgemeiner treten Ellipsen als Lösungsmengen quadratischer Gleichungen in zwei Variablen der Form

$$a_{11}x_1^2 + 2a_{12}x_1x_2 + a_{22}x_2^2 = 1$$

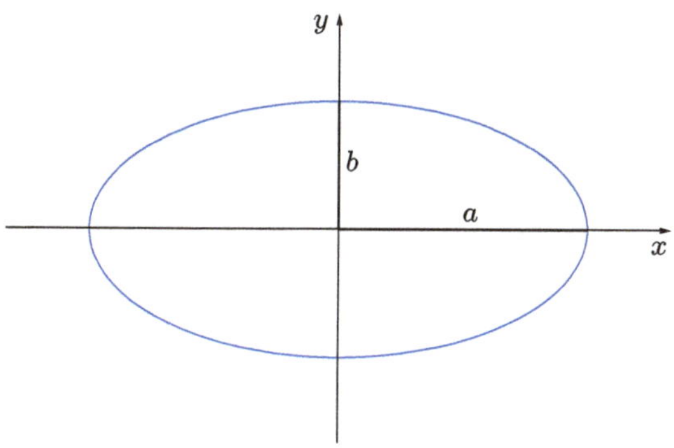

Abb. 10.1 Eine Ellipse

mit $a_{11} > 0$ und $a_{11}a_{22} - a_{12}^2 > 0$ auf. Hier liegen die Achsen der Ellipse im allgemeinen nicht auf den Koordinatenachsen. Das Ziel der Hauptachsentransformation ist es, neue kartesische Koordinaten (y_1, y_2) zu finden, bezüglich derer die gegebene Ellipse die obige Standardgestalt hat.

Wie wir uns in den beiden folgenden Aufgaben überlegen wollen, treten Ellipsen geometrisch auf genau als die Schnittmengen eines Kegels im $\mathbb{R}^3$ mit einer affinen Ebene, die nicht durch die Spitze des Kegels verläuft und einen Neigungswinkel hat, der kleiner als der Neigungswinkel des Kegels ist; beim Standardkegel wie in der folgenden Aufgabe entspricht das der Steigung 1 (Abb. 10.2).

Aufgabe 10.3.1
Wir betrachten die Schnittmenge des Kegels

$$\left\{(x, y, z) \in \mathbb{R}^3 \colon z^2 = x^2 + y^2\right\}$$

mit der affinen Ebene

$$\left\{(x, y, z) \in \mathbb{R}^3 \colon z = ax + by + c\right\},$$

wobei $a, b, c \in \mathbb{R}$ gegeben seien mit $a^2 + b^2 < 1$ und $c > 0$. Zeigen Sie, daß man $\lambda, \mu \in \mathbb{R}$ so finden kann, daß mit $x_1 := x - \lambda$ und $x_2 := y - \mu$ die Gleichung dieses Kegelschnittes die Gestalt

$$a_{11}x_1^2 + 2a_{12}x_1x_2 + a_{22}x_2^2 = 1$$

mit $a_{11} > 0$ und $a_{11}a_{22} - a_{12}^2 > 0$ hat. ◇

Aufgabe 10.3.2
Gegeben sei eine Ellipse

$$\left\{(x_1, x_2) \in \mathbb{R}^2 \colon a_1x_1^2 + a_2x_2^2 = 1\right\}$$

mit $0 < a_1 \le a_2$. Zeigen Sie, daß man $a, c, \lambda \in \mathbb{R}$ mit $0 \le a < 1$ und $c > 0$ so finden kann, daß die Ellipse in den Variablen $x := x_1 + \lambda$ und $y := x_2$ als Kegelschnitt

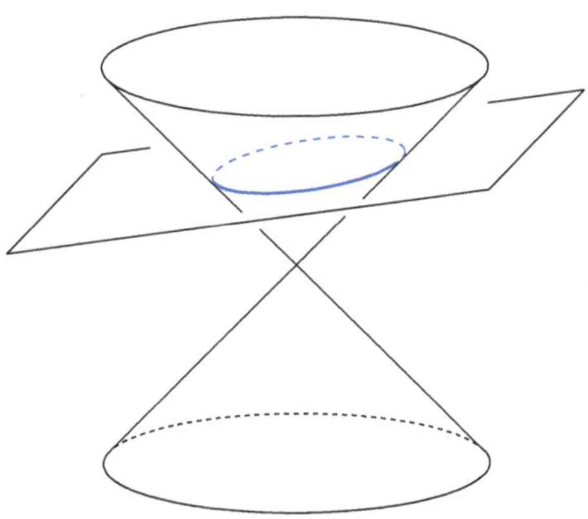

Abb. 10.2 Eine Ellipse als Kegelschnitt

$$\{z^2 = x^2 + y^2\} \cap \{z = ax + c\}$$

gegeben ist. ◇

▶ **Bemerkung 10.3.3** Eine ausführliche Diskussion der Geometrie von Kegelschnitten und der Bedeutung dieser Kurven für die Himmelmechanik finden Sie in [16]. Im Rahmen der projektiven Geometrie (Kap. 17 des zweiten Bandes) werden wir uns noch einmal mit Kegelschnitten beschäftigen.

Zur Rolle der Hauptachsentransformation in der Beschreibung von Ellipsen betrachten wir beispielhaft die Lösungsmenge der Gleichung

$$5x_1^2 - 4x_1x_2 + 2x_2^2 = 1.$$

Mit der symmetrischen Matrix

$$A = \begin{pmatrix} 5 & -2 \\ -2 & 2 \end{pmatrix}$$

und $\mathbf{x} = (x_1, x_2)^{\mathrm{t}}$ können wir diese Gleichung schreiben als

$$\mathbf{x}^{\mathrm{t}} A\mathbf{x} = 1.$$

Die Abbildung $\mathbf{x} \mapsto \mathbf{x}^{\mathrm{t}} A\mathbf{x}$ ist ein Beispiel einer sogenannten quadratischen Form; beachten Sie, daß $\lambda\mathbf{x} \mapsto (\lambda\mathbf{x})^{\mathrm{t}} A(\lambda\mathbf{x}) = \lambda^2\mathbf{x}^{\mathrm{t}} A\mathbf{x}$. Quadratische Formen werden wir in Kap. 14 des zweiten Bandes ausführlich diskutieren.

Das charakteristische Polynom von A ist

$$\chi_A(t) = \begin{vmatrix} t-5 & 2 \\ 2 & t-2 \end{vmatrix} = t^2 - 7t + 6 = (t-6)(t-1),$$

d. h. A hat die Eigenwerte 6 und 1. Eigenvektoren der Länge 1 zum Eigenwert 6 bzw. 1 sind gegeben, als Lösung von

$$\begin{pmatrix} 1 & 2 \\ 2 & 4 \end{pmatrix} \begin{pmatrix} x_1 \\ x_2 \end{pmatrix} = \begin{pmatrix} 0 \\ 0 \end{pmatrix} \quad \text{bzw.} \quad \begin{pmatrix} -4 & 2 \\ 2 & -1 \end{pmatrix} \begin{pmatrix} x_1 \\ x_2 \end{pmatrix} = \begin{pmatrix} 0 \\ 0 \end{pmatrix},$$

durch

$$\mathbf{b}_1 = \frac{1}{\sqrt{5}} \begin{pmatrix} 2 \\ -1 \end{pmatrix} \quad \text{bzw.} \quad \mathbf{b}_2 = \frac{1}{\sqrt{5}} \begin{pmatrix} 1 \\ 2 \end{pmatrix}.$$

Das Paar $(\mathbf{b}_1, \mathbf{b}_2)$ ist eine ONB des $\mathbb{R}^2$, was uns nach Lemma 10.1.3 nicht überrascht.

Nach unserer allgemeinen Theorie in Abschn. 6.3 sind die Spalten der Transformationsmatrix $T \in \mathrm{GL}(2, \mathbb{R})$, welche die Abbildung $A\colon \mathbb{R}^2 \to \mathbb{R}^2$ auf Diagonalgestalt $T^{-1}AT\colon \mathbb{R}^2 \to \mathbb{R}^2$ bringt, gleich der neuen Basis $(\mathbf{b}_1, \mathbf{b}_2)$ ausgedrückt in der alten Basis $(\mathbf{e}_1, \mathbf{e}_2)$, d. h.

$$T = \frac{1}{\sqrt{5}} \begin{pmatrix} 2 & 1 \\ -1 & 2 \end{pmatrix}.$$

Da wir auf eine neue ONB transformieren, ist diese Transformationsmatrix orthogonal, und wir finden T^{-1} sofort als die transponierte Matrix

$$T^{-1} = T^{\mathrm{t}} = \frac{1}{\sqrt{5}} \begin{pmatrix} 2 & -1 \\ 1 & 2 \end{pmatrix}.$$

Aufgabe 10.3.4
Rechnen Sie zur Probe nach, daß $T^{-1}AT$ die gewünschte Diagonalgestalt hat. ◇

Allerdings wollen wir ja nicht die lineare Abbildung $\mathbf{x} \mapsto A\mathbf{x}$ in Diagonalgestalt bringen, sondern die quadratische Form $\mathbf{x} \mapsto \mathbf{x}^{\mathrm{t}} A\mathbf{x}$. Dies ist ein subtiler und wichtiger Punkt, auf den ich in Abschn. 10.3.3 genauer eingehen werde. Aber schauen wir doch erst einmal, was im konkreten Beispiel passiert. Da T eine *orthogonale* Matrix ist, gilt $T^{\mathrm{t}} = T^{-1}$, und damit

$$T^{\mathrm{t}}AT = \begin{pmatrix} 6 & 0 \\ 0 & 1 \end{pmatrix}.$$

Wenn wir $\mathbf{x}$ durch $T\mathbf{y}$ substituieren, ergibt sich

$$\mathbf{x}^{\mathrm{t}}A\mathbf{x} = (T\mathbf{y})^{\mathrm{t}}AT\mathbf{y} = \mathbf{y}^{\mathrm{t}}T^{\mathrm{t}}AT\mathbf{y} = 6y_1^2 + y_2^2.$$

In den neuen Koordinaten (y_1, y_2) bzgl. der Basis $(\mathbf{b}_1, \mathbf{b}_2)$ (s. Notiz 6.3.5) ist die Lösungsmenge der quadratischen Gleichung $\mathbf{x}^{\mathrm{t}}A\mathbf{x}$ als Ellipse zu erkennen; s. Abb. 10.3.

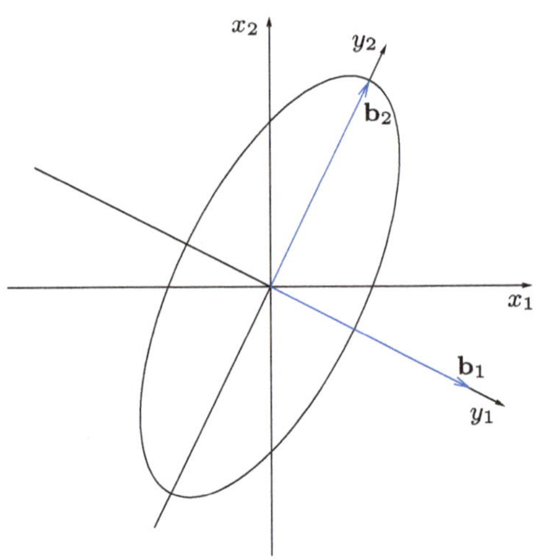

Abb. 10.3 Die Hauptachsentransformation für eine Ellipse

10.3.2 Lineare Differentialgleichungssysteme

Linear-algebraische Methoden spielen eine wichtige Rolle bei der Lösung linearer Differentialgleichungssysteme. Für die Behandlung allgemeiner Systeme benötigen wir die Normalformentheorie aus Kap. 16 des zweiten Bandes; hier geben wir ein einfaches Beispiel eines symmetrischen Systems, bei welchem Diagonalisierung unmittelbar zu einer Lösung führt.

Ein lineares Differentialgleichungssystem bestehend aus n Gleichungen in n Variablen ist eine Gleichung der Form

$$\dot{\mathbf{x}} = A\mathbf{x}$$

mit $A \in \mathbb{R}^{n\times n}$ gegeben. Gesucht ist eine Funktion $I \ni t \mapsto \mathbf{x}(t) \in \mathbb{R}^n$ auf einem möglichst großen Definitionsintervall $I \subset \mathbb{R}$, die dieser Gleichung genügt, d. h.

$$\dot{\mathbf{x}}(t) := \frac{\mathrm{d}\mathbf{x}}{\mathrm{d}t}(t) = A\mathbf{x}(t) \quad \text{für alle } t \in I\,.$$

Wenn man sich einen Anfangszeitpunkt $t_0 \in \mathbb{R}$ und einen Anfangswert $\mathbf{x}(t_0)$ vorgibt, so garantiert der Satz von Picard–Lindelöf aus der Theorie der Differentialgleichungen tatsächlich die Existenz einer eindeutigen Lösung für alle Zeiten $t \in \mathbb{R}$; s. [14]. Im konkreten Fall kann man dies auch direkt beweisen; s. Kap. 16 des zweiten Bandes.

Betrachten wir nun beispielhaft das symmetrische System auf dem $\mathbb{R}^2$ mit der aus dem vorigen Abschnitt bekannten Matrix

$$A = \begin{pmatrix} 5 & -2 \\ -2 & 2 \end{pmatrix}.$$

Sei $T \in \mathrm{GL}(2, \mathbb{R})$ die Transformationsmatrix wie dort, d. h.

$$T^{-1}AT = \begin{pmatrix} 6 & 0 \\ 0 & 1 \end{pmatrix}.$$

Mit $\mathbf{x} = T\mathbf{y}$, wobei jetzt $\mathbf{x}, \mathbf{y}$ Funktionen der Zeit sind, gilt auch $\dot{\mathbf{x}} = T\dot{\mathbf{y}}$, und damit

$$\dot{\mathbf{y}} = T^{-1}\dot{\mathbf{x}} = T^{-1}A\mathbf{x} = T^{-1}ATT^{-1}\mathbf{x} = T^{-1}AT\mathbf{y}.$$

In der Variablen $\mathbf{y}$ ist das Differentialgleichungssystem demnach in Diagonalform

$$\begin{cases} \dot{y}_1 = 6y_1, \\ \dot{y}_2 = y_2. \end{cases}$$

Dieses System läßt sich leicht explizit lösen:

$$\begin{pmatrix} y_1 \\ y_2 \end{pmatrix} = \begin{pmatrix} c_1 e^{6t} \\ c_2 e^{t} \end{pmatrix}$$

mit $c_1, c_2 \in \mathbb{R}$ beliebig bzw. durch die Anfangsbedingung $(y_1(0), y_2(0)) = (c_1, c_2)$ eindeutig festgelegt. Durch Rücktransformation erhält man die Lösung des ursprünglichen Systems.

Aufgabe 10.3.5
Führen Sie diese Rücktransformation aus und machen Sie damit die Probe. ◇

10.3.3 Transformation von Endomorphismen vs. quadratische Formen

In Abschn. 10.3.1 haben wir die Diagonalisierung symmetrischer Matrizen A im Zusammenhang mit quadratischen Formen $\mathbf{x} \mapsto \mathbf{x}^{\mathrm{t}} A\mathbf{x}$ ausgenutzt; in Abschn. 10.3.2 ging es dagegen um lineare Differentialgleichungssysteme, die von einer linearen Abbildung $\mathbf{x} \mapsto A\mathbf{x}$ herrühren.

In diesem abschließenden Abschnitt wollen wir diese beiden Fälle etwas systematischer miteinander vergleichen.

(1) Endomorphismen.

Sei $\mathbf{x} \mapsto \mathbf{y} := A\mathbf{x}$ ein Endomorphismus des $\mathbb{R}^n$, gegeben durch eine Matrix $A \in \mathbb{R}^{n\times n}$. Eine Koordinatentransformation des $\mathbb{R}^n$, gegeben durch eine Matrix $T \in \mathrm{GL}(n, \mathbb{R})$, bedeutet nach Abschn. 6.3, daß wir zu neuen Variablen $\tilde{\mathbf{x}}, \tilde{\mathbf{y}}$ übergehen, definiert durch $\mathbf{x} = T\tilde{\mathbf{x}}$ und $\mathbf{y} = T\tilde{\mathbf{y}}$. Damit ergibt sich

$$\tilde{\mathbf{y}} = T^{-1}\mathbf{y} = T^{-1}A\mathbf{x} = T^{-1}AT\tilde{\mathbf{x}}.$$

Die durch die Koordinatentransformation bewirkte Transformation der darstellenden Matrix des Endomorphismus wird demnach beschrieben durch den Übergang

$$A \rightsquigarrow T^{-1}AT$$

zu einer ähnlichen Matrix, wie wir das in Abschn. 6.3 ausführlich diskutiert haben.

(2) Quadratische Formen.

Wir schreiben q_A für die durch $A \in \mathbb{R}^{n\times n}$ definierte quadratische Form, d. h.

$$q_A(\mathbf{x}) = \mathbf{x}^{\mathrm{t}} A\mathbf{x}, \quad \mathbf{x} \in \mathbb{R}^n.$$

Wenn wir jetzt wie in (1) die Koordinaten transformieren, $\mathbf{x} = T\tilde{\mathbf{x}}$, so ergibt sich

$$q_A(\mathbf{x}) = \mathbf{x}^{\mathrm{t}} A\mathbf{x} = (T\tilde{\mathbf{x}})^{\mathrm{t}} A(T\tilde{\mathbf{x}}) = \tilde{\mathbf{x}}^{\mathrm{t}} T^{\mathrm{t}} AT\tilde{\mathbf{x}} = q_{T^{\mathrm{t}}AT}(\tilde{\mathbf{x}}).$$

Das Transformationsverhalten quadratischer Formen ist also beschrieben durch

$$A \rightsquigarrow T^{\mathrm{t}}AT.$$

Notiz 10.3.6 Beachten Sie, daß $\mathbf{x}^{\mathrm{t}} A\mathbf{x}$ eine reelle Zahl, oder formal gesprochen eine reelle (1×1)-Matrix ist. Daher gilt

$$\mathbf{x}^{\mathrm{t}} A\mathbf{x} = \left(\mathbf{x}^{\mathrm{t}} A\mathbf{x}\right)^{\mathrm{t}} = \mathbf{x}^{\mathrm{t}} A^{\mathrm{t}}\mathbf{x}.$$

Dies bedeutet, daß q_A gleich der durch die *symmetrische* Matrix

$$\frac{1}{2}\left(A + A^{\mathrm{t}}\right)$$

definierten quadratischen Form ist. Ohne Einschränkung dürfen wir daher annehmen, daß A selbst schon symmetrisch war.

Wenn die Transformationsmatrix orthogonal ist, $T \in \mathrm{O}(n)$, so gilt $T^{-1} = T^{\mathrm{t}}$. Dies entspricht dem Übergang zu einer neuen ONB. In diesem Fall ist das Transformationsverhalten von Endomorphismen identisch mit dem von quadratischen Formen. Darüber hinaus haben wir eben gesehen, daß quadratische Formen immer durch symmetrische Matrizen definiert sind, wo uns die Hauptachsentransformation tatsächlich erlaubt, durch orthogonale Koordinatentransformation zu einer Diagonalgestalt zu gelangen.

Endomorphismen sind dagegen in der Regel nicht diagonalisierbar. Die Normalformentheorie, die wir (neben anderen Themen) im zweiten Band entwickeln werden, ist daher ein entscheidender Schlüssel, um auch allgemeine Endomorphismen in möglichst einfacher Form darzustellen.

Literatur

1. V.I. Arnold, On teaching mathematics. Russ. Math. Surv. **53**, 229–236 (1998)
2. S. Axler, Down with determinants! Amer. Math. Monthly **102**, 139–154 (1995)
3. S. Axler, Linear Algebra Done Right, Undergraduate Texts in Mathematics, 4. Aufl. (Springer, Cham, 2024)
4. T. Bröcker, *Lineare Algebra und Analytische Geometrie – Ein Lehrbuch für Physiker und Mathematiker*, Grundstudium Mathematik, 2. Aufl. (Birkhäuser Verlag, Basel, 2004)
5. G. Cantor, Beiträge zur Begründung der transfiniten Mengenlehre. Math. Ann. **46**, 481–512 (1895)
6. H.S.M. Coxeter, S.L. Greitzer, *Geometry Revisited*, New Mathematical Library **19** (Random House: The L. W. Singer Company, New York, 1967)
7. G. Cramer, *Introduction à l'Analyse des Lignes Courbes Algébriques* (Frères Cramer & Cl. Philibert, Genf, 1750)
8. W. Dunham, *Euler – The Master of Us All*, The Dolciani Mathematical Expositions **22** (The Mathematical Association of America, Washington, DC, 1999)
9. H.-D. Ebbinghaus et al., Zahlen, Grundwissen Mathematik **1** (Springer, Berlin, 1983)
10. D. Euklid, *Die Elemente* (Wissenschaftliche Buchgesellschaft, Darmstadt, 1980)
11. G. Fischer, B. Springborn, Lineare Algebra, Grundkurs Mathematik, 20. Aufl. (Springer Spektrum, Berlin, 2025)
12. G. Fischer, Analytische Geometrie, Vieweg Studium **35**, 7. Aufl. (Friedr. Vieweg & Sohn, Braunschweig, 2001)
13. O. Forster, F. Lindemann, Analysis 1, Grundkurs Mathematik, 13. Aufl. (Springer Spektrum, Wiesbaden, 2023)
14. O. Forster, F. Lindemann, Analysis 2, Grundkurs Mathematik, 12. Aufl. (Springer Spektrum, Wiesbaden, 2025)
15. C.F. Gauß, *Werke*, Vierter Band (Herausgegeben von der Königlichen Gesellschaft der Wissenschaften zu Göttingen, Dieterichsche Universitäts-Buchdruckerei, Göttingen, 1880)
16. H. Geiges, *The Geometry of Celestial Mechanics*, London Mathematical Society Student Texts **83** (Cambridge University Press, 2016)
17. K. Jänich, *Lineare Algebra*, 11. Aufl. (Springer, Berlin, 2008)
18. P. Jordan, J. von Neumann, On inner products in linear, metric spaces. Ann. of Math. (2) **36**, 719–723 (1935)
19. I. Kaplansky, *Linear Algebra and Geometry – A second course* (Allyn and Bacon, Boston, 1969)

H. Geiges, *Lineare Algebra und Geometrie I*, Mathematik Kompakt,
https://doi.org/10.1007/978-3-032-21683-0

20. M. Koecher, *Lineare Algebra und Analytische Geometrie*, Grundwissen Mathematik **2**, 4. Aufl. (Springer, Berlin, 1997)
21. H. Lebesgue, L'œuvre mathématique de Vandermonde. Thalés **4**, 28–42 (1940); auch in Enseign. Math. (2) **1**, 203–223 (1956)
22. G.C. Lichtenberg, *Schriften und Briefe IV: Briefe* (Hanser Verlag, München, 1967)
23. A. Ostermann, G. Wanner, *Geometry by Its History*. Undergraduate Texts in Mathematics – Readings in Mathematics (Springer, Berlin, 2012)
24. Plutarch, *Abhandlung vom Hören,* in *Plutarchs moralische Abhandlungen*, aus dem Griechischen übersetzt von J. F. S. Kaltwasser (Johann Christian Hermann, Frankfurt am Main, 1783)
25. Plutarch, *On Listening to Lectures,* in *Moralia*, Volume 1, with an English translation by F. C. Babbitt, Loeb Classical Library **197** (Harvard University Press, Cambridge, MA, 1927)
26. C. Ptolemäus, *Almagest,* in *Ptolemy's Almagest*, translated and annotated by G. J. Toomer (Gerald Duckworth & Co., Ltd, London, 1984)
27. D. Regiomantanus, *De triangulis omnimodis*, in *Regiomontanus on Triangles*, translated and annotated by B. Hughes (The University of Wisconsin Press, Madison, WI, 1967)
28. E. Sandifer, How Euler did it – The Euler line, http://eulerarchive.maa.org/hedi/HEDI-2009-01.pdf
29. S. Tabachnikov, Review of Arnold's Problems. Math. Intelligencer. **29**(1), 49–52 (2007)
30. B. Ycart, A case of mathematical eponymy: the Vandermonde determinant, Rev. Histoire Math. **19**, 43–77 (2013)

Stichwortverzeichnis

H. Geiges, *Lineare Algebra und Geometrie I*, Mathematik Kompakt,
https://doi.org/10.1007/978-3-032-21683-0

W

Z

FSC
www.fsc.org
MIX
Papier | Fördert gute Waldnutzung
FSC® C083411

Zeitfracht Medien GmbH
Ferdinand-Jühlke-Straße 7
99095 Erfurt, Deutschland
produktsicherheit@kolibri360.de